도둑 맞은 미래

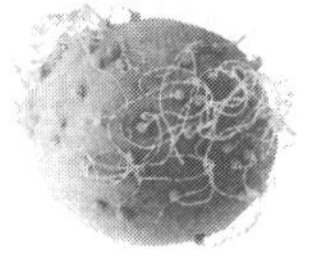

OUR STOLEN FUTURE

by

Dr. Theo Colborn, Dianne Dumanoski,

Dr. John Peterson Myers

도둑 맞은 미래

〈환경호르몬〉의 실체를 최초로 밝힌다

테오 콜본 · 다이앤 듀마노스키 · 존 피터슨 마이어
권복규 옮김

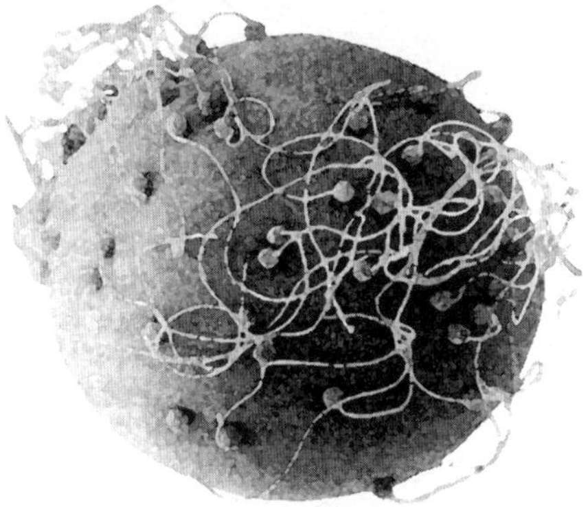

사이언스북스
SCIENCE BOOKS

추천사

지난 해에 나는 레이첼 카슨의 고전적 저서 『침묵의 봄』 발간 30주년 기념판에 서문을 썼다. 그때만 해도 여러 면에서 그 책의 속편이라 할 수 있는 새로운 책의 서문을 곧 쓰게 되리라고는 전혀 생각지 못했다.

레이첼 카슨의 분명한 요구 덕택으로 우리는 새롭고 필수적인 보호 수단들을 개발했다. 이제 『도둑 맞은 미래』는 카슨이 30년 전에 제기했던, 우리가 해답을 찾아야만 했던 것들과 마찬가지로 심각한 문제들을 제기한다.

『침묵의 봄』은 인공살충제가 만들어낸 시급한 위험들을 경고하는 지적인 저서였다. 카슨은 잔류 화학물질들이 자연계를 어떻게 오염시키는지를 기술했을 뿐 아니라 이 물질들이 우리 몸에 축적되는 방식을 보여주었다. 그때 이후 많은 연구를 통해 인간의 모유와 체지방에 대한 노출 정도는 명확히 드러났다. 캐나다의 배핀 섬과 같은 외딴 곳에 사는 사람들조차 이제는 체내에 PCB, DDT, 다이옥신과 같은 악명 높은 화합물을 비롯한, 미량의 잔류 화학물질들을 가지고 있을 정도이다. 설상가상으로 어머니들은 임신과 수유를 통해 이 화학적 유산을 다음 세대에게 물려주고 있다.

카슨이 마지막 연설에서 경고한 것처럼 이 오염은 예기치 못한 실험이었다.

우리들 대부분은 동물실험에 의해 그 효과가 축적된다고 증명된 매우 유독한 화학물질들에 노출되어 있습니다. 이제는 이 노출이 출생시나 그 전부터 시작되고 있으며, 우리가 삶의 방식을 고치지 않는 한 현재 살고 있는 사람들의 일생을 통하여 지속될 것입니다. 이전에는 이런 경험을 한 적이 없으므로 그 결과가 무엇이 될지는 아무도 모릅니다.

우리는 이 오염의 영향을 이제 막 이해하기 시작했다. 『도둑 맞은 미래』는 카슨이 떠난 지점에서 시작하여 합성 화학물질들과 성적 발달의 변이, 행동과 생식 문제들을 연결시키는, 대규모로 늘어나고 있는 과학적 증거들을 살핀다. 비록 이 과학적 연구가 고찰한 증거의 대부분은 동물집단과 환경에 미친 영향에 관한 것이지만 인간의 건강에도 중요한 의미를 지닌다.

10년 전 오존 구멍은 CFC가 대기에 미치는 영향에 대한 충격적인 증거를 제공했다. 지난 해 과학자들은 인간의 활동이 지구의 기후를 바꾸고 있다고 단정했다. 오늘날 저명한 의학 잡지에 실린 논문들은 우리의 생식능력, 그리고 우리의 아이들에게 미치는 호르몬 저해 화학물질들의 영향을 불길하게 지적한다.

『도둑 맞은 미래』는 광범위한 인공 화학물질들이 섬세한 호르몬 시스템을 어떻게 저해하는지를 생생하고 알기 쉽게 설명해 준다. 이 시스템들은 인간의 성적 발달로부터 행동, 지성, 그리고 면역계의 기능에 이르는 과정에서 중요한 역할을 한다.

과학자들은 이런 연구가 무엇을 의미하는지에 대한 탐구를 이제 막 시작했지만 동물로부터 시작하여 인간에까지 이른 이 연구들에 의하면, 정자수의 감소, 불임, 생식기 기형, 호르몬이 유발하는 유방암과 전립선암 같은 암종, 과잉운동증과 집중력 장애 등의 어린이들에게서 보이는 신경학적 이상, 그리고 야생동물들의 발달과 생식 문제 등의 수많은 사례들은 이 화학물질들과 분명히 관계가 있다.

이런 과학적인 사례는 아직 드러나고 있는 중이고 연구가 진행될수록 이 위협의 성질과 규모에 대해 우리는 점점 더 많은 것을 알게 될 것이다. 이렇듯 『도둑 맞은 미래』의 기반이 된 과학적 지식은 제고되어야만 할 명백하고 시급한 문제들을 제기하고 있음에 틀림없다.

이 늘어나는 증거에 대하여 국립 과학아카데미는 이 위협을 평가할 전문 위원회를 설립했다. 이것은 중요한 출발이다. 또한 우리는 이 화학물질들이 어떻게 손상을 입히는지, 얼마나 많은 합성 화학물질들이 그런 특성을 가지는지, 우리와 아이들이 어느 정도로 노출되었는지 알기 위해서 이 연구를 더욱 확장해야만 한다. 우리는 그들이 흔히 일으키는 눈에 보이지 않는 손상을 이해할 필요가 있다. 우리는 호르몬 활성 화합물이 유발하는 선천성 기형과 발달장애에 걸릴 위험이 큰 아이들을 보호할 수 있는 방법을 찾아내야 한다. 우리는 인간과 야생동물들에 미치는 영향간의 고리를 더 깊이 탐구할 필요가 있다.

위험이 전혀 없는 사회를 건설할 수는 없다. 그러나 최소한 우리는 우리 자신과 아이들에게 노출되어 있는 물질과, 그것의 위험에 대해 과학이 말해주는 모든 것을 알 권리가 있다.

결국 오존층을 파괴했던 CFC에 대해 옳은 질문을 하기에는 너무 늦었음이 명백하다. 그리고 우리는 기후 변화의 위협을 공표하는 데도 너무 느리다. 확실히 우리는 인간 건강을 심각하게 위협하는, 이제는 금지된 PCB, DDT, 그리고 다른 화학물질들에 대하여 옳은 질문을 하게 되기까지 너무 오래 기다렸다.

『도둑 맞은 미래』는 우리가 지구 위에 뿌려댄 합성 화학물질들에 대하여 새로운 질문들을 하도록 권하는 정말 중요한 책이다. 우리 자식들은 물론 후손들의 운명을 위해 우리는 부지런히 그 해답을 찾아야 한다. 우리 모두는 알 권리와 배울 의무가 있다.

1996년 1월 22일

부통령 앨 고어

감사의 말

이 책은 세계 곳곳의 과학자들, 학자들, 그리고 친구들을 비롯한, 우리보다 유능한 분들과 공동으로 이루어낸 노력의 결과이다. 이 이야기의 전개 과정에서 시간과 전문지식을 제공한 모든 이들의 이름을 다 밝히기란 불가능하다. 한 명이라도 빠질지 모르는 위험을 감수하느니 차라리 우리들은 감사를 표해야 할 이들의 명단을 아예 넣지 않기로 했다. 우리는 그들 각자가(누군지 본인들은 알 것이다) 이 책을 읽을 때에 우리가 이루어 놓은 것에서 만족을 찾을 수 있기 바란다. 우리는 진정 많은 빚을 졌다.

덧붙여 이 책은 W. 앨턴 존스 재단, 조이스 재단, C.S. 모트 재단, 퓨 스칼라 프로그램, 퓨 자선기금, 윈슬로우 재단, 그리고 존슨 재단의 켈란드 기금 등 여러 재단의 꾸준한 도움이 없었더라면 출판이 불가능했을 것임을 밝힌다.

차례

프롤로그

이것은 매우 색다른 책이다. 세 저자들의 협동의 산물인 이 책은 합성 화학물질, 그 안전성, 그리고 위험평가방식에 관한 전통적인 지식을 뛰어넘는 메시지를 전달하기 위해 비전통적인 스타일을 사용했다. 테오 콜본, 다이앤 듀마노스키, 그리고 존 피터슨(페트) 마이어 등 이 책을 함께 저술한 우리 세 명은 이 작업에 대해 각기 다른 재능과 경험을 발휘했으며 책이 출판되는 과정에서 다른 역할을 수행했다. 20세기 말에 직면하여 점차 늘어나고 있는 복잡한 문제들은 우리 모두의 노력을 요구한다. 이에 우리는 이 작업을 시작했다. 그 문제들은 한 개인이 할 수 있는 것 이상을 요구하고 있다.

테오 콜본은 내분비 저해 화학물질들에 관한 연구를 종합하는 데 7년을 보냈고 그녀의 방대한 자료은행이 이 작업의 과학적 기초를 제공했다. 다이앤 듀마노스키의 임무는 복잡한 과학적 지식을 섭렵하여 과학적 배경이 없는 이들을 비롯한 모든 이들이 쉽게 읽을 수 있는 이야기로 만드는 것이었다. 다이앤은 25년 동안 환경 과학과 정책에 관한 기사와 칼럼을 썼으며 추가 연구와 인터뷰를 통해 이 정보를 보충했다. 국내외의 환경 정책에 관해 폭넓은 경험을 쌓은 과학자인 페트 마이어는 우리의 사고에 또 다른 귀중한 차원을 덧붙여주었다. 저자들은 오랜 작업 기간 동안 정기적으로 밀접한 연구와 논의를 가졌으며 이 책의 구성을 개발하고 다듬었다.

이것은 아직도 풀리지 않은 과학적 수수께끼이기 때문에 테오 콜본과 페트 마이어가 등장인물로 나오는 탐정이야기처럼 서술되었으며 핵심 역할을 한 다른 과학자들도 등장한다. 이 책의 첫부분은 콜본이 야생동물과 인간에 미치는 합성 화학물질들의 영향에 관한 과학문헌들을 고찰하던 중에 이루어진 발견의 과정으로 독자를 이끌어간다. 콜본은 이 과학적 수수께끼의 탐정이다. 그것은 그녀가 정말로 그런 역할을 수행했을 뿐 아니라 이런 접근방식이 독자들을 참여시킬 수 있으리라고 믿기 때문이다. 콜본의 초기 탐정작업을 지나면서 이 책은 증거를 논하고 우리 세 명의 생각을 반영하기 시작한다.

우리는 과학기술이 만들어 놓은 문제들을 다루기 위해 창조적인 접근방식을 필요로 하는 복잡한 세상에 살고 있다. 우리의 미래를 훔쳐간 화학물질들의 성질을 드러내려면 많은 분야의 전문가들 사이에서 수행되는 광범위한 협동작업 같은, 비전통적인 접근이 필요하다. 과학자들이 이 문제를 밝히기 위해 규범을 깨야 했던 것처럼 우리는 이 발견의 이야기를 쓰면서 전통적인 글쓰기의 규범을 깨고 있음을 발견한다.

1 저주

1952: 플로리다, 걸프 해안

몇 년 동안 대머리독수리들을 관찰했어도 찰스 브롤리는 캐나다와 미국의 동부 해안에 사는 새들이 감소하고 있다는 기록을 본 적은 없었다. 그래서 그는 현장일지에 주의 깊게 표시해 두었다. 캐나다인인 브롤리는 은행가로, 취미인 조류 관찰에 온 정성을 쏟고 있었다. 버려진 둥지에서 깨진 알껍질들이 발견되기 전부터 그는 독수리들이 이상하게 행동한다는 것을 알아차렸다.

1939년, 브롤리는 국립 오더번 협회 임원의 제안으로 플로리다 대머리독수리에 대한 연구를 시작하였다. 최초의 조사가 끝난 뒤 그는 탬파에서 포트마이어까지 플로리다 반도의 서해안을 따라 둥지를 틀고 있는 건강한 독수리 무리에 대한 보고서를 썼다. 40년대 초 브롤리는 125개의 부화된 둥지를 찾아냈고 암벽 위로 올라가 150마리의 독수리 새끼들에게 연구용 밴드를 둘렀다.

1947년, 갑자기 양상이 변했다. 독수리 새끼들의 수가 급격히 감소했고 독수리 쌍들의 이상한 행동이 자주 관찰되었다. 때는 성숙한 새들이 짝을 찾고 가지를 모으고 둥지를 틀면서 구애를 시작하는 초겨울이었다. 그러나 그가 지난 13년 동안 방문했던 둥지에서는 흰 머리로 쉽게 알아볼 수 있는 어른 독수리의 2/3가 짝짓기에 무관심한 것처럼 보였다. 그들은 어떤 구애 몸짓도 하지 않았다. 브롤리의 일지에 따르면 그들은 짝짓기에 전혀 관심을 보이지 않았다. 그 새들은 〈빈둥거리고〉 있었다.

무엇이 플로리다 독수리로 하여금 짝짓기와 양육의 본능을 잃어버리게 했을까? 그 까닭을 찾아나선 브롤리의 시선은 전후 개발 붐에 의해 확장된 플로리다의 거대한 개량 주택단지 위에 멈추었다. 이 새로운 주택들이 수백 에이커에 달하는 천연 해안을 삼켜버렸기 때문일까? 브롤리는 독수리 수의 감소와 이상한 행동을 인간의 침범 탓으로 돌렸다. 대학에 적을 둔 독수리 연구팀들도 이 최초의 진단에 전적으로 동의했다.

나중에 브롤리는 이 설명을 의심하게 되었다. 1950년대 중반까지 연구를 지속하면서 그는 플로리다 대머리독수리의 80%가 불임이 되었음을 확신하게 되었다. 이 문제를 불도저 탓만으로 돌릴 수는 없었다.

1950년대 후반: 영국

수달이 예전처럼 많지는 않았지만, 전통 스포츠인 수달 사냥은 에드윈 랜시어 경이 그 살육을 「수달 사냥」이라는 유화에 묘사했던 19세기 이후에도 상대적으로 큰 변화가 없이 지속되어 왔다. 영국의 수달 사냥꾼들은 아직도 추적을 위한 털투성이의 귀가 긴 하운드와, 수달을 몰기 위한 조그만 테리어로 구성된 최소한 열세 개의 사냥팀을 유지하고 있었다. 아버지와 삼촌들에게서 수달의 습성을 배운 이들은 수달의 굴을 어디서 찾을 수 있는지 알고 있었다. 사냥철이 시작되는 주말이면 그들은 수달이 낮에 피난처로 삼을 만한 굴을 찾아 나무뿌리가 얽힌 한가운데를 둘러보며 강둑을 뒤지곤 했다. 고대의 경기에서 그랬던 것처럼 일단 수달이 달아나면 뿔나팔소리와 하운드의 짖는 소리가 골짜기를 따라 울려퍼졌다.

그러나 1950년대 말부터는 수달을 발견하기가 어려워지기 시작했고 어떤 지역에서는 이유를 모른 채 수달이 사라졌다.

사냥꾼 말고는 누구도, 이 잡기 어려운 야행성 동물이 늘 나타나던 강과 개울에서 사라져버렸음을 알지 못했다. 수가 감소하기 시작한 지근 20년이 지나서야 이 문제를 인식한 환경 보호론자들은 수달이 사라진 원인에 대한 실마리를 찾기 위해 사냥꾼들의 기록을 살펴보았다.

어떤 이들은 살충제 디엘드린을 의심했지만 영국의 과학자들이 유럽 전체에서 모은 증거를 분석한 1980년대까지 수달의 감소 원인은 수수께끼로 남아 있어야 했다.

1960년대 중반: 미시간 호

제2차 세계대전 직후의 경제부흥기에는 새로운 사치품에 대한 소비자들의 욕구가 끝을 모르는 것처럼 보였다. 미시간의 밍크 사육자들에게는 이때가 정말 호경기였다. 그들은 1950년대 내내 번영의 물결 속에서 매년 흑자 기록을 갱신할 수 있었다. 패트 닉슨은 품질 좋은 공화당의 천 코트에 만족했을지 모르지만 다른 미국 여성들이 원하는 것은 밍크코트였다.

1960년대 초, 값싼 물고기가 충분히 공급되던 오대호 주변에서 성장한 밍크 산업이 비틀거리기 시작했다. 밍크에 대한 수요가 준 것이 아니라 이상한 생식 문제 때문이었다. 사육자들은 늘 그래왔던 것처럼 밍크를 교배시켰지만 암컷이 새끼를 낳지 못했다. 처음엔 새끼 밍크의 수가 평균 네 마리에서 두 마리로 떨어졌다. 그러나 1967년이 되자 많은 암컷 밍크가 불임이 되었고 나머지도 곧 새끼들을 잃게 되었다. 이 커다란 손실로부터 겨우 살아남은 밍크 사육자들은 서부 해안에서 수입해 온 물고기를 사료로 쓴 이들 뿐이었다.

원인을 찾아나선 미시간 주립대학 연구팀은 곧바로 호수의 물고기에 있는 오염물질에 초점을 맞추었고 마침내 생식 문제를 PCB, 즉 전기 절연재료로 쓰이는 합성 화학물질과 연관시켰다.

한편, 중서부의 다른 밍크 사육업자도 10여 년 전에 생식 문제로 인해 파산에 직면했던 적이 있다. 그러나 그들의 경우에는 더 빨리 살을 찌우기 위해, 인간이 만든 여성 호르몬의 일종인 디에틸스틸베스트롤(DES)을 주입한 닭고기를 사료로 먹였기 때문이었다. 증상은 아주 유사했지만 물고기를 먹은 밍크들의 두번째 위기는 DES와는 관련이 없었고 두 사건 사이의 관계는 수수께끼로 남아 있었다.

1970: 온타리오 호

니어아일랜드의 바다갈매기 집단의 모습은 마이크 길버트슨과 같은 노련한 생물학자까지도 압도하는 광경이었다. 원래 갈매기들이 새끼를 먹이고 알을 품느라 바쁜 시기였음에도 불구하고 이 캐나다 야생동물보호국의 생물학자가 발견한 것은 황폐한 풍경뿐이었다. 갈매기들이 새끼를 키우던 황량한 모래 해변을 걸어가면서 그는 도처에서 부화되지 않은 알과 버려진 둥지, 그리고 죽은 새끼들을 보았다.

잠깐 동안 조사한 결과, 길버트슨은 80%의 새끼들이 부화도 되기 전에 이미 죽었다고 추정했다. 그것은 굉장한 숫자였다. 죽은 새끼를 살펴보던 그는 괴상한 기형들을 목격했다. 어떤 것은 솜털 대신에 성체의 깃털을 달고 있었고 발이 오그라들거나 눈이 없거나 부리가 뒤틀려 있었다. 다른 것들은 주름이 지고 바짝 말라 있었는데 난황 주머니가 그대로 매달려 있었다. 이는 새끼가 발육을 위해 그 에너지를 이용할 수 없었음을 의미했다.

어떤 증상들은 어렴풋이 눈에 익은 것이었지만 길버트슨은 지금까지 그런 것을 본 적이 없었다. 전에 어디에서 이런 일에 대해 들었을까? 이 의문은 그가 우울한 여행을 마치고 연구소를 향해 보트에 오를 때까지 계속 그를 괴롭혔다.

며칠 뒤 그 해답이 갑작스레 찾아왔다. 닭부종병, 즉 그가 영국에서 공부할 때 읽은 적이 있는 병이었다. 동일한 증상과 기형은 연구실에서 다이옥신에 노출시킨 병아리들에게서 나타났다. 만약 죽은 갈매기들이 닭부종병과 같은 증상을 가졌다면 오대호에 다이옥신 오염이 있었으리라고 그는 생각했다.

길버트슨의 동료와 상사들은 조소에 가까운 태도로 그의 추측을 무시했다. 어떤 이들은 다이옥신이 호수에서 보고된 적이 없다는 이유로 그의 진단을 믿지 않았다. 그리고 당시의 기술로 분석한 결과 갈매기 알껍질로부터 다이옥신이 검출되지 않음에 따라 그들의 불신은 더욱 깊어졌다.

그럼에도 길버트슨은 오대호의 새들이 다이옥신 오염의 증상을 보인다는 믿음을 확신하였다. 그러나 그의 추측에 대한 어떤 증거도 찾을 수 없었다.

1970년대 초: 남부 캘리포니아, 채널 제도

훈련된 눈으로도 서부 갈매기의 암컷과 수컷을 구별하기는 어렵다. 그래서 둥지에 여분의 알이 없었다면 암컷들이 다른 암컷들과 함께 둥지를 튼다는 놀랄 만한 사실을 아무도 발견하지 못했을지도 모른다.

로스앤젤레스 카운티 자연사박물관의 랄프 슈라이버는 1968년 산니콜라스 섬에서 처음으로 둥지에 이상하게 많은 수의 알이 있음을 목격했다. 갈매기는 한꺼번에 세 개 이상의 알을 품기 힘들다. 그래서 그는 바로 이 둥지에 다른 암컷이 알을 더 낳았을 거라고 추측했다.

4년 뒤 어빈 소재 캘리포니아 대학의 조지 헌트와 몰리 헌트 부부는 해변에 가까운 작은 섬인 산타바바라에서 같은 현상을 발견했다. 그 섬에 있는 둥지 중 최소한 11%가 4개나 5개의 알을 가지고 있었으며, 그들은 그 둥지에서는 보통 둥지보다 더 작은 수의 새끼가 부화한다는 것을 알게 되었다. 또한 헌트 부부는 산타바바라 갈매기 집단의 알껍질이 얇아지고 있음을 알았고 이 때문에 그들은 갈매기들이 DDT에 노출되었을지도 모른다는 생각을 하게 되었다.

처음에 헌트 부부는 암컷 갈매기들이 정말 둥지를 공유하는지 여부를 확신하지 못했다. 그러나 이후의 연구에서 이 부부는 암컷 갈매기들이 함께 둥지를 틀며 여분의 알을 낳는다는 것을 확증할 수 있었다. 1977년 《사이언스》지에 실린 논문에서 그들은 그런 행동에 대한 가능한 자연적인 이론을 탐구했는데 동성끼리의 짝짓기는 어떤 진화론적 이득을 얻기 위한 적응일지 모른다고 가정했다.

다음 20년 동안 암컷 쌍들은 오대호의 재갈매기, 퓨젓사운드의 글라우코스 갈매기, 매사추세츠 해안의 멸종해 가는 장밋빛 제비갈매기들에서도 발견되었다.

1980년대: 플로리다, 아포프카 호

플로리다 주의 가장 커다란 호수 중 하나인 아포프카 호는 주위를 감싼 습지대로 미루어보아 악어의 천국임에 틀림없다. 주와 연방의 야생동물 연구자들이 수백만 달러가 투입된 악어 사육산업을 위한 알 공급지를 찾기 시작했을 때 이 호수는 목록의 상위에 올라 있었다. 그러나 놀랍게도 생물학자들은 아포프카 호의 악어들에게 여분의 알이 없음을 발견했다.

다른 플로리다의 호수에서 수행된 연구는 암컷 악어가 낳은 알 중 90%가 부화했음을 보여주었다. 아포프카에서는 부화율이 겨우 18%였다. 더욱 불행한 일은 부화된 새끼 악어 중 절반이 열흘 이내에 기운을 잃고 죽어간 것이었다.

파충류 생식생물학 전문가인 플로리다 대학의 루 귀예트는 그가 보고 있는 증상의 의미를 이해할 수 없었다. 호수의 악어들에게서 발견된 문제가 호숫가에서 1/4마일 떨어진 타워 화학회사에서 1980년에 일어난 사고와 연관이 있으리라고는 아무도 생각지 못했다. 살충제 디코폴이 유출된 직후 90% 이상의 악어들이 사라졌다. 그러나 수질검사 표본이 호수가 다시 깨끗해졌음을 보여준 이후 오랜 시간이 흘렀는데도 악어들이 생식 문제로 고통받는 이유는 무엇일까?

연구자들이 밤을 틈타 공기보트를 타고 가서 호수의 악어들을 잡아 자세히 관찰했을 때 그들은 많은 수컷들에게서 이상한 기형을 발견했다. 최소한 60%가 이상하게 작은 음경을 가지고 있는 것이었다. 이런 일은 이전에 보고된 바 없었다.

어떤 종류의 독성 물질이 이런 일을 일으켰을까?

1988: 북유럽

역사적으로 가장 큰 규모의 바다표범 몰살사건이 될 전염병의 첫 징후가 스웨덴과 덴마크 사이의 조그만 해협인 카테가트에 있는 안홀트 섬의 봄철에 나타났다.

4월 중순 바다표범 숫자를 정기적으로 조사하던 이들은 겨울철 폭풍우의 잔해와 함께 해변에 밀려온 유산된 바다표범 새끼들을 발견하기 시작했다. 곧이어 반점에 뒤덮인 바다표범의 시체가 파도를 타고 실려왔다.

유럽 연안 해수의 오염 때문에 몇몇 이들은 즉각 이 동물들을 공해의 희생자라고 생각했다. 그러나 네덜란드의 수의사이며 바이러스 학자인 알베르트 오스터하우스는 처음부터 이에 비판적이었다. 모든 증상은 사인이 특정한 전염병임을 시사하고 있었다.

4월 말 남쪽에 있는 보다 작고 교통이 불편한 헤셀뢰 섬에서 더욱 많은 바다표범의 죽음에 대한 보고가 들어왔다. 여기서부터 죽음은 북해를 따라 빠른 속도로 번져 6월에는 덴마크와 노르웨이 사이의 스카게라크 해협에 사는 바다표범들을 덮쳤고, 7월에는 오슬로피오르의 놈들을, 그리고 8월 초에는 영국 동해안에 사는 놈들에까지 이르렀다. 9월까지 스코틀랜드의 북쪽 끝인 오크니 섬과 스코틀랜드 서부 해안, 그리고 아일랜드 바다의 해안 역시 죽은 바다표범들의 시체로 가득 차게 되었다. 12월까지의 사망통계는 18,000마리에 달했는데 이는 전체 북해 바다표범 수의 40%에 해당하는 것이었다.

그러나 이상하게도 이 전염병에 희생된 동물은 지역에 따라 다른 증상을 보였다. 이로 인해 오스터하우스는 원인이 면역계통을 억누르는 바이러스임에 틀림없다고 추측하게 되었다. 얼마 뒤 연구자들은 죽은 바다표범에서 일종의 디스템퍼 바이러스(개홍역 바이러스)에 감염된 징후를 찾아냈는데, 이는 개와 다른 육식생물들에게 치명적인 미생물과 유사했지만 똑같지는 않았다. 바다표범들을 그토록 감염에 취약하게 만든 원인은 무엇이었을까? 오염이 심하지 않은 스코틀랜드의 해안에서는 이 병이 상당히 경미했다는 사실이 단지 우연에 불과한 것일까?

1990년대 초: 지중해

때때로 먼 바다로 나가는 어부와 요트 선원들은 배의 구부러진 항적을 따라 즐겁게 노는 한떼의 줄무늬돌고래들과 마주친다. 하지만 작고 쾌활하며 높이 솟구치는 이 고래들은 일반적으로 인간의 눈길이 닿지 않는 육지에서 멀리 떨어진 곳에서 생활하고 죽는다. 이런 이유로 야생동물 연구자들이 어떤 치명적인 전염병이 또 다른 해양포유류를 습격했음을 알아차리기 전까지 지중해 돌고래들의 대규모 희생은 계속 진행되고 있었다.

1990년 7월, 처음으로 스페인 동해안의 발렌시아 바닷가에 몇 구의 시체와 죽어가는 줄무늬돌고래들이 떼지어 밀려왔을 때 사람들은 자연사라고 여겨 아무 의심도 하지 않았다. 그러나 8월 중순이 되자 많은 수의 죽은 동물들이 발렌시아뿐 아니라 북쪽의 카탈로니아, 마요르카와 다른 발레아레스 제도의 해안에 밀어닥치기 시작했다. 마치 어떤 전염병이 해안에서 수십 마일 떨어진 깊은 외해에 사는 돌고래 무리들을 덮친 것 같았다. 이학적 검사 소견에서는 병에 걸린 동물들이 부분적으로 폐 허탈증, 호흡곤란, 이상행동을 보이고 있음이 드러났다. 9월 말에 사망률은 프랑스 해안을 따라 치솟았고 병든 동물들은 이탈리아와 모로코 해안까지 쓸려왔다. 그러나 겨울이 되자 전염은 누그러지더니 결국 멈추었다.

이듬해 여름, 치명적인 질병이 남이탈리아에서 다시 발생하여 그리스 섬들의 서쪽 가장자리를 따라 동진했다. 1993년 봄에는 그리스 섬들을 감싸고 동쪽과 북동쪽으로 퍼져나갔는데 갈 때마다 점점 더 많은 희생을 낳았다.

전염병이 저절로 사라질 때까지 공식적인 사망통계는 1,100마리 이상이었다. 그러나 한 마리가 해변에 밀려올 때 적어도 몇 마리는 물속 깊이 가라앉았을 것이다.

다시 한번 이 희생의 주범은 디스템퍼족에 속하는 바이러스로 판명되었지만 연구자들은 오염이 대량 몰살에 중요한 역할을 했다는 징후를 발견했다.

1987년부터 바르셀로나 대학의 해양포유류 전문가인 알렉스 아귈라는 항적을 따라 헤엄치는 동물에게 활이나 작살총으로 쏘는 특별히 고안된 화살을 써서 스페인 북동해의 줄무늬돌고래들로부터 지방 표본들을 모았다. 해변의 시체에서 얻은 표본들과 서로 비교해 보았을 때 그는 대량 몰살의 희생동물이 건강한 돌고래보다 2배에서 3배에 이르는 PCB를 조직 내에 함유하고 있음을 발견했다.

1992: 덴마크, 코펜하겐

고등학교 학생들도 현미경 아래에서 헤엄치고 있는 작은 올챙이 같은 인간 정자에서 기형을 알아차릴 수 있다. 한 표본 안에서도 어떤 정자는 머리가 둘이고 어떤 것은 꼬리가 둘이며 어떤 것은 머리가 아예 없다. 많은 수가 똑바로 헤엄치지 못하거나 전혀 움직이지 않고, 아니면 강하고 지속적인 움직임 대신에 미친듯이 지나친 움직임을 보인다.

해가 갈수록 코펜하겐 대학의 생식전문 연구자인 닐스 스카케백은 전형적인 정자수의 감소뿐 아니라 점점 더 많은 정자의 기형을 보게 되었다. 동시에 1940년에서 1980년까지 덴마크에서는 고환암의 발생률이 세 배가 되었다. 스카케백은 또 이런 암을 일으킨 남성의 고환 속에서 정자수 감소와 정자의 기형을 관찰했다. 이는 서로 관계가 있을까?

스카케백은 정자수에 대한 다른 연구, 특히 불임증이나 다른 질병이 없는 남성의 자료를 찾아 문헌 연구를 시작했다. 그와 동료들은 통틀어 61편의 연구를 모을 수 있었는데 대부분은 유럽과 미국의 것이었지만 인도, 나이제리아, 홍콩, 태국, 브라질, 리비아, 페루, 그리고 스칸디나비아의 것도 있었다.

연구자들은 그들이 발견한 사실에 깜짝 놀랐다. 이 자료에 따르면 인간의 평균 정자수는 1938년에서 1990년 동안 거의 50%나 감소했다. 동시에 고환암의 발생은 덴마크뿐 아니라 다른 나라에서도 급격히 증가했다. 또한 의학 자료들은 어린 소년들 사이에서 정류고환이나 요도단축증과 같은 생식기 기형들이 증가하고 있음을 시사했다.

정자의 양과 질의 변화와 생식기 기형의 증가가 짧은 시간 동안 일어났다는 이유 때문에 연구자들은 유전적 원인을 제외시켰다. 대신에 그 변화는 어떤 환경요인 때문인 것처럼 보였다.

* * *

1950년대부터 시작된 이 괴상하고 풀기 힘든 문제들은 세계 도처, 즉 플로리다, 오대호, 캘리포니아, 영국, 덴마크, 그리고 지중해와 다른 지역에서도 나타나기 시작했다. 마음을 심란하게 하는 야생동물에 대한 보고 중 많은 수가 생식기의 결함, 행동이상, 생식기능 손상, 새끼들의 죽음, 혹은 전체 동물집단의 갑작스런 소멸에 대한 것이었다. 야생동물에게서 처음 나타난 급박한 생식 문제들은 곧 인간에게까지 영향을 미치게 되었다.

각 사건들은 무엇인가가 확실히 잘못되었음을 알리는 분명한 징후였다. 그러나 여러 해 동안 아무도 이 개별 사건들이 서로 연결되어 있음을 알아차리지 못했다. 대부분의 사건들은 어떤 식으로든 화학물질 오염과 관련이 있어 보였지만 아무도 공통된 실마리를 찾지 못했다.

그러다가 1980년대 후반 한 과학자가 이 조각들을 한데 모으기 시작했다.

2 대물림 독물

테오 콜본은 한구석에서 마루를 가로질러 날아와 카펫 위에 떨어진 또 다른 과학 논문을 보았다. 그녀는 고개조차 돌리지 않았다. 1987년 가을 이래로 그녀는 사무실에 흘러넘치는 서류의 물결을 줄이기 위해 문을 잠근 적도 있었지만 별 소용이 없었다. 투원반 챔피언인 프로젝트 책임자는 손목을 한 번 놀려 문 아래로 서류들을 날려보냈다. 그는 점점 노련해져서 사무실 한가운데까지 날려보낼 수 있게 되었다. 그녀는 그것들을 그냥 놓아두었다.

휙, 한 장, 휙, 두 장.

때로는 한 시간에 대여섯 개의 서류뭉치가 들어오기도 했다. 그녀는 〈오대호 갈매기(*Larus argentatus*)들의 갑상선 조직 병리에 대한 정량적 평가 및 그 원인으로서의 환경오염 가설〉 혹은 그보다 더 읽기 힘든 지루한 제목이 달린 서류들을 정리할 시간조차 없었다. 콜본은 보고서와 논문들이 쌓인 서가와, 마루를 가로질러 쌓여가는 마분지 파일박스들을 둘러보았다. 오대호 연안의 야생동물과 인간 보건 문제에 관한 연구 논문들은 그녀가 검색을 시작한 이래 엄청나게 많은 양이 모여 사무실은 마치 쓰레기장처럼 보이기 시작했다. 설상가상으로 그녀는 입학 시험을 치러야 했다. 밤늦게 주말도 없이 일한다고 그 문제를 풀 수는 없었다. 하도 지쳐서 그녀는 차라리 죽는 게 낫겠다고 느꼈다.

어떻게 그녀는 이 모든 것의 의미를 이해할 수 있었을까?

두 달 동안 온 힘을 기울였어도 그녀는 여전히 오대호 지방이 수십 년 간의 급속한 오염으로부터 얼마나 제대로 회복되었는지를 명확하게 이해할 수 없었다. 가능한 모든 것을 알아보려고 그녀는 문지방을 넘어온 것 말고도 수백 종의 논문들을 모았다. 자료의 부족에 대해 불평할 수는 없었지만 그녀의 집중적인 연구에서는 서로 연관된 것이 아무것도 떠오르지 않는 것 같았다. 그녀가 가진 자료는 서로 무관한 정보의 뒤죽박죽으로 보였지만, 동시에 그녀는 뭔가 중요한 것이 그 혼란스런 표면 아래에 숨어 있음을 감지했다. 가장 유망한 자료는 독성 화학물질과 물고기암을 관련시킨 새 논문인 것 같았다. 그것은 의미가 있었다. 그것이야말로 발암물질들의 온상이라 일컬어지는 호수에서 찾아낼 수 있으리라고 기대되는 것이었다.

그러나 온갖 종류의 괴상함을 보고한 수백 종의 다른 논문들을 어떻게 이 그림에 끼워맞출 수 있을까? 왜 오염된 지역의 제비갈매기들은 둥지를 버리는 것일까? 제비갈매기 새끼들에게서 보이는 이상한 소모성 증상의 원인은 무엇일까? 그들은 처음에는 정상처럼 보이다가 갑자기 체중이 줄고 말라 비틀어져 죽었다. 그리고 수컷 대신에 암컷끼리 짝을 짓는 재갈매기들에 관한 보고도 있었다.

하지만 그 일이 너무 벅차 보일 때조차도 콜본은 여전히 자신의 운이 좋다고 느꼈다. 오대호 연안 환경보건평가에 관한 이 프로젝트의 과학자로서 일자리를 구한 것은 그녀에게 있어 진정한 삶의 분기점이었다. 그녀는 1987년 8월 초 워싱턴의 비영리 연구 기관인 자연보호재단에서 자신과 새 직업에 자부심을 느끼며 이 팀에 합류했다. 어쨌든 그녀는 겨우 2년 전에 58세의 할머니로서 위스콘신 대학에서 동물학 박사학위를 받고 평생 처음으로 워싱턴에 왔을 뿐이었으니까. 그녀의 첫 직업은 의회의 요청에 따라 연구를 하는 정책분석그룹인 기술평가사무국(공화당 다수파에 의해 1995년 철폐되었다)의 의회 펠로였고 거기서 그녀는 대기와 수질 오염에 관계된 연구를 시작했다. 그때 자연보호재단이 오대호 연안의 연구를 가지고 그녀에게 접근했다. 그것은 캐나다의 자연보호재단인 공공정책연구소와 함께 맡은 일이었다.

이는 분명 콜로라도 카본데일의 조그만 마을 약국에서 처방전이나 쓰는 것에 비하면 큰 승리였다. 50세에 남은 여생을 어떻게 보내야 할지의 문제에 봉착했던 콜본은 오랫동안 미뤄왔던 약사 일을 시작하여 카본데일에 약국을 열까 하는 생각도 잠시 해보았다. 어쩌면 그녀는 15년 전 뉴저지에서 콜로라도로 이주할 때부터 꿈꿔왔던 양을 키우는 일도 할 수 있었을 것이었다. 둘 다 괜찮은 선택이었지만 그녀는 대신에 오랫동안 바라던 일을 실행에 옮기기로 했다.

평생 동안 새를 관찰하는 데 정열을 쏟았던 그녀는 날로 거세지는 환경운동에 뛰어들었고 여러 해 동안 서부 해안 문제 투쟁에서 자원봉사자로 일했었다. 그녀는 다양한 환경운동의 최전선에서 많은 것들을 배웠지만 늘 공식적인 자격이 없음을 아쉬워했다. 학위가 없으면 그녀가 키가 크고 보통 체격에 카우보이 장화를 신었어도, 상대방으로부터 이것저것 참견하기 좋아하는 〈테니스화를 신은 작은 노인네〉라고 무시당하기 쉬웠다. 물론 그게 전부는 아니었다. 그녀의 지적인 욕구는 독학으로 배울 수 있었던 것들에 의해 고양되어 있었다. 그래서 51세에 콜본은 대학원 학생으로 새 인생을 시작했고 환경학 석사학위를 위해 콜로라도의 서쪽 능선을 따라 강물 표본을 구하러 산을 내려가곤 했다. 강도래와 하루살이 같은 수중 곤충들이 강물과 시내의 청정도를 나타내는 지표로서 사용될 수 있느냐 하는 연구였다. 몇몇 남자 교수들은 그런 늙은 학생에게 에너지를 투입하는 일을 비웃었지만 그녀는 꾸준히 공부했고 박사학위를 받았다.

휙. 또 다른 서류뭉치가 의자 다리께에 떨어졌다. 오대호 연안에 있는 어떤 주의 주지사 연설문이었다. 다른 많은 연설들처럼 이것도 오대호의 수질개선과 회복의 증거들을 호소하고 있었다. 양 연안의 공공관리들은 1960년대와 70년대에 오대호를 악명 높게 만든 심각한 오염과의 싸움에서 완전히 승리했다고 장담하고 있었다.

1969년 6월 클리블랜드의 에리 호로 흘러들어가는 쿠야호가 강에 불이 나 다리를 태워버렸을 때 오염은 최악에 달했다. 6개월 뒤 클리블랜드 시장이 수질보호법을 제안한 의회 청문회에서 그 화재에 관해 증언했을 때 그 도시의 불타는 강의 모습은 전국 일간지의 머릿기사를 장식했다. 이 당시 언론은 에리 호가 〈죽었다〉고 선언했고 과학자들은 다른 호수들도 심각한 위험에 처해 있다고 판단했다. 이 오염이 정점에 달했을 때는 썩어가는 조류의 끈끈한 막이 온 연안을 뒤덮었고 만과 강들에는 기름과 산업폐수가 떠다녔으며 한때 풍부했던 새들과 야생동물 집단은 사라졌었다.

그때 이후로 개선이 되었음은 부인할 수 없었다. 20년 이상에 걸쳐 지방 자치단체들이 폐수 처리시설을 건설하고, 주정부가 조류 폭증의 원인인 세제에서의 인의 사용을 금지하며, 산업체들이 강에 내다버리는 오염물질에 대한 새 기준에 따라 공정을 바꾸면서 콩 수프 같은 조류와 끈끈한 오염물질들은 줄어들었다. 1972년 살충제 DDT의 연방 규제 이후로 대머리독수리와 다른 새들을 멸종시켰던 얇고 잘 깨지는 알껍질의 문제가 사라지기 시작했고 멸종위기에 처했던 많은 새들의 수가 급격히 증가했다. 실제로 이전에 거의 사라졌던 재갈매기와 이중볏가마우지 같은 새들의 수는 최고조에 달했고 여러 곳에서 성가신 존재가 되었다. 그러나 깃대 종들의 그러한 폭발적인 개체수 증가는 수질회복의 증거가 아닌 다른 무엇일 수 있었다. 즉 모순적이게도 그런 폭발적인 증가는 종의 멸절과 마찬가지로 생태계 스트레스의 징후일 수 있었다.

두 달 동안 야생동물에 관한 논문과 오대호 인근에서 연구하는 생물학자들과의 대화에 몰두한 뒤 그녀는 생태계 회복의 선언이 아직 이르다는 느낌을 강하게 받았다. 그녀는 호수의 수질이 개선되기는 했지만 진정으로 〈청정〉해졌음을 의심하게 되었다. 조류 집단을 위협했던 깨진 알들은 사라졌지만 현장의 연구자들은 아직도 정상과는 거리가 먼 상태들을 보고하고 있었다. 밍크 수의 감소, 부화하지 않는 알, 겹쳐진 부리, 눈의 소실, 가마우지의 만곡족 등이었고 보통 때는 부화중인 알에 대해 매우 경계하던 새들의 이상한 무관심도 있었다. 콜본은 벽을 따라 세워진 파일박스 위를 둘러보았다. 그것들 중의 43개가 오대호에 서식하는 종들에 대한 연구였다. 이 모든 야생동물에 대한 자료에서 그녀는 뭔가 대단히 잘못되었다는 징후를 발견했다.

그것이 무엇이든 증상은 25년 전에 『침묵의 봄』을 쓴 레이첼 카슨이 말했던 것처럼 눈에 보이는 직접적인 것은 아니었다. 1962년 전후에 환경운동의 불을 지핀 이 책의 저자이자 과학자인 카슨은 합성 살충제의 남용에 의해 생긴 피해를 도표로 상세하게 설명할 수 있었다. 1950년대의 항공 방제 뒤 교외에 널린 죽은 새들의 시체더미를 무시하거나 살충제 중독으로 몸을 떨며 죽어가는 새들의 모습을 잊어버리기란 쉽지 않았다. 반면 이상한 양육 행동이나 새끼들의 생존율 하락은 즉각적으로 뚜렷하진 않지만 종의 생존이라는 긴 측면에서 보자면 결코 중요성이 떨어지는 것은 아니다.

그리고 무엇인가 잘못되었다면 그것이 그 지역에 사는 인간에게 의미하는 바는 무엇일까? 이것이 오대호 야생동물 연구를 통해 콜본이 추구한 궁극적인 의문이었다.

그녀는 이미 미국과 캐나다의 공중보건보고서를 주문했고 1970년대에 오대호 연안에 세워진 암등록 센터의 자료들을 살펴보았다. 그때는 오염에 대한 공중의 인식이 늘어나고 많은 수의 독성 화학물질이 인간건강에 유해할 수 있다는 사실에 관심이 높아진 시기였다. 오대호 연안에 사는 많은 사람들은 그들이 다른 지역에 사는 이들보다 더 높은 수준의 독성 화학물질에 노출되어 있고 일반적인 경우보다 암발생률이 더 높다고 강하게 믿고 있었다.

오대호 연안은 환경오염과 암발생과의 관계를 조사하는 데 적합한 장소로 보였다. 콜본은 과학 문헌과 보건통계들을 샅샅이 뒤져 어떤 실마리를 찾아내기로 계획을 세웠다. 무엇인가가 있다면 발견하리라고 그녀는 굳게 결심했다. 당분간은 암컷 갈매기의 수수께끼와 다른 혼란스런 기형들은 제쳐두고 발암 문제를 추적해야 했다.

프로젝트 책임자인 리치 리로프는 콜본 자신보다 발암 문제에 대해 더 흥분했다. 미국과 캐나다의 오대호 정책에 대해 자문을 하는 국제협력위원회 학술자문단의 일원이었던 그는 물고기 종양에 관한 새로운 발견들에 대하여 많은 이야기를 들어왔다. 그것은 오대호 연구에서 가장 뜨거운 주제였다.

그의 추천으로 콜본은 몇 주 뒤 토론토에서 열린 14회 연례 수중독물 워크숍에 참가했다. 거기서 상당히 반응이 좋았던 마지막 회합은 화학오염과 물고기 종양 사이의 관계에 초점을 맞추고 있었다. 리로프의 마지막 지시는 그들의 연구 결과를 바탕으로 쓰게 될 책에 실을, 암에 걸린 물고기의 〈괴상한 사진〉을 얻어오라는 것이었다.

물고기 종양에 대한 회합은 괴상한 물고기의 슬라이드 사진이 어두운 회의실의 스크린에 비춰지자 기대했던 것보다 더욱 생생했다. 분명히 이것은 사람과 야생동물 보건에 대한 그녀의 연구에 지침이 되어줄 핵심 증거였는데 왜냐하면 연구자들이 오대호에서 발견되는 특정 화학물질과 암 사이에 설득력 있는 인과관계를 설정하고 있었기 때문이었다. 상식적으로는 야생동물들의 보건 문제가 광범위하게 퍼진 오염과 관계가 있다고 추측할 수 있지만 한 기형을 한 화학물질과 연관시키기란 종종 불가능했다. 동물들은 수백 종의 화학물질에 노출되어 있었고 대부분은 아직 밝혀지지도 않았기 때문이었다.

몇몇 회의적인 이들은 물고기의 암이 화학물질 오염과 관계 있을지도 모른다는 생각 자체를 의심했다. 그러나 물고기 종양 회합의 발표들은 몇 가지 다른 설명도 내놓았는데 이들 중에는 암발생이 새로운 현상이 아닌 바이러스에 의한 자연적인 사건이라는 시사도 포함되어 있었다.

스미스소니언 연구소에서 온 야생동물 암의 권위자인 존 하쉬바거는 역사적인 자료에 의하면 물고기암의 집단 발병이 50여 년 전의 화학혁명 이후로만 보고되고 있다고 대답했다. 당시부터 셀 수 없는 양의 인공 화학물질이 자연으로 흘러들어갔던 것이다. 그는 한 경우를 제외한 모든 집단 발병에서 그 원인으로 바이러스를 제외시킬 수 있다고 덧붙였다.

또한 집단 발병의 기록은 뚜렷한 양상을 보여주었다. 물고기암은 공장이나 도시의 폐수 파이프 아래에서 나타났고 발병한 물고기 종들은 대부분의 시간을 진흙과 침니 속에서 보내는 놈들이었다. 게다가 과학자들은 물고기를 가지고 한 실험에서 오염된 침전물과 암과의 관계를 제시할 수 있었다. 연구자들이 침전물에서 추출한 오염물질을 물고기에게 먹이거나 껍질에 바르면 물고기들은 야생상태와 똑같은 암을 일으켰다.

암을 일으키는 원인물질이 방향족 탄화수소 중합체인가, 아니면 석유에 포함되어 있거나 휘발유부터 햄버거에 이르는 다양한 탄소화합물을 야외에서 태울 때 불완전 연소로 발생하는 화학물질족인 PAH인가를 결정하기 위한 일련의 논쟁들이 이어졌다.

미국 야생동물보호국에서 온 팀은, 이리 호로 흘러들어가는 블랙 강과 쿠야호가 강에 사는 메기의 일종인 갈색둑중개에 대한 연구를 통해 바이러스뿐만 아니라 중금속과, DDT 같은 염소를 함유한 합성 물질들을 원인에서 제외시켰다. 악명 높은 쿠야호가 강에서 잡힌 암에 걸린 물고기의 사진은 구부러지고 우둘투둘한 수염과 미끄럽고 비늘이 없는 껍질에 진물이 흐르는 참혹한 모습이었다. 연구자들은 이 물고기의 조직에서 높은 농도의 PAH를, 간의 담즙에서는 그 분해산물을 찾아냈다.

다른 연구자들은 PAH가 체내손상을 유발하는 과정을 밝혀줄 국제협동 연구에 대해 보고했다. 병에 걸린 물고기들은 PAH와 같은 유기화합물이 세포핵의 DNA와 결합한 결과로 생긴 간의 변화를 보였다. 외부 화학물질과 유전정보를 전달하는 DNA 사이에 생긴 이런 결합은 화학물질로 인해 발생하는 암의 첫단계와 연관이 있다.

통틀어 이는 현재까지의 가장 복잡한 연구이자 중요한 분기점이었다. 이 연구들――자연계에서와 같은 실험실에서의 암발생, 물고기 조직으로부터의 PAH 분리, 세포 수준에서 화학적으로 유발된 암성 변화――모두 물고기암과 오염된 침전물 사이의 관계가 단순한 우연의 일치가 아님을 보여주고 있었다.

그러나 PAH와 물고기 종양 간의 관계에 대한 늘어나는 증거들이 빚어낸 소란스런 흥분 속에서 그 회합의 기조연설은 좀더 신중한 전망을 제시하려고 했다.

스웨덴 환경보전위원회 해양독물학연구소의 책임자인 벵트-에릭 벵트슨은 질병과 오염물 사이의 고리를 발견하려고 애쓰는 연구자들이 싸움에서 패했다고 선언했다. 주목할 만한 발전에도 불구하고 독물학자들은 환경 속에서 마주치는 오염물질을 분석하고 동정하는 능력에서 점점 더 뒤쳐지고 있었다.

그는 생물학자들이 발트 해에서 물고기 고환의 왜소화――이는 분명 염소를 함유한 인공 화학물질인 유기염소의 오염량과 관계 있는 정황이었다――를 보고했다고 지적했다. 그러나 그들은 어떤 물질이 원인인지를 발견하는 일에 당혹할 수밖에 없었는데 왜냐하면 현재의 분석방법으로는 발트 해에서 발견되는 유기염소화합물 중 단지 6%밖에 동정할 수 없었기 때문이었다. 화학회사들은 매년 수백 종의 새로운 화합물들을 시장에 내놓는데 이는 독물학자와 규제기구들이 그들을 검출할 새 분석방법을 개발하는 것보다 훨씬 빠른 속도라고 벵트슨은 경고했다. 그렇게 많은 화학물질, 그렇게 많은 영향들 중 특정한 것을 연관짓는 데 연구자들이 성공했다면 이는 믿기 어려운 일이었다.

콜본은 직관적으로 벵트슨의 연설이 오대호와 다른 지방의 야생동물에게 영향을 미치는 엄청나게 많은 화학물질에 대해 중요한 암시를 하고 있음을 알아차렸다. 그러나 그녀는 암 관련 요인에 대한 당장의 관심 때문에 그것을 머릿속에서 지워버렸다. 그 중요성을 완전히 다시 인식하게 된 것은 몇 달이 지난 뒤의 일이었다.

콜본이 괴상한 물고기 사진들을 손에 넣고 앞에 가로놓인 어려운 사명에 대한 새로운 열정으로 가득 차서 토론토로부터 돌아왔을 때 그녀가 주문했던 공중보건보고서들이 도착해 있었다.

그녀는 당장 야생동물 연구자들이 물고기암을 발견한 지역에 초점을 맞추고 보건자료에 뛰어들었다. 야생동물이 경고를 줄 수 있다면 인간에게서 높은 암발생률을 보이는 지역이 우선일 거라고 그녀는 추론했다.

실망스럽게도 오대호 연안에서 축적된 암등록자료는 쓸모가 없다고 판명되었다. 호수 연안 지역의 추세나 위험도를 비교할 수 있을 만큼 오랫동안 축적된 자료가 없었기 때문이었다. 그래서 콜본은 미국과 캐나다의 광범위한 암발생 보고서로 관심을 돌렸다. 그녀는 많은 시간을 컴퓨터가 뽑은 자료와 보고서들에 매달려 의미 있는 유형들을 추려낼 수 있는지 보기 위해 다양한 관점에서 자료를 분석했다. 아무것도 드러나지 않자 그녀는 새로운 방향에서 다시 출발했다. 그녀는 평균 암발생률보다 높은 발생률과, 암발생 빈도가 눈에 띄게 지리학적 분포를 보이는 단일종의 암들, 혹은 다른 희소한 어떤 것을 찾았다.

여러 달 동안 집중적으로 연구했지만, 결국 그녀는 자료를 어떤 식으로 분석하든 오대호 연안의 주민들이 미국이나 캐나다의 다른 지역 사람들보다 더 많이 암에 걸린다는 가설을 입증할 만한 어떤 결과도 찾아낼 수 없었다. 놀랍게도 그 반대가 문제로 나타났다. 어떤 암의 빈도는 오대호 연안에서 다른 지역보다 더 낮았다. 호수 인근 주민들 사이에서의 암발생의 증가나 희소한 암의 발생에 대한 자료는 공중보건 기록에서 나타나지 않았다.

콜본은 당황했다. 그토록 여러 번 들었던 암발생률 증가는 사실이 아닌 신화처럼 보였다. 암이라는 요괴를 뒤쫓은 지 여러 달 뒤에 그녀는 자신이 나락에 빠졌음을 알았다.

이 중요한 후퇴에 직면하자 그녀는 다시 야생동물들을 다룬 문헌으로 관심을 돌려 다음에 무엇을 하면 좋을지 명료하게 생각해 보려고 애썼다. 동물에 관한 연구들로 가득 찬 상자들에 둘러싸여 앉아 있던 어느날, 갑자기 그녀에게 중요한 생각이 떠올랐다. 도대체 왜 전에 이런 생각을 하지 못했을까? 물고기암 연구는 단정적인 연구였지만 야생동물들에게서 보고된 대부분의 문제들은 암이 〈아니〉었다. 오염이 심한 지역에서는 물고기들을 제외하고 암은 아주 드물었다. 그러나 오대호 연안에 걸쳐 물고기와 동물들에 대한 긴 목록은 그들의 생존을 위협하는 질병들을 보여주고 있었다.

〈발암 화학물질〉이란 문장은 거의 자동적이었다. 이러한 사고습관이 깊이 박혀 우리는 화학물질에 대한 우리의 생각을 지배해온 이 등식이 하나의 개념에 불과함을 알아차리지 못하고 있었다. 지난 30년간 〈독성 화학물질〉이란 단어는 대중의 마음뿐 아니라 과학자와 관리의 마음 속에서까지 발암물질과 거의 동의어가 되었다. 콜본도 예외가 아니었다. 그러나 지금 그녀는 암에 대한 이 선입견이 그녀가 수집한 다양한 자료들에 대해 자신의 눈을 멀게 했다는 사실을 알아차렸다. 암을 넘어서는 일은 그녀의 연구에 있어 가장 중요한 단계였다. 왜냐하면 새로운 시각으로 같은 자료들을 보자 그녀는 점차 중요한 단서들을 알아차렸고 그것들이 의미하는 바를 따라갈 수 있었기 때문이었다.

콜본은 다음에 어디로 방향을 돌려야 할지 확신이 가지 않았다. 문제가 암이 아니라면 그럼 무엇일까? 그녀는 아직도 정리되지 않은 정보의 더미 속에서 허우적거리고 있었다. 이때까지 그녀는 수백 종의 논문, 수십 종의 보고서와 저서들을 모았지만 각각의 새 자료들은 혼란만 더할 뿐이었다.

더 좋은 생각이 나지 않자 그녀는 한걸음 뒤로 물러나 밍크와 수달, 물고기, 그리고 대머리독수리와 재갈매기에 대한 자료를 다시 읽어보자고 결심했다.

이전에 콜본은 프로젝트 책임자의 추천으로 오타와 교외의 헐로 가서 마이크 길버트슨, 글렌 폭스, 그리고 다른 캐나다 야생동물보호국의 노련한 연구자들을 만난 적이 있었다. 그들은 10년 이상이나 오대호의 문제들을 연구하고 있었다. 그 만남은 그녀가 얻은 정보와, 처음 만난 순간부터 싹튼 직업적인 우정 양면에서 헤아릴 수 없는 가치가 있었다.

길버트슨은 오대호 강둑에 사는 각종 야생동물 종으로부터 얻은, 꼼꼼하게 정리된 그의 수집품들을 마음대로 이용할 수 있게 해주었다. 그것은 수년 동안 그가 얻은 자료를 삼공 바인더에 연대순으로 배열한 것이었다. 콜본은 그 작업의 우아함과 수년 간의 헌신, 그리고 그것이 반영하는 학문적인 사려 깊음에 놀랐다. 길버트슨은 역사적 감각을 가지고 반세기 전까지 거슬러 올라가는 논문과 연구 보고들을 수집했다. 제2차 세계대전 이전에는 오늘날 오대호 주변의 동물들에게서 나타나는 문제들에 관한 문헌보고가 없었다. 그녀는 대머리독수리 파일에서 북미지역 독수리와 그 유럽 사촌인 하얀꼬리바다독수리의 수가 합성화학물질의 농도에 대한 자세한 보고가 늘어남과 더불어 평행하게 감소했다는 증거를 찾을 수 있었다. 길버트슨 자료의 사진 복사물은 콜본의 파일을 아주 풍부하게 해주었지만 길버트슨의 폭넓은 경험을 공유할 수 있었던 대화는 훨씬 더 귀중한 것이었다.

캐나다 야생동물보호국 식당에서의 점심시간 동안 콜본과 길버트슨, 그리고 폭스는 호수가 청정해졌다는 흔한 주장들과 모순되는 야생동물들의 증거에 관해 토론했다. 두 캐나다인은 야생동물의 연구가 인간의 건강에 대한 함의를 담고 있으며 인간이 유의해야 할 경고를 하고 있다는 데 생각을 같이했다. 학술문헌에 대한 조사를 하다가 콜본은 폭스의 일부 연구에 매혹되었는데 그것은 신체적 손상뿐 아니라 야생동물들에서 일어나는 행동의 변화를 다룬 것이었다.

폭스와 동료들은 특히 심하게 오염된 지역인 온타리오 호와 미시간 호에서 정상보다 두 배의 알이 들어 있는 재갈매기의 둥지들을 발견했다. 이는 새들이 튼 둥지가 암컷과 수컷이 아닌 두 암컷으로 이루어졌다는 징후였다. 몇몇 지역에서 지속된 이 현상은 1970년대 후반에 특히 증가했다. 이 시기에 폭스는 그 이상한 행동과 여타 생식 문제를 일으킨 궁극적인 원인을 발견하고자 하는 희망에서 문제를 보인 갈매기 집단 가운데 17마리의 막 부화하려는 알과 방금 부화된 새끼들을 수집하여 보관하고 있었다.

몇 년 뒤 폭스는 해답을 찾는 데 도움이 되어줄 만한 과학자를 만났다. 데이비스 소재 캘리포니아 대학의 야생동물 독물학자 마이클 프라이는 남캘리포니아 서부 해안의 갈매기 집단에서 암컷들만으로 이루어진 쌍에 대한 보고를 들은 뒤 살충제 DDT와 다른 화학물질들이 어떻게 새들의 생식이상을 일으키는가를 연구했다. 몇몇 이들이 이 현상에 진화론적인 설명을 시도하는 동안 프라이는 오염을 의심했다. 과학문헌에 나타나는 보고들은 DDT를 포함하는 많은 화학물질들이 여성 호르몬인 에스트로겐처럼 기능할 수 있다는 사실을 시사하고 있었다.

그의 이론을 시험하기 위해 프라이는 서부 해안 갈매기와 상대적으로 덜 오염된 지역의 캘리포니아 갈매기들로부터 얻은 알에 네 가지 물질——두 가지 형태의 DDT, DDT의 체내 분해산물인 DDE, 그리고 에스트로겐처럼 기능한다는 또 다른 살충제인 메톡시클로르——을 주사했다. 실험은 오염된 지역의 DDT 수준이 수컷 새들의 성적 발달을 저해한다는 결과를 보여주었다. 프라이는 특히 고환에서의 특징적인 여성 세포의 출현과 높은 농도에서 나타난, 정상적으로는 암컷에서만 보이는 난관 등의 증거를 통해 수컷 생식기관의 여성화를 알아차렸다. 이 모든 내부적 이상에도 불구하고 새들은 어떤 외형적인 이상도 없었고 완전히 정상으로 보였다.

약속이 되자마자 폭스는 보관하고 있던 알들과 새끼들을 캘리포니아의 프라이에게로 우송했다. 새들의 생식기관을 검사한 프라이는 7마리 수컷 중 5마리가 심각하게 여성화되어 있고 2마리는 눈에 띄게 이상한 생식기관을 가지고 있음을 보았다. 9마리 암컷 중 5마리는 정상적으로는 하나인 산란관이 두 개가 있는 등 발달 저해의 징후를 보이고 있었다. 그런 저해들은 새들이 에스트로겐처럼 기능하는 화학물질에 노출되었음을 시사한다고 프라이는 지적했다.

다른 연구자들에 의한 초기의 실험은 배발생 기간 중 에스트로겐에 노출된 수컷 새가 생식기관뿐 아니라 뇌에도 영향을 받아 영구적으로 성행동이 억제됨을 보여주었다. 닭과 일본메추라기 알에 에스트로겐을 주입했을 때 부화된 수컷은 볏이 나지도, 꽁지를 세우지도, 성체로서의 짝짓기 행동을 보이지도 않았다.

전반적으로 오대호의 증거들은 수컷들의 부족 때문에 암컷끼리 짝을 지으며, 수컷들은 짝짓기에 관심이 없고 생식도 불가능하기 때문에 사라졌을 것이라는 사실을 보여주고 있었다. 동성의 둥지에 있는 대부분의 알들은 부화가 불가능하지만 이 새들은 가끔은 짝이 있는 수컷과 교미를 하여 새끼를 깔 수 있었다. 암컷 쌍들은 힘든 상황 속에서 최선을 다하는 것 같았다.

폭스와 다른 이들은 특히 고농도의 화학물질에 오염된 새들에게서 다른 행동이상들도 나타남에 주목했다. 온타리오 호 무리에서 새들은 둥지를 지키는 데 무관심하다든가 알을 깔고 뭉개는 등의 괴상한 양육행동을 보였다. 부화에 실패한 둥지에서는 후손을 낳는 데 성공한 둥지에서보다 세 배 이상의 무관심을 볼 수 있었다. 깨끗한 지역과 오염된 지역 간에 제비갈매기의 생식을 비교한 포스터의 연구는 종종 육식동물 탓으로 여겨지던 둥지의 포기와 알의 소실이 미시간 호의 오염된 지역에서는 아주 뚜렷하지만, 위스콘신 주의 깨끗한 호수에 사는 소규모 무리에서는 거의 존재하지 않는다고 보고했다. 양육에 대한 무관심은 알이 부화되고 병아리가 살아남을 확률을 분명히 감소시켰다.

나중에 콜본은 그 대화에 관해 그들 모두가 얼마나 신중했는가를 기억했다. 모두들 야생동물들의 증거가 인간에 대한 함의를 담고 있다고는 생각했지만 아무도 묻지 않은 질문을 선불리 꺼내기를 원치 않았다. 아무도 합성 화학물질이 인간의 행동에 유사한 저해를 불러일으킬지의 여부에 관해서는 감히 묻지 않았다. 이는 그들 모두가 피하고 싶어했던 믿기 어려운 함정이었다.

콜본이 두번째로 야생동물 자료에 달려들었을 때 그녀의 마음은 함께 둥지를 트는 암컷 갈매기들로 다시 돌아왔다. 그녀는 폭스와 프라이의 논문들을 끄집어내어 읽고 또 읽었다. 그녀는 누군가가 갖다붙인 것처럼 〈동성애 갈매기〉들이 퍼즐의 중요한 조각이라고 느꼈지만 어떻게 조합해야 할지는 알 수 없었다. 수컷들의 여성화는 호르몬 저해의 결과였다. 이는 기초대사나 생식과 같은 중요한 기능을 조절하는, 여러 내분비샘으로 구성된 내분비계를 침범했다.

좋아, 하지만 그것이 그녀가 가진 현대 내분비학에 대한 지식의 전부였다. 그녀는 약학대학을 다녔었지만 그 뒤 수십 년 간 이 분야에서는 혁명이 일어났다. 그리고 내분비학은 환경학자의 교육 과정에서 필수 정규과목이 아니었다. 이런 식의 조사를 더 해 나가기 위해서 그녀는 더 많은 것을 알 필요가 있었다.

그녀의 책상 위에 쌓인 야생동물들에 대한 보고서 위에 몇 권의 최신 내분비학 교과서가 놓여졌다. 내분비계의 기초를 습득하기 위한 그 최초의 노력은 극단적일 만큼 혼란스런 것이었다. 교과서들은 두껍고 읽기 힘들었으며 이전 페이지들을 다시 읽어야만 알 수 있는 수수께끼 같은 용어들로 가득 차 있었다. 실용적이고 읽기 편한 『임상내분비생리학』이라는 책을 발견했을 때 콜본은 간신히 방향을 잡을 수 있었다. 그 책은 그 뒤 몇 달 간 손이 잘 닿는 곳에 놓여 있었다.

호르몬에 초점을 맞추자 전에 그녀가 무시했던 증거들이 새로운 의미를 띠었다. 그녀는 벵트슨의 기조연설을 회상했다. 그 스웨덴의 독물학자는 발트 해에서 유기염소화합물의 오염이 증가함에 따라 어떻게 물고기들의 고환 크기가 줄어들고 있는지를 기술했다. 이것이 호르몬 저해의 징후일까? 그녀는 또 대머리독수리에서의 이상한 짝짓기 행동에 관한 연구 보고를 떠올렸다. 그것은 알껍질이 얇아지고 독수리 수가 감소하기 이전부터 일어났던 일이었다. 그 새들은 짝짓기에 관심이 없었다. 콜본은 이제 호르몬 저해를 의심했다.

야생동물 파일을 읽을 때마다 다른 증거들이 그녀에게 밀어닥쳤다. 그리고 한 양상이 떠오르기 시작했다. 새, 포유류, 그리고 물고기들은 비슷한 생식 문제들을 겪고 있었다. 호수 주변에 사는 성숙한 개체들은 생식을 할 수 있었지만 그들의 자손들은 종종 살아남지 못했다. 콜본은 오대호 주위 생물집단의 개체수를 내륙에 사는 생물집단의 개체수와 비교한 연구들에 초점을 맞추었다. 모든 경우 호수에 사는 생물들이 겉으로는 건강해 보였지만 생존 가능한 후손을 남기는 성공률은 훨씬 떨어졌다. 부모들의 오염이 어떻게든 후손들에게 영향을 미치는 것처럼 보였다.

콜본은 합성 화학물질에 노출된 인간에 관한 연구가 주로 성인에서의 암 연구에만 국한되었다는 사실을 깨달았다. 몇몇 연구 자료만이 노출된 성인들의 자녀들에게 관심을 가졌다. 그러나 콜본은 오대호에서 잡은 물고기를 정기적으로 먹은 여성들의 자녀에 대한 연구를 상기했다. 그녀는 파일 더미를 뒤져 이것을 찾아 다시 읽었다. 디트로이트 소재 웨인 주립대학의 심리학자인 샌드라와 조셉 제이콥슨은 이 연구로부터 어머니의 화학물질 오염이 아이들의 발달에 영향을 준다는 증거를 발견했다. 한 달에 두세 번 생선을 먹는 어머니들의 아이들은 생선을 먹지 않는 어머니들의 자녀보다 조산이 되었거나 체중이 덜 나갔고 머리가 작았다. 더욱이 제대혈(탯줄에서 뽑은 피)에서 측정한 오대호 지방의 공통적인 오염물질인 공업화학물 PCB의 양이 늘어날수록 아이들은 지능지수(IQ)를 예측할 수 있는 〈단기간 기억력〉과 같은 다양한 검사에서 뒤쳐졌고 신경발달능력을 평가하는 테스트에서 낮은 점수를 받았다.

이 인간 대상 연구와 야생동물의 새끼들에 대한 영향간의 상관관계는 걱정스러운 동시에 흥미 있는 것이었다.

콜본은 연구 결과가 이끄는 대로 계속 나아갔으나 제이콥슨의 연구 결과는 풀리지 않는 질문처럼 그녀를 괴롭혔다. 과학자들은 영향을 평가하는 데 있어 옳은 방향을 잡아왔던 것일까? 제이콥슨의 연구는 다른 누가 알아차렸던 것 이상으로 중요한 것 같았다.

그녀가 깊이 캐들어갈수록 상관관계는 더욱 뚜렷해졌다. 야생동물의 조직 분석은 문제가 있는 생물종들에게 나타났던 것과 같은 화학물질들을 보여주었다. 그들 중에는 살충제 DDT와 디엘드린, 클로르데인, 린데인뿐 아니라 전기장비와 다른 많은 생산품의 제조에 쓰이는 공업 화학물질인 PCB도 있었다. 물론 이런 결과는 우연의 일치이거나, 아주 미량의 성분을 검출해 내는 데 따르는 기술적 한계들을 보여주는 것일 수도 있었다. 이것들은 독물학자가 쉽게 분석해 낼 수 있을 뿐더러 분석 비용도 저렴한 물질들이었다.

그것들이 반복해서 나타나는 이유가 무엇이든 연구 결과들은 인간의 혈액과 지방에서도 같은 화학물질들을 발견했다. 콜본은 이런 물질들이 인간 모유의 지방분에 고농도로 함유되어 있다는 보고에 특히 충격을 받았다.

연구의 마감기한이 가까워올 때쯤 콜본은 2천 종의 논문들과 5백여 종의 정부 보고서들을 읽어냈다. 그녀는 자신이 코를 킁킁거리는 작은 사냥개 같다고 느꼈다. 어디로 향하는지 알 수는 없었지만 호기심과 직관에 따라 그 흔적을 따라 뛰어가고 있었다. 그녀는 그 연구들 사이에서 수많은 안타까운 고리들과 반향들을 찾아냈다. 어쨌든 그녀는 제대로 들어맞는다고 확신했는데 이는 예기치 않았던 고리들을 찾아냈기 때문이었다. 가장 최근의 발견은 어린 새들에서 나타나는 끔찍한 소모성 질환에 관한 문헌을 재검토하는 중에 얻어졌다. 며칠간 건강하고 정상적인 것처럼 보이던 병아리가 갑자기 예측할 수 없는 방식으로 몸이 마르며 비실거리다 결국은 죽었다. 과학자들이 아는 바에 따르면 이런 소모성 질환은 대사이상의 징후이다. 새들은 생존할 만큼 충분한 에너지를 생산할 수 없었다. 처음에는 아무도 이 증상이 동성애 갈매기 현상과 공통점이 있으리라고 의심하지 않았지만 이 또한 내분비계와 호르몬의 이상에 뿌리를 두고 있었다.

그러나 발견에 대한 흥분은 잠시뿐이었다. 마감 기한이 다가오고 있었다. 이것들이 모두 의미하는 바는 무엇일까? 그녀는 퍼즐의 조각과 유형들을 모았으나 그림이 떠오르지 않았다.

아마도 모두를 배열해 놓는다면 전망이 있을지도 몰랐다. 콜본은 그 발견들을 회계사가 사용하는 것 같은 커다란 장부 용지에 적어나가기 시작했다. 그것이 너무 방대해지자 그녀는 컴퓨터로 돌아가 과학자들이 매트릭스라 부르곤 했던 전자 스프레드시트로 옮겨 적었다. 그녀는 〈개체수 감소〉, 〈생식에 미치는 영향〉, 〈종양〉, 〈체중 감소〉, 〈면역억제〉, 〈행동 변화〉 등의 제목이 붙은 칸 아래를 채워나가면서 오대호의 43종의 생물 중 가장 큰 일련의 문제들을 가진 것처럼 보이는 16종에 점점 더 주의를 기울였다.

그녀는 깊숙이 앉아 목록을 들여다보았다. 대머리독수리, 연못송어, 재갈매기, 밍크, 그리고 이중볏가마우지, 거북이, 제비갈매기, 코호연어 등등 그들이 공통적으로 갖고 있는 것은 무엇일까?

물론, 이 각각의 동물들은 오대호의 물고기를 먹는 최상위 포식자들이었다. PCB와 같은 오염물질의 농도는 오대호의 물에서는 하도 낮아 일반적인 수질검사로는 측정될 수 없었지만 조직 내에 잔류하는 그런 화학물질의 농도는 동물에서 동물로 먹이사슬을 거슬러 올라갈 때마다 지수함수적으로 높아진다. 이 증폭 과정을 통해 분해가 어려운 잔류 화학물질의 체지방 내 축적농도는 재갈매기와 같은 상위 포식자에 있어서 주위의 물에서보다 2,500만 배까지 증가할 수 있다.

다른 깜짝 놀랄 만한 사실이 스프레드시트로부터 나왔다. 문헌에 따르면 성숙한 동물들은 괜찮은 것처럼 보였다. 문제는 주로 새끼들에게서 발견되었다. 새끼들에게 미치는 효과에 대해서 생각해 보았지만 콜본은 성체와 새끼들 간의 이 견고한 경계를 알아차리지 못했었다.

이제 조각은 한데 맞추어지기 시작했다. 부모의 몸에서 발견되는 화학물질이 원인이 있다면 이것들은 대물림 독물(hand-me-down poison)로 작용할 것이고 태아들과 아주 어린 새끼들을 제물로 삼을 것이다. 이 결론은 으스스했다.

그러나 어른 재갈매기에서 새끼 거북이에 이르기까지 모든 동물에서 발견되는 일단의 상이한 증상들은 겹쳐지지 않는 것처럼 보였다. 갈매기 같은 동물들은 동성끼리 둥지를 트는 등의 이상한 행동을 보이는 반면 이중볏가마우지를 포함하는 다른 종들은 만곡족, 외눈, 척추만곡, 겹치는 부리와 같은 눈에 띄는 선천성 기형을 가지고 있었다.

이들은 주로 호르몬에 의해 유도되는 발달 과정에서 어긋난 경우였다. 그러므로 대부분은 내분비계 교란과 관계가 있을 것이었다.

이 직관은 콜본의 연구를 다른 방향으로 돌렸다. 그녀는 어린 시절에 발생한 문제를 가진 동물의 조직에서 반복적으로 나타나는 화학물

온타리오 호 생물들의 PCB 체내 축적과 증폭

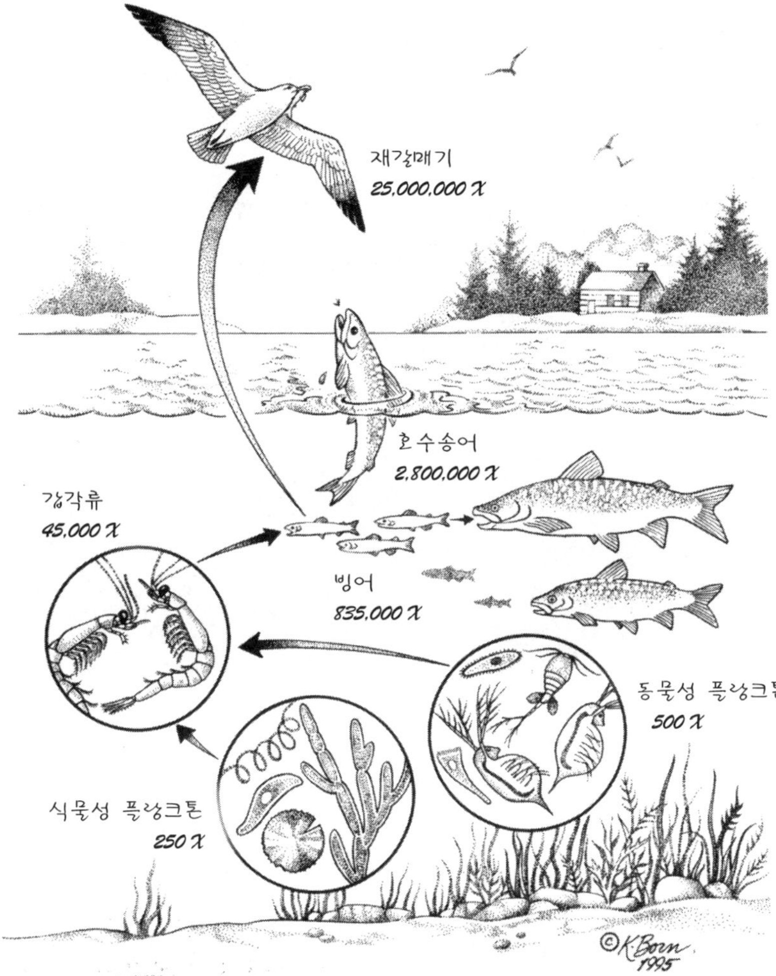

PCB는 먹이사슬을 따라 올라가며, 동물조직 내에서의 농도가 2,500만 배까지 증폭된다. 미생물들은 오염원인 침니와 수중에서 잔류 화학물질을 섭취하며, 동물성 플랑크톤이라 불리는 작은 동물들이 이를 대량으로 먹게 된다. 갑각류와 같은 좀더 큰 동물들이 이들을 잡아먹으며 물고기는 갑각류를 먹고, 이렇게 해서 먹이사슬은 재갈매기에까지 오르게 된다.

질들에 대해, 발견할 수 있는 모든 것들을 읽기 시작했다. 그녀는 공장주들과 정부 규제기관이 한 시험과 검사들이 주로 화학물질이 암을 유발할 수 있는가의 여부에 초점을 맞추고 있음을 곧 알게 되었다. 그러나 그녀는 미리 읽어본 과학 문헌들이 그녀의 가정이 올바르다는 것을 충분히 입증할 수 있음을 발견했다.

지방에서 발견되는 대물림 독물들은 한 가지 공통점을 가지고 있다. 한 가지 혹은 그 이상의 방식으로 내분비계에 작용한다는 점이다. 내분비계는 신체의 필수적인 내부 과정을 조절하고 출생 전 발달의 중요한 단계들을 유도하는 일을 한다. 대물림 독물들은 호르몬들을 교란시킨다.

3 화학 메신저

호르몬에 대한 연구에 매달려 있던 테오 콜본은 퍼즐의 핵심 부분을 미주리 대학의 생물학자 프레더릭 폼 살의 세계에서 발견했다. 호르몬이 어떻게 우리 자신의 존재를 만드는가에 대한 폼 살의 탐구는 그 자체로 매혹적인 과학의 모험이었다. 생쥐를 대상으로 한 일련의 실험에서 그는 출생 전 호르몬의 작은 변화가 매우 중요하며 평생 지속되는 영향을 미친다는 사실을 보여주었다. 그의 연구는 내분비계를 교란하는 합성 화학물질들이 유발할 수 있는 위험을 밝히는 데 일조했다.

놀라운 호르몬의 세계에 대한 폼 살의 연구는 오스틴 소재 텍사스 대학에서 박사후 과정을 밟고 있던 1976년, 실험실 생쥐의 행동에 영감을 받아 시작되었다. 대부분의 생물학 박사후 과정 학생들처럼 폼 살도 실험실에서 인생의 황금기를 보내고 있었으며 그의 잔무 중 하나는 생쥐를 교배시키는 일이었다. 그는 생쥐 중매쟁이로 욕심많은 수컷들과 발정난 암쥐들을 만나게 해주면서, 우리에서 우리로 옮길 때마다 동물들 사이에서 일어나는 상호작용에 흥미를 갖게 되었다.

처음에는 이 작고 하얀 빨간 눈의 동물이 붕어빵 기계로 찍어낸 것처럼 똑같게 보였다. 그러나 교배용 우리에서 허둥대는 암컷들을 관찰할 때면 튀는 놈들이 무리 중에서 나왔다. 여섯 마리 정도의 암컷이 있는 우리에 한 마리를 돌려보낼 때면 침입자를 공격하는 쥐가 한 마리는 꼭 나오는 것 같았다. 이놈들은 성깔이 있는 쥐였는데 꼬리를 위협적으로 달각대며 양순한 동료들에게 달려들곤 했다.

한 암컷과 다른 놈들 간의 그런 차이는 아주 뚜렷했고 호기심을 자극했다. 쥐들은 모두 여러 세대에 걸쳐 교배된 단일한 가계의 출신이었다. 유전자로 말하자면 그들은 모두 동일했다.

이 간단한 관찰이 폼 살의 평생의 과제를 생식생물학으로 돌려놓았다. 그 뒤 몇 해 동안 그는 거의 동일한 유전적 청사진을 가진 두 마리의 쥐가 어떻게 다른 행동을 하게 되는지의 신비를 규명해 줄 여러 실험들을 고안해 냈다.

유전자가 운명과 마찬가지며, 특정 유전자의 위치를 규명하면 암에서 동성애 성향까지의 모든 것을 설명할 수 있다는 견해가 지배적이었다. 그러나 일련의 학술 논문에서 폼 살은 출생 이전에 수컷뿐 아니라 암컷에서도 개체를 형성하는 다른 강력한 힘이 있다는 것을 보여주었다. 유전자가 전부가 아니라는 사실이 판명되었다. 전혀 그렇지 않았다.

그 오랜 시간 동안 폼 살이 실험실의 생쥐들에게서 관찰한 바는 그가 읽은 〈모든〉 것과 모순되었다. 당시의 학술문헌들에 따르면 (이것들은 동물들의 행동을 기술하고 있는 동시에 널리 퍼진 인간의 억측을 반영하고 있었다) 공격성은 주로 수컷의 행동이었다. 그러나 암컷들 사이에서의 꼬리 두들기기, 추적하기, 깨물기를 공격성이 아니라고 한다면 대체 뭐라고 해야 할 것인가?

결국 폼 살의 동료들은 그 행동이 〈공격처럼 보인다〉고 하는 데까지 양보했지만 그것이 별로 중요하진 않다고 회피하는 경향이 있었다. 동물행동학의 영역에서 널리 퍼진 상식에 의하면 동물사회에서 행동의 중심은 수컷이었으며 암컷들의 행동은 중요하지 않았다. 그들은 단순히 수동적인 새끼 제조기였다.

폼 살은 그렇게 확신하지 않았다. 그의 직관은 그가 보고 있는 것이 흥미로울 뿐 아니라 중요하다는 것을 일러주었다. 그의 박사학위는 출생 전의 발달에 미치는 테스토스테론의 역할에 관한 것이었으며 그는 수컷에서 훨씬 고농도로 존재하는 이 호르몬이 공격성을 일으킴을 알고 있었다.

그가 관찰한 바에 의하면 터프한 암컷들은 흔하진 않았지만 그렇다고 드물지도 않았다. 대강 한 집단의 암컷 여섯 마리에 한 마리 정도의 비율이었다. 이는 우리당 여섯 마리씩의 쥐가 살고 있었기 때문에 그가 알아차린 것이었다. 그 쥐들이 모두 클론이라면 유전자가 아닌 다른 무엇이 공격적인 암컷을 만들었어야 했다. 태어날 때부터 그 자매들은 똑같이 길러졌기 때문에 환경이 그 차이를 설명할 수는 없었다. 그렇다면 그 원인은 출생 이전의 환경에 있는 무엇이었을까?

이 질문이 그로 하여금 태어나기 전에 생쥐들이 어떤 상태로 있는지 생각하게끔 만들었다. 그들 어미의 자궁은 인간의 자궁처럼 단일한 공간이 아니라 질의 끝에서 좌우로 갈라진 〈뿔〉처럼 된 두 개의 독립된 공간이다. 태아 쥐들은 깍지 속의 콩처럼 한 쪽에 최고 여섯 마리까지 좁은 뿔 안에서 다닥다닥 붙어 있다. 이런 배열은 암컷 중 몇 마리는 두 마리 수컷 사이에 샌드위치처럼 끼어 발달할 수도 있음을 의미한다.

폼 살은 확률을 계산해 보았다. 전형적인 쥐의 자궁에 열두 마리의 쥐가 있고 암컷과 수컷의 위치가 자의적이라면 몇 마리의 암컷이 수컷 사이에 끼게 될까? 그가 계산한 바로는 대개 여섯 마리 중 하나였다. 이는 그의 머릿속에서 그려진 이론과 맞아 떨어졌다. 수태 기간을 두 수컷 사이에서 끼여보냈기 때문에 암컷 중의 몇 마리는 눈에 띄게 공격적이 되었다고 그는 생각했다. 출생 한 주 전에 수컷 태아의 고환은 남성 호르몬인 테스토스테론을 분비하는데 이는 그 자신의 성적 발달을 촉진시킨다. 암컷 태아들은 이웃 수컷들로부터 나오는 테스토스테론에 목욕하게 될 것이다.

폼 살은 유전적으로 동일한 암컷들의 신비에 대한 해답이 호르몬들 안에 놓여 있을 것이라고 생각했다. 호르몬은 핏속을 돌며 몸의 한 부분에서 다른 부분으로 메시지를 전달하는 화학 메신저이다.

신체의 지속적인 대화 체계에서 신경은 단지 의사소통의 한 통로일 뿐이다. 즉 뜨거운 난로에서 손을 떼라고 지시하는 것 같은 빠르고 확실한 메시지를 보낸다. 그러나 신체 내부의 연락은 대부분 혈액을 통해 이루어지며, 여기서는 호르몬과 다른 화학 메신저들이 정보 고속도로와 유사한 생물학적 메커니즘을 통해 생식뿐 아니라 신체기능을 적절히 유지시키기 위해서 조화롭게 움직여야 하는 기관과 조직들을 조절하는 신호를 보내준다.

그 이름을 그리스어의 〈불러일으키다〉라는 말에서 따온 호르몬은 고환, 난소, 이자, 부신, 갑상선, 부갑상선, 그리고 흉선 등의 내분비샘이라 알려진 다양한 기관에서 생산되어 혈류로 나온다. 예를 들어 갑상선은 신체의 전반적인 대사를 활성화 시키고 신체로 하여금 열을 내게 자극하는 화학 메신저를 생산한다. 달걀뿐 아니라 인간 여성의 난소도, 혈류를 따라 자궁에 가서 임신이 가능하게끔 자궁 내벽을 발육시키는 작용을 하는 여성 호르몬 에스트로겐을 분비한다.

그리고 또 다른 내분비샘인 뇌하수체는 코 바로 뒤 뇌의 밑바닥에 매달려 있으며 난소나 갑상선 등에 대해 그들의 화학 메신저들을 얼마나 내보낼지 결정하는 센터 역할을 한다. 뇌하수체는 자신의 신호를 시상하부라 불리는 인접한 뇌의 한 부분에서 얻는데 뇌의 바닥에 있는 이 찻숟가락 크기의 센터는 온도조절기가 집안의 온도를 모니터하는 것처럼 꾸준히 혈중 호르몬 농도를 모니터한다. 호르몬의 농도가 지나치게 높거나 낮을 때는 시상하부가 뇌하수체로 하여금 메시지를 보내도록 해서 이 호르몬을 빠르게, 느리게 혹은 분비를 중지하라고 해당 내분비샘에 신호한다.

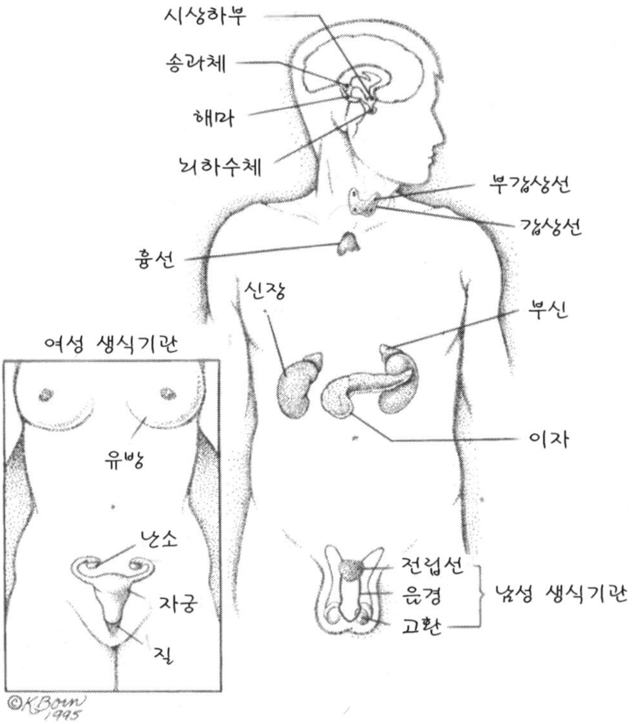

호르몬 신호를 내보내고 받는 몇 가지 중요한 분비샘과 기관, 조직

이 메신저는 끊임없이 들어오고 나간다. 이 상호교차하는 대화와 끊임없는 피드백이 없다면 인간의 육체는 한 설계도에서 나온 통합된 유기체라기보다는 50조 개의 제멋대로인 세포 덩어리에 불과할 것이다.

과학자들은 신체의 세 가지 커다란 통합 네트워크인 신경계, 면역계, 내분비계를 깊이 연구할수록 심오한 상호관계와 마주쳤다. 그 연결고리는 종종 아주 신비스런 것으로 보인다. 예를 들면 어떻게 다중인격으로 고통받는 여인이 어떤 때는 여러 시간 동안 고양이와 같이 놀

수 있는 반면 다른 인격의 모습을 취했을 때는 심하게 고양이에 대한 알레르기 반응을 일으키게 되는 걸까?

아무도 이 질문에 대한 해답은 모르지만 답이 이 내부의 의사전달과 화학 메신저의 지속적인 흐름에 놓여 있는 것만은 분명하다. 이 복합체의 한 부분의 변화는 다른 곳에서 서로 연결된 시스템에 극적이고 예기치 않았던 영향——종종 가장 일어날 것 같지 않은 영향——을 주는데 왜냐하면 모든 것은 또 다른 모든 것과 연결되어 있기 때문이다. 예를 들어 뇌종양은 두통보다는 생리주기의 변화와 피부의 과민반응으로 나타날 수 있는 것이다.

호르몬이 성체의 적절한 기능을 유지하는 데 필수적이라면 그것들은 출생 이전의 정교한 발달 과정에서는 더욱 중요할 것이다.

그러나 어떻게 폼 살은 그의 이론을 시험했을까?

생쥐의 제왕절개 수술로.

암컷들이 19일의 임신 기간이 지나 분만하기 직전에 폼 살은 1인치 가량의 올리브 열매만한 작은 태아들을 끄집어냈다. 그는 그것들에게 자궁 안에서 이웃들과의 위치관계에 따라 표식을 붙였다. 이런 식으로 그는 공격적인 암컷들이 그들의 산전 시기를 어디서 보냈는지 알아낼 수 있었다. 여기서 공식적으로는 자궁내 위치현상(intrauterine position phenomenon), 한편으로는 재미 있게 〈자궁짝(wombmate)〉 효과로 불리는 분야에 대한 폼 살의 탐구가 시작되었다.

이제 폼 살은 49살이었고 미주리 대학의 교수가 되었지만 아직도 대학원생으로 오인받을 만큼 젊어보인다. 많은 이들이 특정 전공분야를 넘어서는 모험을 거의 하지 않는 학문 세계에서 폼 살은 관심 영역이 넓었고 자신은 〈자궁에서 무덤까지〉의 생물학에 흥미가 있다고 태연하게 말하곤 했다. 그는 주제가 한정된 정교하고 빡빡한 연구와, 근본적인 질문들——왜 이것은 일어났을까? 진화의 중요성은 무엇일까? 등——에 대한 더 크고 더 많은 것을 망라하는 연구 사이를 쉽사리 오고 갔다.

오스틴에서 한 이 최초의 실험들은 그의 이론을 확인해 주었다. 제왕절개로 분만한 쥐들이 성장함에 따라 공격적인 암컷들은 예측했던 대로 남자 형제들 사이에서 자란 놈이었다. 각각의 재미 있는 발견들은 새로운 질문과 더 깊은 연구, 그리고 제왕절개로 분만된 수천 마리의 쥐들에 대한 관찰을 낳았다. 공격성은 자궁 내에서의 그들의 위치에 따라 상당한 정도로 예측 가능한, 암컷 자매들 사이에 심각한 차이를 보이는 가장 뚜렷한 징후가 되었다.

처음 발표되었을 때 폼 살의 연구 결과는 못생긴 언니와 예쁜 동생에 대한 동화처럼 들렸다. 못생긴 자매——수컷들 사이에 끼어 발생한 생쥐——가 더 공격적일 뿐더러 폼 살의 발견에 따르면 다른 자매들 사이에 끼어 발생한 예쁜 자매들보다 수컷들에게 훨씬 매력이 없었다. 열 번 중 여덟 번은 기회를 잡은 수컷이 예쁜 자매와 교미하려고 했다.

수컷에게 매력적인 것은 암컷의 작고 빨간 눈이나 꼬리의 곡선이 아니었다. 쥐들의 사회생활은 후각의 지배를 받으며 암컷의 매력은 페로몬이라 불리는 그들이 발산하는 사회적 화학물질에 달려 있다. 예쁜 자매들은 그녀들의 덜 매력적인 자매보다 더 섹시한 냄새를 풍기는데 이는 다른 화학물질을 생산하기 때문이었다. 출생 전의 호르몬 환경은 각 자매들에게 평생 동안 수컷이 알아볼 영구적인 각인을 남겨놓는다.

이 자매들은 생식주기에 있어서도 커다란 차이를 보였다. 수컷들을 더 기꺼이 찾아내는 것 말고도 예쁜 자매들은 못생긴 자매들보다 빨리 성숙하며——교미가 가능한 시기에——더 자주 달아오른다. 그 결과 그녀는 임신할 기회가 많고, 사춘기가 늦게 오고 덜 달아오르는 공격적이고 못생긴 자매들보다 평생 동안 더 많은 자손을 남긴다.

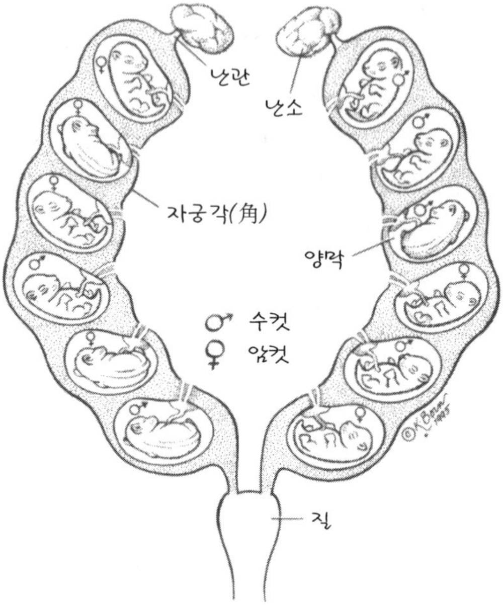

생쥐의 생식 양상의 차이는 호르몬 노출과 관계 있는 자궁 내에서의 위치에 따라 예측 가능하다.(폼 살과 다르, 1992)

맥마스터 대학의 머티스 클라크, 피터 카피욱, 그리고 베넷 갈레프와 노스캐롤라이나 주립대학의 존 반덴버그, 신시아 휴제트를 비롯한 다른 연구자들의 더 놀라운 연구는 자궁짝 효과가 암컷으로 하여금 새끼를 배었을 때 암컷을 많이 낳을 것인지 수컷을 많이 낳을 것인지를 결정하는 영향도 미친다는 사실을 발견했다. 이는 정말 신비스러웠는데 왜냐하면 과학자들은 지금까지 모체가 새끼의 성을 결정하는 데 아무런 역할도 하지 않는다고 믿어왔기 때문이다. 현재의 이해 수준으로는 난자로 하여금 암컷이 되느냐 수컷이 되느냐를 결정하는 것은 부친에서 온 정자이기 때문에 어떻게 모친이 성비에 영향을 미치는지는 아직도 모르는 일이다. 어쨌든 예쁜 자매들은 60%가 암컷인 새끼들을 낳았고 반면 못생긴 자매들은 대략 60%에 달하는 수컷 새끼들을 낳은 일이 일어난 것이다. 반덴버그는 이 대를 물리는 자궁짝 효과를 이렇게 썼다. 〈형제가 남자 조카들을 낳았느니라.〉

두 자매들 이야기를 들은 뒤 사람들은 쥐가 되어야 한다면 예쁜 자매가 되는 것이 현명하겠다는 결론을 쉽게 내릴지도 모르겠다. 그들은 더 많은 교미를 하고 많은 새끼를 낳아 진화론적 관점에서는 못생긴 자매들보다 더 성공적으로 보인다.

그렇지만 그렇게 성급하면 안 된다고 폼 살은 경고한다. 증가와 감소의 주기를 겪는 생쥐 집단에서 이 자매들이 어떻게 삶을 영위하는가를 고려해 본다면 예쁜 자매들은 그녀들의 일견 뚜렷한 우세를 잃기 시작한다. 전형적으로 쥐의 집단은 매우 높은 정점에 올랐다가 붕괴한다. 인구가 그렇게 조밀하지 않은 평상시는 예쁜 자매들이 분명한 이점을 누리지만 인구 과잉 상태가 되면 새끼를 낳는 예쁜 자매들의 능력이 감소하는데 이는 암컷들이 소변 속에 있는 생식을 억제시키는 신호에 반응하기 때문이다.

그러나 이 과잉의 시기는 못생긴 자매들이 자신의 권리를 회복하는 때이다. 억제신호에 상대적으로 면역이 되어 있기 때문에 그들은 새끼를 낳는 유일한 암컷이 된다. 그리고 못생긴 자매들만이 새끼들을 공격과 영아 살해로부터 보호할 수 있을 만큼 충분히 힘이 세다.

흥미 있게도 어떤 연구는 모체의 신체 상태가 자궁의 호르몬 수준을 변화시키며 새끼들에게 영향을 미친다는 것을 보여주었다. 임신 후기에 꾸준히 스트레스를 받은 어미쥐들은 수컷들 사이에서 발생한 암컷의 신체적, 행동적 특질을 모두 갖춘 암컷들을 분만했다. 모체의 스트레스는 일반적인 자궁짝 변형들을 능가하여 터프한 놈으로만 구성된 새끼들을 생산하는 것처럼 보인다.

이 이야기에서의 진화론적 교훈은 무엇일까?

폼 살의 관점에 따르면 진정한 교훈은 다양성의 가치이다. 자궁 내의 호르몬 수준을 약간씩 변화시키는 생쥐처럼, 발달중인 포유류의 날카로운 민감성은 진화에 의해 형성되었다. 이 특성은 새끼들에게 광범위한 다양성을 부여하는데 이는 유전자 변화에 의해 생성되는 변이보다 더욱 광범위한 것이다. 다양성은 빠르게 변화하는 환경에 직면하여 포유류가 그들의 몫을 보호하는 방식이다. 후손들에게 적합한 조건을 모른다면 최선의 방법은 최소한 한 놈이라도 다가오는 시기에 적합하리라는 희망을 가지고 많은 다양한 종류를 만들어내는 것이다.

자궁짝 효과에 관한 폼 살의 초기 연구는 암컷들에게만 초점이 맞추어져 있었다. 암컷의 자궁짝이 수컷들에게 어떤 영향을 미치는지를 알아보려는 연구는 나중 문제였다. 그 결과는 이 연구의 연장선상에 있을 수도 있겠지만 폼 살은 솔직히 뚜렷한 어떤 것을 발견할지 기대하지 않았다고 고백했다. 수컷의 발달은 거의 전적으로 테스토스테론에 의해 촉진된다는 가설이 널리 퍼져 있었으므로 암컷들 옆에 있는 놈들은 별다른 차이가 없어야 했다.

사실 그는 자신의 실험결과에 깜짝 놀랐다. 자궁짝 효과는 암컷뿐만 아니라 수컷의 운명도 전혀 예기치 못한 방식으로 결정지었다. 1980년 6월 《사이언스》에 발표한 논문에서 폼 살과 동료들은 성체에서 수컷의 성적 활동을 증진시키는 것은 출생 이전 여성 호르몬 에스트로겐에의 노출임을 보여주었다.

과학계 안팎에서 많은 이들은 수컷의 성적 활동을 남성성과 남성 호르몬 테스토스테론의 생산지표로 여겨왔다. 사실 이 발견들은 직관에 반하는 것이었지만 〈남성〉 호르몬 테스토스테론과 〈여성〉 호르몬 에스트로겐에 대한 전제들과도 모순되는 것이어서 공동 연구자 중 한 명은 그들이 표본들을 혼동하였음이 틀림없다고 주장하기도 했다. 그러나 폼 살은 에스트로겐과 테스토스테론 각각이 수컷에 영향을 미치며, 우리의 〈남성성〉과 〈여성성〉에 대한 널리 퍼진 관점에 상반되는 방식으로 그렇다는 것을 발견했다. 수컷에 미치는 자궁짝 효과는 암컷에 대한 그의 초기 연구보다 더욱 자극적인 것으로 드러났다.

암컷들의 연구가 못생긴 언니와 예쁜 동생의 동화처럼 보인다면 수컷에 대한 폼 살의 발견은 플레이보이와 좋은 아버지의 이야기처럼 들린다.

암컷 자궁짝의 높은 에스트로겐 수준에 노출된 플레이보이 수컷은 성체가 되었을 때 성적 활동의 증가 외에도 다른 놀라운 특성들을 보여주었다. 논리적으로는 에스트로겐 노출이 수컷들로 하여금 새끼들을 더욱 잘 보살피게 만들 것이라고 가정할 수 있겠지만 사실은 그 반대였다. 어린 쥐들을 함께 놓아두자 이 수컷들은 새끼들을 공격해서 죽이고 싶어했다. 자궁짝으로 수컷 형제들을 둔 높은 테스토스테론 수준의 수컷들은 좋은 아빠가 되었으며 거의 암컷들만큼이나 새끼들을 돌보려는 놀라운 경향을 보여주었다.

플레이보이 수컷들은 다른 면에서, 즉 요도 둘레의 작은 분비선인 전립선의 크기에서 차이가 두드러졌다. 고농도의 에스트로겐에 노출된 수컷들은 수컷 자궁짝을 가진 형제들보다 50% 이상 더 큰 전립선을 가지고 있었다. 게다가 이 큰 전립선은 성체가 되었을 때 남성 호르몬에 더 민감했는데 수컷 자궁짝을 가진 다른 놈보다 세 배의 테스토스테론 수용기를 가지고 있기 때문이었다. 더 많은 수용기는 일반적으로 그 내분비선이 성체가 되었을 때 혈류를 흐르는 남성 호르몬에 반응하여 더 빨리 성장함을 의미한다.

비록 인간의 태아가 일반적으로는 형제들과 자궁을 공유하지 않지만 그럼에도 불구하고 그들의 발달은 과학자들이 완전히 이해하지 못한 어떤 이유로 자궁 내에서 일어나는 호르몬 수준의 변화에 따라 영향을 받을 수 있다. 예를 들어 고혈압과 같은 어떤 의학적 문제들은 에스트로겐 수준을 올릴 수 있다. 혹은 알팔파 순, 두부 기타 에스트로겐이 풍부한 식품을 임신중에 먹으면 에스트로겐 노출 수준이 상승하는 효과를 낳는다. 어머니의 체지방이 호르몬을 저해할 특정 합성 화학물질을 가지고 있을 가능성도 있다.

원인이 무엇이든 다른 성의 인간 쌍둥이에 관한 최근의 연구는 자궁짝 효과가 사람에서도 나타날 수 있음을 보여주었다. 태어날 때부터 존재하는, 남성과 여성 간의 청력 시스템에서 보이는 희미한 차이에 초점을 맞춘 이 연구는 남자 쌍둥이 형제를 둔 소녀들이 남성적인 유형을 보임을 발견했으며 이는 그들이 폼 살의 암컷 생쥐처럼 남성 자궁짝에 의한 호르몬에 의해서 얼마간 남성화되었음을 시사한다.

이 모든 놀라움의 와중에서 쥐의 수컷 자궁짝에 대한 연구는 단 하나의 예상된 결과——즉 수컷의 공격성에 대한 것——를 낳았다. 수컷 자궁짝을 가져서 출생 전 고농도의 테스토스테론에 노출된 수컷은 실제로 다른 성체 수컷들에 대해 가장 공격적이었으며 암컷 자궁짝을 가진 수컷들이 가장 덜 공격적이었다.

이 분야의 과학자들은 아직도 암컷과 수컷의 발달에 있어, 특히 뇌와 행동의 발달에 에스트로겐이 어떻게 작용하는지 많은 논란을 벌이고 있다. 하지만 폼 살은 에스트로겐이 남성 호르몬 테스토스테론의 작용을 얼마간 증진시켜서 수컷의 남성화를 돕는다고 믿는다. 두 호르몬이 함께 뇌의 발달을 조직화하는 데 영향을 미쳐 쥐가 성체가 되었을 때 겉으로 보이는 성적 활동의 증가를 유발한다. 폼 살은 출생 직후 거세한 다음, 성인기에 같은 양의 테스토스테론을 주사한 수컷 쥐의 연구를 통해 이것이 성체의 호르몬 영향이라기보다는 출생 전의 영향임을 보여주었다. 같은 양의 호르몬에 노출되었어도 이 쥐들은 다른 성적 활동성을 보였는데 이는 성체의 호르몬 수준이 이 행동 차이의 원인이 아니라는 증거였다.

폼 살의 연구에 대해 들은 사람들은 전형적으로 묻는다. 어떤 것이 〈정상〉 쥐냐고. 예쁜 동생? 혹은 못생긴 언니? 플레이보이 혹은 좋은 아빠?

〈그들은 모두 정상입니다.〉 폼 살은 단호히 말한다.

이 문제 자체는 두 성을 상호배타적인 범주로 보는 남성성과 여성성에 대한 우리의 이원적인 인식에 기인하는 것처럼 보인다. 사실 전형적인 남성다움과 여성다움이라고 여겨지는 행동 사이에는 많은 회색지역과 겹치는 부분이 있다. 이런 관점에서 보면 공격적인 암컷이나 아기를 잘 돌보는 수컷에 대해 비정상적인 것은 없다. 유전적 다양성이 근친교배에 의해 감소된 이 생쥐의 계보에서 각각의 쥐들은 출생 전 호르몬의 자연적 영향에 의해 생긴 다양성을 보여준다. 폼 살의 말에 따르면 〈정상〉인 것은 진화론적 주제의 관점에서 하나 혹은 다른 개체의 유형이 아니라 다양성 그 자체인 것이다.

그러나 다양성은 폼 살의 연구로부터 나온 큼직한 교훈들 중 하나일 뿐이다. 이 연구는 두 성의 발달에 대한 호르몬의 커다란 영향과 자궁안에서 발생중인 포유류의 미세한 호르몬 변화에 대한 극단적인 민감함에 관하여 새로운 전망을 열었다. 또한 자궁짝 연구는 호르몬들이 〈영구적으로〉 세포, 기관, 뇌, 그리고 출생 전의 행동을 〈조직화〉하여 많은 면에서 평생의 진로를 결정한다는 사실을 강조했다.

호르몬이 유전자를 변화시키거나 돌연변이를 일으키지 않고 이런 일을 수행한다는 사실을 기억하는 것이 중요하다. 그들은 부모로부터 물려받은 개체의 유산인 유전자 청사진의 〈발현〉을 조절한다. 이는 피아노 연주에서의 건반과 한 곡조만을 결정하여 미리 구멍을 찍어놓은 오르골의 관계와 비슷하다. 피아노를 가지고는 이론적으로 많은 곡조를 연주할 수 있지만 오르골에 뚫린 홈으로는 단지 한 곡조만을 연주할 수 있다. 배발생 기간 동안 자궁에서 나타나는 호르몬들은 어떤 유전자가 발현되고 평생을 통해 연주될 것인지를 그들의 발현빈도와 함께 결정한다. 어떤 것도 개체의 유전자를 바꿀 수 없지만 특정한 음표가 배발생 기간 동안 오르골 내에 찍혀들어가지 않으면 영원히 쉼표로 남아 있게 된다. 유전자는 건반이고 호르몬들은 발생 기간 동안 곡을 작곡한다.

폼 살의 자궁짝 연구에서 놀라운 것은 곡조를 급격히 바꾸는 데 필요한 양이 극히 적다는 사실이다. 호르몬은 가장 민감한 분석방법으로나 측정 가능한, 미량의 농도에서도 기능하는 매우 강력한 화학물질이다. 가장 강한 에스트로겐인 에스트라디올 같은 경우 백만분의 일이나 십억분의 일 같은 단위는 잊어야 한다. 일반적으로 그 농도는 일조분의 일이다. 이는 십억분의 일보다 천 배나 작은 단위이다. 토닉 워터로 가득 찬 탱크차에 진 한 방울을 떨어뜨렸다고 생각하면 이 극미량을 상상할 수 있다. 660대의 탱크차에 한 방울을 떨어뜨리면 1조분의 일이 된다. 그런 기차는 길이가 6마일은 될 것이다.

〈예쁜 동생과 못생긴 언니 사이의 평생을 지속되는 놀라운 차이는 에스트라디올 노출에 있어서 1조분의 35 단위 정도의 차이와 테스토스테론에서 수십억분의 1 정도의 차이에 기인한 것이다〉. 진과 토닉 워터의 비유를 쓰자면 예쁜 동생의 칵테일은 1,000대의 탱크차의 토닉 워터에 135방울의 진을 떨어뜨린 것이고 못생긴 언니는 100방울 정도 떨어뜨린 것이다. 이는 탱크차 군단에서 한 잔도 안 되는 양이다.

이는 무한에 접근하는 민감도이며 폼 살의 말을 빌자면 〈가장 무모한 인간의 상상력을 넘어서는〉 민감도이다. 그런 극도의 민감도는 같은 유전적 배경을 지닌 다양한 후손들에게 풍부한 기회를 제공한다. 이 동일한 특성은 또한 전체 시스템에 있어 무엇인가가 정상 호르몬 수준을 간섭했을 때 치명적으로 심각한 저해를 일으킨다. 이는 테오 콜본이 호르몬과 유사하게 기능하는 합성 화학물질에 대해 논의하자고 전화했을 때 처음 폼 살에게 떠오른 무서운 가능성이었다.

폼 살의 우려를 음미하기 위해서는 성분화(sexual differentiation)로 알려진 출생 전의 복잡한 안무와 이 발생 무도에서 호르몬이 수행하는 핵심 역할에 대해 더욱 많이 이해해야 한다. 새, 파충류, 양서류, 물고기와 더불어 쥐, 코끼리, 고래, 인간 등 모든 포유류는 이 화학 메신저에 의해 초기의 성별이 없는 배로부터 두 성을 창조한다. 호르몬들은 소년이 소년이 되고 소녀가 소녀가 되는 이 중심 드라마의 주인공이다.

수정란이 남성이 될지 여성이 될지를 결정하는 요인에 대한 우리의 이해는 아주 최근의 것이다. 20세기 이전에는 흔히 아기의 성이 온도와 같은 주변 요소들에 의해 결정된다고 믿었다.

1906년이 되어서야 두 과학자——네티 마리 스티븐스와 에드먼드 비처 윌슨——가 독립적으로 여성 세포에는 두 개의 X염색체가 있는 반면 남성 세포에는 하나의 X염색체와 하나의 Y염색체가 있음을 발견했고 이 관찰은 X염색체의 수가 성을 결정한다는 이론에 도달하게 되었다. 10년이 흘러 연구자들은 마침내 성을 결정하는 것은 X염색체가 아닌 Y염색체 위의 유전자임을 확인했다.

고등학교 생물학을 배운 우리 대부분이 알고 있는 것처럼 어머니에게서 생성된 난자는 모두 X염색체만을 가지고 있고 아버지의 정자는 X나 Y염색체를 가진다. 태아의 성은 출발점에서 쏟아져나와 수정을 위한 마라톤 경주에서 서로 경쟁하는 정자들의 균형에 달려 있다. 이 최초의 운동경기가 보스턴 마라톤처럼 중계된다면 우리는 〈세 Y가 자궁경부 입구에서 머리를 머리를 들이밀고 있고 한 X가 자궁으로 밀고들어가려 움직이고 있군요〉라는 소리를 듣게 될 것이다. 7,500만 마리의 정자가 꼬리를 앞뒤로 흔들며 꾸준히 헤엄치고 힘겹게 나아가지만 생물학적 고비(Heartbreak Hill)인 자궁 꼭대기로부터 뻗어 있는 난관으로 들어가려할 때쯤에는 많은 놈들이 나가떨어지기 시작한다. 그것은 경쟁자들이 목표를 향해 북적대면서 결승점을 향해 가는 숨막히는 경주이다. 결승점에서는 월계관 대신에 난자가 승리자를 기다리고 있다가 맞부딪친다. Y염색체를 가진 정자가 먼저 도달하면 아기는 XY염색체를 가진 남자아이가 된다. 처음에 도착한 정자가 X염색체를 가지고 있으면 XX염색체를 가진 여자아이가 된다.

난자를 향한 X와 Y들의 경주를 다룬 이 이야기는 성 결정은 정자가 나르는 유전 정보에 의한다는 인상을 남겨주었다. 정자가 Y염색체를 나르면, 됐어, 결과는 아들이다. ——수태와 출생 사이의 남겨진 과정들은 모두 유전적 청사진에 의해 웬만큼 자동적으로 수행되는 것이었다. Y염색체 내의 성 결정 유전자는 아들이 아들이 되는 정교하고 놀라운 과정에서 신속하게 움직이는 유일한 배역이다.

조류나 인간의 경우 한 성은 기본 모델이고 다른 성을 만드는 것은 추가 부담이 필요한 일로 여겨진다. 왜냐하면 후자는, 반대 성을 적절하게 만들어내기 위한 목적으로 호르몬이 지휘하는 일련의 추가적인 변화를 요구하기 때문이다. 새들에서 이 기본 모델은 종종 수컷이기 마련이다. 인간을 포함하는 포유류의 경우는 그 반대라서 태아는 남성 호르몬이 프로그램을 능가하여 다른 코스를 설정하지 않는다면 여성으로 발달하게 된다.

난자를 뚫고 들어갈 때 정자가 아들이 되기 위한 유전적인 방아쇠를 전해주긴 하지만 당분간 발생중인 태아는 어느 쪽으로도 이를 수행하지 않는다. 대신에 태아는 남성, 혹은 여성이 되기 위한 잠재력을 6주 이상 억제하고 있다가 나중에 고환이나 난소가 될 단일 성선 한 쌍과 두 개의 분리된 원시적 관——하나는 남성 생식기의 전구기관이고 다른 것은 난관과 자궁을 만든다——을 발달시킨다. 울프관과 뮐러관으로 알려진 이 두 도관 체계는 서로 다른 여러 조직들로부터 기원하게 되는 남성과 여성 생식 체계의 일부분일 뿐이다. 다른 모든 중요한 기관——두 성 사이의 가장 결정적인 차이처럼 보이는 것——은 남성과 여성 태아에서 공통적으로 발견되는 조직으로부터 발달한다. 이 조직이 페니스가 될지 클리토리스가 될지, 고환이 담긴 음낭이 될지 여성의 질을 둘러싼 음순의 주름이 될지, 혹은 둘 사이의 어떤 것이 될지는 태아가 발생 도중에 받는 호르몬 신호에 달려 있다.

Y염색체에 대한 결정적인 시점은 7주쯤에 온다. 그때에 염색체 위의

한 유전자는 단일 성선으로 하여금 남성의 고환을 만들라고 지시한다. 이렇게 해서 Y염색체는 남성의 발생에 있어 최초의 단계를 시작하는 스위치를 넣는다. 이 고환의 발생은 남성을 만드는 데 있어 그 염색체가 하는 역할의 시작이자 마지막이다. 여기서부터 남성화 과정의 나머지 부분은 새로 만들어진 태아의 고환으로부터 나오는 호르몬에 의해 추진된다. 성인에서 고환은 여성의 난자를 수정시킬 정자를 생산하며 생식과 후손을 남기는 일에 이바지한다. 그러나 이 고환들은 출생 이전에 남성의 삶에서 더욱 중요한 기능을 수행한다. 적당한 시간에 적당한 호르몬 신호가 없다면 태아는 고환과 잘 어울리는 뇌와 몸을 발달시킬 수 없다. 아마도 고환이 만들어내는 정자들을 옮기는 데 필요한 음경조차 만들어내지 못할 것이다.

여성 태아에서 단일 성선을 난소(난자를 만들어내는 여성의 신체기관)로 만드는 변화는 좀 나중인 임신 3개월이나 4개월쯤 시작한다. 이 시기 동안에 한 쌍의 관(남성의 생식기관을 만드는 데 필요한 울프관)은 어떤 호르몬의 지시 없이도 퇴화하여 사라진다. 여성의 신체 발달은 남성에서처럼 호르몬 신호에 의존하지는 않지만 동물 연구는 에스트로겐이 난소의 적당한 발달과 정상적인 기능에 필수적임을 시사한다.

생식관을 위한 기초를 다지는 과정은 남성에서 더욱 복잡하며 호르몬이 〈돌이킬 수 없는 결정〉을 내리는 시기에 중요하다. 고환은 형성된 직후 여성의 기구인 뮐러관을 없애는 신호를 보내는 특별한 호르몬을 생산한다. 이 이정표를 잘 놓기 위해서는 호르몬 신호가 올바른 시간 내에 도착해야 하는데 왜냐하면 여성의 생식관이 이 신호에 반응하여 사라지는 것은 아주 짧은 시기 동안이기 때문이다. 그런 뒤 고환은 울프관에 다른 신호를 보내야 한다. 왜냐하면 그러지 말라는 신호를 받지 않는 한 그것들은 14주까지 자동적으로 사라지게끔 프로그램되어 있기 때문이다.

이 메신저는 주로 남성 호르몬 테스토스테론인데 이는 남성 울프관의 보존과 성장을 보장한다. 테스토스테론의 영향 아래서 이 관은 부고환과 정관, 그리고 섭호선을 형성한다. 이들은 고환에서 음경까지 정자를 보내는 기구들이다.

강력한 테스토스테론은 전립선과 외부 성기의 발달을 유도하고 생식기 피부로 하여금 음경과 음낭을 만들도록 지시한다. 음낭은 고환이 임신 후반기에 복강으로부터 내려왔을 때 그것을 감싸게 된다. 자연 상태에서 일어나는 결손들은 이 메시지가 전달되지 않았을 때 무슨 일이 일어나는지를 극적으로 보여준다.

때때로 한반의 다른 친구들은 모두 초경을 했는데 자기는 아직 겪지 않았다고 산부인과 진료실을 찾는 어린 환자들을 볼 수 있다. 이런 경우 심각하게 잘못된 경우는 거의 없다.

그러나 드물게 의사가 아주 충격적인 진단을 내릴 때가 있다. 이 환자는 월경을 하지 않는데 그 이유는 모든 외양에도 불구하고 환자가 여자가 아니라는 것 때문이다. 이런 아이들은 겉으로 보아 정상적인 소녀로 자라지만 XY염색체를 가지고 있고 배 안에 난소 대신 고환이 들어 있다. 그러나 그들은 테스토스테론에 둔감하게 만든 어떤 결함 때문에 남성화를 일으키는 어떤 호르몬 신호에도 반응하지 않은 것이다. 그들은 남성의 신체와 뇌를 발달시키지도 못했다.

의학 교과서에 실린 이 실현되지 못한 남성들의 사진은 경이적이다. 왜냐하면 그들의 알몸에는 그 어디에도 비정상적이거나 이상한 것이 없기 때문이다. 체내에 잠복하는 유전적인 남성의 표시를 아무리 열심히 찾아본다 해도 어긋난 발달의 징후는 없다. 이 유전적 남성들은 정상적으로 발달한 가슴과 좁은 어깨, 넓은 골반을 가진 완전히 정상적인 여성으로 보인다.

이 완전히 여성화된 남성은 발생을 유도하는 화학 메시지를 무엇인가가 차단했을 때 무슨 일이 일어나는가에 대한 아주 극단적인 실례이다. 무엇인가가 테스토스테론이나 그것의 효과를 증폭하는 효소를 간섭한다면 남성과 여성 태아에서 발견되는 공통 조직은 클리토리스와 여성의 다른 외부 성기로 발달한다. 덜 극단적인 경우에도 남성은 모호한 성기나 비정상적으로 작은 음경, 그리고 정류고환을 갖게 된다.

그러나 성은 순전히 신체적인 사실 이상의 것이다. 이들을 치료하는 의사들에 따르면 이 여성화된 남성은 여성처럼 보일 뿐 아니라 자신을 여성으로 생각하고 행동한다. 그들의 행동에서 그들이 실제로는 남성임을 시사하는 것은 하나도 없다. 대부분의 동물에서 남성과 여성으로 적절히 기능하는 것은 성기뿐 아니라 두뇌의 문제이기도 하다. 그리고 폼 살의 것과 같은 연구는 호르몬이 음경을 만들 뿐 아니라 출생 전에 행동의 일부 측면도 영구적으로 형성시킴을 보여준다. 한 개인이 겉보기에 남자일 뿐 아니라 남자로 행동하기 위해서는 그 뇌가 세포들이 돌이킬 수 없는 결정을 내린 그 중요한 시기에 테스토스테론의 메시지를 받아야만 한다.

이 중요한 시기에 잘못된 호르몬 메시지를 받은 개인은 비록 바른 신체 기구들을 갖추고 있다고 해도 비정상적인 행동을 보이고 짝짓기에 실패한다. 널리 영향을 미친 1959년의 연구에서 캔자스 대학의 찰스 피닉스는 자궁 내에서 높은 수준의 테스토스테론에 노출된 암컷 기니피그가 수컷처럼 행동함을 보여주었다. 그들은 성체가 되었을 때 〈척추전만(lordosis)〉으로 알려진 등을 구부린 암컷의 전형적인 교미자세를 보이지 않았고 성 행동과 생식을 유도하는 여성 호르몬에 대해 정상적으로 반응하지 않았다.

호르몬이 남성이나 여성에게 다른 신체를 부여하며, 동물의 발달에 있어 호르몬의 역할은 인간에서와 마찬가지라는 데에 이의를 제기하는 사람은 없다. 그러나 인간 두뇌의 발달에 호르몬이 어떻게 영향을 미치는가는 뜨거운 논쟁거리이다. 호르몬들은 생쥐나 흰쥐, 기니피그에서 그런 것처럼 인간에게서도 극적으로 두뇌와 행동을 형성하는 것일까? 남성과 여성의 두뇌 사이에 구조적인 차이가 있는가, 그리고 이 차이가 출생 전 호르몬의 영향으로부터 기인하였다는 어떤 증거가 있는가?

이 질문에 대답하기란 쉽지 않다. 인간의 행동은 폼 살의 생쥐보다 복잡할 뿐 아니라 임신한 여성에게 다양한 농도의 호르몬을 주어 아기의 뇌발달에 미치는 영향을 조사할 수는 없기 때문이다.

남성과 여성의 행동의 차이가 생물학적인 근거를 가졌는지, 아니면 전적으로 문화적인 것인지에 대한 문제를 연구하는 사람들은 몇몇 구조적인 차이들이 호르몬과 관계 있다는 증거를 발견했지만 아직까지 이런 성에 관련된 (뇌의) 구역은 쥐에서 보이는 것보다 드물고 뚜렷하지도 않다. 또 심리학자들은 남성과 여성의 생각하는 방식에서 나타나는 일반적인 차이를 보고했다. 즉 여성은 언어능력이 더 뛰어난 데 비해 남성은 공간적인 문제를 더 잘 풀어낸다. 또 많은 이들은 소녀들보다 소년들에게서 훨씬 더 자주 보이는 거친 장난과 싸움이, 문화나 양육 방식보다는 생물학에 뿌리를 두고 있다고 믿는다.

호르몬은 아직 태어나지 않은 아이에게서 적어도 성적 발달의 일부 측면을 유도함과 동시에 아기의 신경계와 면역계의 발달을 지휘하고 남성과 여성에서 다르게 기능하는 간, 혈액, 신장, 그리고 근육과 같은 기관과 조직들을 프로그래밍한다. 예를 들어 정상적인 두뇌발생은, 이 엄청나게 복잡한 기관에서 신경을 발달시키고 올바른 위치로 이동하게끔 유도하도록 신호를 보내는 갑상선 호르몬에 달려 있다.

이 모든 기관계통에서 정상적인 발생은 정확한 시간에 정확한 장소에 정확한 양의 정확한 호르몬 메시지를 얻었는가 여부에 달려 있다. 이 정교한 화학적 무용은 현기증 나는 속도로 진행되기 때문에 모든 것은 적절한 타이밍과 적절한 신호에 달려 있다. 무엇인가가 발생의 중요한 시기에 이 신호를 저해하면 이는 후손들에게 평생 지속되는 심각한 영향을 남긴다.

4 호르몬 대참사

우리가 대물림 독물의 수수께끼를 추구할 때에 중요한 교훈과 함께 우리 연구와의 직접적으로 관련되는 의학사의 두 비극적인 사건들이 있다. 그것들은 인간이 호르몬 저해 화학물질에 취약하다는 사실에 의심의 여지가 없으며 동물실험이 인간에 대한 위험을 일찍부터 반복해서 경고했음을 시사한다.

처음부터 이 경고들은 분명한 것이었다. 1930년대에 노스웨스턴 대학 의학부는 임신중에 호르몬 수준을 변화시키는 것이 매우 위험하며, 특히 자궁 속에서 빠르게 성장하고 있는 태아들에게 그렇다는 것을 보여주었다. 어떤 실험에서 연구자들은 이미 여성 호르몬을 체내에 지니고 있는 임신한 흰쥐에게 추가로 에스트로겐을 주입했다. 새끼들에 대한 영향은 극적이었다. 태어날 때부터 이 쥐들은 성적 발달의 저해에 기인하는 놀랄 만한 비정상을 보여주었다. 자궁 내에서 여분의 천연 혹은 합성 에스트로겐에 노출된 암컷 쥐는 자궁, 질, 난소에 구조적인 결손이 생겼다. 수컷들은 성장이 멈춘 음경과 다른 생식기 변형들을 가지고 있었다.

자궁 속에서 자연적인 호르몬 수준의 사소한 변이 효과를 탐구한 프레드 폼 살의 연구와는 대조적으로 이 초기의 실험들은 신체 외부에서 에스트로겐을 정상 수준 이상으로 주입함으로써 여성 호르몬 농도를 폭증시켰다. 그들은 호르몬 수준의 커다란 변화가 화학적 메시지를 뒤섞고 성적 발달을 어긋나게 함을 보여주었다. 에스트로겐은 정상 수준에서는 발달에 필수적이지만 너무 많으면 큰 해를 입힌다.

이 주의해야 할 증거는 사실 시기적절했다. 1938년 영국의 과학자이자 의사인 찰스 도드와 동료들은 체내에서 에스트로겐처럼 기능하는 화학물질의 합성을 발표했고 의학계는 흥분으로 들끓었다. 지도급 연구자들과 산부인과 의사들은 이 디에틸스틸베스트롤(DES)로 알려진 합성 에스트로겐을 많은 가능성을 가진 놀라운 약이라고 찬양했다. 즉각적으로 연구자들은 불충분한 에스트로겐 수준이 유산과 조산을 일으킨다는 믿음에서 임신중 문제가 생긴 여성들에게 DES를 투여했다. 대규모의 인체실험——미국과 라틴 아메리카, 그리고 다른 지역에서 약 500만 명으로 추정된 임신부들이 약을 먹었다——으로 판명된 이 일이 막 진행되기 시작했다.

그 후 10년간 의사들은 DES를 유산 방지를 위해서만 처방하지 않고 마치 그것이 상황을 더 낫게 할 수 있는 비타민인 것처럼 문제가 없는 임신에도 권장했다. 《산부인과학 잡지》와 같은 유명한 출판물들이 1957년 6월자 그랜트 화학회사 약광고와 같은 제약회사 광고들을 실었다. 그것은 DES를 〈모든 임신〉에 사용하라고 권했고 그러면 〈크고 건강한 아이〉를 낳을 수 있다고 선전했다.

DES는 임신부 말고도 넓은 시장을 발견했다. 의사들은 출산 후 모유생산 억제, 홍조와 기타 생리 때의 증상들, 여드름, 전립선암, 어린이의 임질, 심지어는 보기 싫게 키가 큰 10대 소녀들의 성장을 억제하기 위해서도 이 약을 남용했다. 여러 해 동안 대학 병원들은 DES를 성교 후 먹는 피임약으로 환자들에게 분배했다. 농부들도 DES에 열광적이었는데 닭과 소, 다른 가축들을 빨리 살찌우기 위해 먹이거나 귀나

목에 이식했다.

전후 시기는 프로메테우스적 낙관주의의 시대였다. 그 당시에는 의사로부터 농부에 이르는 모든 이들이 새로운 〈기적의〉 기술을 받아들이기 위해 달려들었다. DES는 우리에게 자연의 힘을 지배할 능력을 보장해 준 새 합성 화학물질 중의 하나였다. 오만과 순진함이 혼합된 상태에서 진보의 옹호자들은 생명 자체의 정복에 무한한 잠재력을 지닌 세계를 꿈꾸었다.

노스웨스턴 대학의 흰쥐를 이용한 연구는 대담한 호르몬 치료의 새 시대에 어두운 그림자를 던졌지만 밀려오는 진보의 물결 위에 어떤 주름도 입히지 못했다. 그 발견을 한 사람들도 그것을 인간과는 무관한 것이라고 무시했다. 흰쥐 태아에서 호르몬이 유발한 생식기 기형은 단순한 호기심거리였고 설치류에서나 일어나는 것으로 보였다. 그러한 무심함은 의사들에겐 드문 일이 아니었는데 그들의 오랜 인간 중심적 사고의 전통은 인간이 생명 계열에서 독특한 위치에 있다는 관점을 강화시켜 왔다. 이런 시각에서 그들은 그때나 지금이나 마찬가지로 인간을 대상으로 한 역학 연구만을 유일하게 믿을 수 있는 증거로 여기는 경향이 있다.

태반 방어막——자궁벽에 붙어 태아와 탯줄로 연결되어 있는 조직인 태반이 자라나는 태아를 해로운 외부의 영향으로부터 보호하는 비투과성의 방어기능을 가졌다는 믿음——의 신화는 수십 년 동안 의학계를 지배해 왔다. 이 신화는 상반되는 증거들이 쌓인 뒤에도 오랫동안 지속되었다. 당대의 사고에 따르면 자궁을 투과하여 기형을 유발할 수 있는 유일한 외부 영향은 방사선이었다.

다음 25년간 두 의료 스캔들이 이 신화를 결국 산산 조각냈고 자궁 속 태아의 취약성에 대한 우리의 개념을 급격하게 바꾸었다. 첫번째 폭탄은 1962년에 드러난 탈리도마이드의 비극이었고 10년도 지나지 않아 DES에 대한 충격적인 발견이 뒤를 이었다. 이 약은 30년 이상이나 의사들이 여성들에게 주었던 약이다.

탈리도마이드 아기들의 이야기가 터졌을 때 전세계는 충격을 받았다. 신문과 잡지들은 어떻게 의사가 처방한 약이 명백한 기형을 일으켰는지를 세세히 보도하기 시작했다. 팔과 다리가 없는 아이들의 사진은 충격적이었는데 그것은 모든 부모들이 상상할 수 있는 가장 끔찍한 악몽이었기 때문이다.

유럽과 오스트레일리아의 의사들이 괴상하게 기형이 된 아기들의 예상치 못한 증가와 탈리도마이드를 관련시켰을 때 수천 명의 임신부들은 그 약을 진정제와 오심 치료제로 복용하고 있었다. 시장과 약국의 진열대로부터 그 약이 완전히 사라질 때까지 그것은 46개국에서 8,000명의 아이들에게 심각한 기형을 일으켰다. 태반은 전혀 이 약에 대한 보호막이 아니었음이 드러났다. 이 비극은 각 가정에 어른들은 쉽게 견디는 약물이 태아를 완전히 망칠 수 있다는 교훈을 남겼다.

훗날의 DES 사례에서처럼 의사들은 탈리도마이드가 단지 놀랍고 전혀 예기치 못한 기형을 유발했다는 사실 때문에 무엇인가가 심각하게 잘못되었음을 의심하게 되었다. 어떤 아기들은 어깨에서 바로 솟아나온 손을 갖고 있었고 팔이 전혀 없었다. 다른 아이들은 다리가 없거나 아예 사지가 없는 아이들도 있었다. 의학교과서는 이런 상태를 〈무지증(phocomelia)〉, 즉 〈바다표범(phoco)〉과 〈사지(melia)〉라는 두 그리스어에서 파생된 단어로 부르는데, 이는 손이나 발이 마치 바다표범의 지느러미처럼 주관절에서 바로 돋아나기 때문이다. 그러나 1961년 이전에는 이런 선천성 기형이 매우 드물어 교과서에는 어떤 사진도 싣지 못했다. 이 기형은 19세기 초 스페인의 화가인 프란시스코 데 고야가 미래의 의사들을 위해 그린 아기의 그림으로 한 교과서에 실려 있다.

출생 전 탈리도마이드에 노출된 많은 아이들은 사지의 기형이 없다고 해도 대신에 더 심각한 심장과 다른 기관의 기형, 뇌손상, 귀머거리, 시각장애, 자폐증, 그리고 간질 등을 공통적으로 가지고 있었다. 그러나 어떤 행운아들은 어머니가 임신중 약을 먹었음에도 해로운 영향으로부터 벗어난 것처럼 보였다. 왜 어떤 아이들은 무사했을까?

이것은 어떤 어머니는 많은 양을 먹고 다른 어머니들은 소량을 먹어서가 아니었다. 연구자들은 끔찍한 결손과 멀쩡한 결과의 차이가 용량이 아닌 복용 시점에 달려 있는 것 같다는 사실을 발견했다. 탈리도마이드에 대한 유전적인 감수성의 차이 역시 어떤 역할을 해서 어떤 태아들을 그 약에 특별히 민감하게 만들었다. 사지가 없는 아기를 낳은 어떤 엄마들은 전 임신 기간에 걸쳐 단지 두 개나 세 개의 탈리도마이드를 함유한 수면제를 먹었을 뿐이었지만 그들은 아기들의 팔과 다리가 형성되는 중요한 시기——임신 5주에서 8주——에 약을 삼켰던 것이다. 〈시점이 전부다〉라는 원칙은 과학자들이 발달을 교란하는 화학물질의 능력을 연구할수록 반복적으로 나타날 것이다. 예를 들어 태아 발달의 어떤 시점에는 전혀 영향을 주지 못하는 소량의 약이나 호르몬이 몇 주 전에는 치명적일 수도 있는 것이다.

미국은 FDA의 신중한 의사 프란세스 켈제이 덕분으로 이 비극에서 상당히 벗어났다. 그는 더 많은 안전증빙 자료들을 요구했고 이 약의 일반 판매를 보류시켜 두었다. 그럼에도 불구하고 탈리도마이드 경험은 다른 곳에서처럼 미국의 대중과 과학자들에게 심대한 영향을 주었다. 요점을 이해하는 데 쇠망치만큼이나 강력한 사건이 필요했지만 의료계와 과학계는 마침내 동물 연구자들이 수십 년간 그들에게 말하려 애썼던 것을 의문의 여지없이 받아들였다. 즉 화학물질은 설치류뿐만 아니라 인간에게도 선천성 결함을 일으킨다는 것이다.

보통 사람들에게는 사지가 없는 아기들의 사진이 마치 캘리포니아 대지진처럼 제2차 세계대전 이후 팽배했던 기술적 낙관주의에 충격을 주었고, 시장에 쏟아져나오는 〈놀라운〉 약들과 〈기적의〉 화학물질, 그리고 정부 규제의 적합성에 대한 회의주의의 증가를 초래했다. 1962년 여름 《라이프》지와 같은 뉴스 잡지들을 통하여 많은 이들은 셰리 핑크바인의 악몽을 함께 공유했다. 애리조나 주에서 온 텔레비전 초대손님인 이 24살의 어머니는 임신 초기의 중요한 시기에 영국에서 보내온 탈리도마이드를 복용했다. 그녀의 자궁 안에 있는 아기가 심각한 기형을 가졌을 거라고 확신한 핑크바인과 그 남편은 유산시킬 곳을 찾아 온 미국을 헤맸다. 거기서는 어머니의 생명을 구하기 위한 경우를 제외하고 인공유산은 불법이었다. 그들의 절망적인 방황은 결국 스웨덴에서 끝났다.

우연하게도 『침묵의 봄』(합성 살충제가 인간과 환경계에 미치는 위험성을 다룬 지금은 고전이 된 레이첼 카슨의 책)이 탈리도마이드 이야기가 터지기 직전에 《뉴요커》지에 연재되는 형태로 나타났다. 이 책은 대중의 우려의 물결을 타고 베스트셀러 목록에 올랐다.

탈리도마이드가 영원히 침해받지 않는 자궁의 신화를 날려버렸다면 DES는 선천성 기형이 의학적으로 중요성을 갖기 위해서는 즉각적이고 가시적이어야 한다는 믿음을 허물어뜨렸다.

* * *

모든 부모는 정상적이고 건강한 아기를 갖길 기도한다.

1953년 9월 마침내 그들의 딸 안드리가 태어났을 때 보스턴의 록스베리에 살던 에바와 데이비드 슈바르츠 부부는 그들이 기도했던 것 이상으로 은총을 받았다고 느꼈다. 그들의 아이는 건강하고 정상이었을 뿐 아니라 아름다웠다. 8년 전 아들 마이클이 태어난 후 두 번의 유산으로 고생했던 에바는 황홀했다. 가끔 그녀는 딸아이가 이제까지 본 것 중 가장 찬란한 보물이라고 말하곤 했다. 토실토실하고 핑크빛이 도는 금발의 안드리는 마치 이유식 광고에 나오는 아기 같았다.

아기적 사진에서 안드리의 호기심 많은 눈은 햇빛 가리는 모자의 챙 아래서 아름다움과 지성을 나타내며 반짝이고 있었다. 얼굴은 섬세한 레이스로 둘러싸여 있고 주름 하나없이 다린 드레스에서는 엄마의 자부심이 뚜렷이 보였다. 자라면서 이 작은 소녀는 튼튼하고 건강해졌고 〈완전한 건강〉 그 자체인 것처럼 보였다.

그러던 1971년 4월 안드리의 삶은 별안간 영원히 바뀌게 되었다.

당시 17살이었던 안드리는 고등학교 3학년이었고 가을이면 대학에 진학하는 것을 비롯하여 결혼, 가족과 함께하는 여러 계획, 그리고 장래의 꿈들로 들떠 있었다. 그녀는 늘 아이를 원했다. 늘 그랬다. 그녀는 5살 때 사촌인 갓난 아기에게 매혹되었던 것과 요람에 앉아 아기를 만져볼 수 있게 허락받았을 때의 설렘을 기억하고 있었다. 안드리에게 지나치게 큰 꿈은 없었다. 그녀가 원하는 것은 단지 행복하고 평범한 삶이었다.

어느날 아침 에바 슈바르츠가 《보스턴 글로브》의 페이지를 넘겼을 때 그녀는 숨을 멎게 할 것 같은 기사를 읽게 되었다. 《뉴잉글랜드 의학저널》에 실린 새 연구에 의하면 매사추세츠 종합병원의 의사들은 젊은 여성들에서 발생하는 드문 질환인 악성 질종양이 임신중 그녀의 어머니들이 복용했던 약, 즉 합성 에스트로겐 DES와 관계 있다고 한 것이다. 그녀의 마음은 그 정제, 안드리를 가졌을 때 거의 종교적으로 복용했던 수백 종의 정제를 떠올렸다. 끔찍한 입덧으로 고생하고 있을 때도 그녀는 하루도 안 거르고 약을 먹었다. 그런 날에는 날뛰는 위장이 잠깐 멈출 때까지 기다려서 의사가 처방한 약을 먹었다. 의무기록이 확증해 주기 전이었지만 그녀는 알았다. 자신도 그러한 엄마 중의 한 명이었음을.

마지막 임신은 비교적 문제가 없었지만 이웃 록스베리 진료소에 있던 그녀의 주치의는 그럼에도 불구하고 DES 처방을 써주었다. 분명 그녀의 유산 경험 때문이었다. 에바는 임신 6주였을 때 DES 정제를 먹기 시작해서 하버드 의대의 부부 연구팀인 의사 조지 반 시클렌 스미스와 내분비학자 올리브 왓킨스 스미스가 추천한 프로그램에 따라 임신이 진행될수록 용량을 점차 늘렸다. 스미스 부부는 임신한 여성, 특히 유산 경험이 있는 여성들에게 DES를 처방하자는 미국의 지도급 옹호자였다.

안드리 슈바르츠는 DES의 최악의 복수를 벗어날 것이었다. 대부분의 불행한 소녀들과는 달리 그녀는 10대가 될 때까지 암으로 죽지도, 암을 제거하는 과정에서 자궁과 질을 절제하는 수술을 받지도 않았다. 그러나 다음 10년간의 의학 검사는 외양에도 불구하고 안드리가 정상과 거리가 멀다는 것을 보여줄 것이었다. DES는 그녀의 꿈을 빼앗아갔다.

DES 사례를 연구할 때면 한 성가신 질문이 등장한다. 이는 DES뿐 아니라 세대를 가로질러 손상을 일으키는 모든 대물림 독물들과 함께 떠오르는 질문이다.

그것이 그토록 드문 암이 아니었고 한 환자의 어머니가 우연히 질문하지 않았다면 의사들은 젊은 여성에게 고통을 주는 그 질환을 수십 년 전 그 어머니들이 먹었던 약과 관련시킬 생각을 했을까? 어떤 전문가들은 DES에의 노출이 암은 제쳐놓더라도 기형적인 질 조직과 같은 독특한 증상을 유발한다는 점을 들어 그들이 문제를 알아차렸을 것이라고 확신한다. 조만간 누군가는 그 고리를 발견했을 것이라는 얘기다. 그러나 DES가 눈에 보이지 않는 심각한 손상을 자궁 속 태아에게 미칠 수 있음을 아무도 알아차리지 못했을 가능성도 있다. 그때까지도 대부분의 과학자들은 직접적이고 심각한 질환의 원인이 되지 않는다면 DES는 안전하다고 생각했다. 그들은 무엇인가가 겉으로는 아무런 선천성 결함을 나타내지 않으면서 심각하고 오래가는 영향을 미칠 수 있다는 것을 쉽게 믿을 수 없었다.

그리고 누군가가 출생 전의 어떤 일로 인해 수년 뒤에 의학적인 문제가 야기될 수 있음을 알았다 하더라도, 원인과 결과 사이의 긴 시간 간격으로 인해 그 관계를 입증하기 어렵거나 심지어는 산모가 문제의 약물에 노출되었는지를 알아내기 어려울 수도 있다. DES의 경우 책임 소재에 대한 의사들의 두려움이 합성 에스트로겐에 노출된 이들에 대한 어려움에 덧붙여졌다. 어머니의 의료기록을 구해보려고 했던 DES 딸과 아들들은 의사의 진료실을 불과 홍수가 덮쳤으면 좋겠다는 씁쓰레한 농담을 나누기도 한다.

DES 비극의 가장 고통스런 측면은 약이 유산을 예방해 주지도 못했다는 것이다. 1952년까지 최소한 네 가지의 독립된 연구는 습관성 유산을 치료하기 위해 DES로 치료한 여성들이 휴식이나 안정제 등으로 치료한 다른 여성들보다 더 나은 점이 없었음을 보고했다. 1년 뒤 시카고 대학의 닥터 윌리엄 디크만과 동료들은 미국 산과학회 연례회의에서 DES 효과를 저주하는 고발을 했다. 가장 규모가 크고 정교하게 짜여진 연구를 통해 이 팀은 2,000명의 임신한 여성들에게 절반은 DES를 주고 나머지는 똑같이 생긴 위약(placebo), 즉 가짜약을 주었다. 연구자들은 의사들과 환자들 모두 누가 진짜 DES를 먹었는지 모르게 하는 이중맹검법(double blind method)을 써서 편차를 줄이려고 시도했다. 그들의 연구 결과는 분명했다. 이 기적의 약은 임신 결과에 아무런 차이를 보여주지 못했다. DES를 복용한 임신부들에게 유산이 더 적지도, 조산이 적지도, 사산이 적지도 않았다. 설상가상으로 같은 자료를 나중에 분석한 결과는 DES가 유산과 조산, 그리고 사산을 의미 있을 정도로 증가시킨다는 결론을 내렸다.

DES의 효과가 없음을 보여주는 연구에도 불구하고 FDA는 임신중 그 사용을 규제하는 어떤 조치도 취하지 않았다. 그러나 시카고 대학의 연구는 어느 정도 열광에 찬물을 끼얹었으며 몇몇 의사들은 DES의 사용을 중지했다. 그러나 많은 이들은 그러지 않았고 거의 20년간 수십만 명의 여성들이 유산을 막아준다는 희망에서 임신중에 DES를 복용했다.

보스턴 매사추세츠 종합병원에서 암 증례가 늘기 시작했을 때 의사들은 겁에 질렸고 완전히 당황했다. 1966년과 1969년 사이에 그곳의 전문가들은 일곱 증례의 질투명세포암——이는 50세 이하의 여성에서는 거의 일어나지 않는 아주 희귀한 경우였다——을 보았다. 그러나 이 시기에 하버드 의과대학병원에 치료를 문의한 환자들은 모두 15세에서 22세 사이의 젊은 여성들이었다. 보스턴 병원에 이런 환자들이 도래하기 이전에는 세계의 의학 문헌을 통틀어 30세 이하 여성들에서의 이런 증례는 네 개만 보고되었을 뿐이었다.

자궁과 질을 절제하는 가장 근치적인 치료에도 불구하고 젊은 여성의 생명을 항상 구할 수는 없었다. 최초로 이 환자들 중 한 명은 1968년에 18세의 나이로 죽었다.

처음에 하버드 의과대학의 부인과학 교수 닥터 하워드 울펠더는 이 환자들의 어머니 중 한 명이 제기한 문제를 무시해 버렸다. 그녀는 임신중 DES를 먹었다고 말했다. 그것이 딸의 병과 무슨 관련이 있을지도 모른다고 그녀는 생각했던 걸까?

울펠더는 어떻게 이것이 가능한지 이해할 수 없었다. 그럼에도 불구하고 투명세포암에 걸린 딸을 데리고 다음 어머니가 왔을 때 그는 임신중 DES를 먹었느냐고 물어보기로 결심했다. 그녀가 그렇다고 말했을 때 그는 몸이 굳어졌다.

울펠더와 산과의사인 동료 아더 허스트, 그리고 역학자인 데이비드 포스칸처는 왜 이런 드문 암이 이 젊은 여성들에게 갑자기 발생했는지를 설명하는 어떤 공통적인 요인을 찾아 이 환자들의 의무기록들을 조사했다. 마침내 그들은 가능한 실마리를 잡았다. 1971년 4월 22일 그들은 《뉴잉글랜드 의학저널》에 질투명세포암으로 치료받은 여성 8명 중 7명의 어머니는 임신 초 3개월 동안 DES를 복용했다는 보고를 했다.

에바 슈바르츠는 다섯 달 동안 DES와 암의 위험에 관해 안드리에게 이야기할 수 없었다. 안드리가 가을에 대학에 진학하기 직전 그녀는 산부인과 의사에게 딸의 검진을 예약하고 그 소식을 터뜨렸다.

거의 25년이 지나 보스턴 교외의 캔턴에 있는 그녀의 집 부엌 의자에 앉아서 안드리 슈바르츠 골드스타인은 그 대화의 내용들을 다 기억할 수 없었다. 그녀는 단지 그 느낌만을, 태양이 빛나는 해변에서 공포와 불확실성의 소용돌이로 빠져버린 듯한 느낌만을 기억했다. 그녀의 마음은 마구 달려갔다. 그녀는 앞으로 펼쳐진 생에 대해 확신하고 있던 것들을 생각해 보았다. 어쩌면 결혼하기 전에 죽을지도 몰랐다. 어쩌면 아기를 가질 수 없을지도 몰랐다. 그날 자꾸만 그 생각이 되풀이되었다. 〈난 완전한 삶을 살 수 없을 거야.〉

그녀는 그 뒤 4년 동안이나 암에 대한 근심과 싸웠다. 그리고 16살 때부터 만난 친구인 폴 골드스타인과 결혼했다. 다음해 그들은 캔턴에 방 세 개짜리 집을 샀고 안드리는 건강검진 없이 갱신 가능한 생명보험에 가입했다. 그 생명보험은 그녀가 죽을 경우 폴과 어린 아이들을 도울 수 있을 것이었다.

40세인 안드리는 아기 때의 사진에서와 같은 빛깔의 녹색 눈과 금발 머리를 갖고 있었다. DES의 유산으로 인해 육체적 상처만큼이나 깊은 정신적 상처를 갖고 있었지만 여전히 그녀는 매력적인 여인이었다. 때때로 그녀는 절망감과 싸웠다. 그 모든 시간들이 지난 후에도 그녀가 이야기할 때마다 고통은 아물지 않고 생생한 상태로 표면 위를 떠다니고 있었다. 불임전문의사의 조수로 13년을 일한 뒤 그녀는 최근에 간호학 학위를 따러 학교로 돌아갔다. DES는 많은 것을 앗아갔다고 그녀는 회상했다. 그 중에는 근심이 없고 재미 있어야 했을 삶의 시간들도 포함되어 있었다.

출생 전 DES나 에스트로겐에의 노출이 다른 손상도 일으킨다는 많은 동물실험 보고들이 있었지만 의학 전문가들은 질투명세포암과 암으로 진행할 수도 있는 질 조직의 이상에 대부분의 관심을 기울였다.

DES에 의한 보이지 않는 손상이 아이를 갖는 것을 불가능하게 만들 수도 있다는 생각은 안드리에게 떠오르지 않았다. 그녀의 의사들 역시 그런 가능성을 제시하지도 않았다.

안드리는 식탁 위 햇빛 가리개 모자를 쓴 금발 소녀의 사진 옆에 또 다른 사진을 놓았다. 그 사진은 그렇지만 건강하고 정상적인 외모 아래 숨겨져 있던 진실을 드러낸 것이었다. 그녀는 그 X-선 사진을 빛에 비추며 방사선과 의사의 진료실에서 그것을 처음 집어들었던 날을 회상했다. 비서는 그것을 내밀며 의사가 〈내가 본 가장 희한한 자궁〉이란 말을 했다고 전해주었다.

지난 해에 안드리는 자궁외 임신으로 고생을 했는데 그것은 수정란이 자궁에 적절히 착상하지 못한 비정상적 상태였다. 대신에 그것은 난소에서 자궁으로 뻗어 있는 난관에서 자라기 시작하여 난관이 터지는 위험한 상황을 초래, 심각한 대량 출혈이나 사망을 불러일으킬 수 있었다. 안드리가 병원에 실려간 후 의사는 수술을 하여 지혈을 하고 손상된 난관을 잘라냈다. 그녀에게는 하나의 난관이 남았을 뿐이었다.

그 뒤 몇 달 동안 그녀와 폴은 아이를 가지려 시도했지만 소용이 없었다. 그녀는 마침내 불임 전문가를 찾아갔다. 그녀가 DES 딸이라는 것을 알자 의사는 자궁의 특수 X-선 검사를 권유했다. 특수한 조영제와 촬영술로 검사한 DES 딸들 60명 중 40명이 비정상적으로 형성된 자궁을 가지고 있음이 새로이 밝혀졌기 때문이었다.

그의 시선은 여성 생식기의 도식에 자주 쓰이는 거꾸로 뒤집은 서양배 모양의 친숙한 삼각형 공간을 찾아 X-선 사진의 명암을 살폈다. 거기에 자궁으로 짐작되는 것은 아무것도 없었다. 조영제가 들어간 공간은 아무 공간도 없는 좁고 너덜너덜한 관이었다.

안드리는 그가 어떤 달콤한 말도 하지 않았기 때문에 그녀의 주치의를 좋아했다. 그는 그것을 바로 내밀었다. 그녀의 자궁은 〈심하게 잘못된〉 것이었다.

수십 년 전 쥐의 태아에 대한 실험에서처럼 DES는 그녀에게 심각한 생식기 기형을 남겨놓았다.

매사추세츠 종합병원의 팀이 DES와 질암과의 강력한 관련성을 보고했지만 의학과 과학계의 몇몇 이들은 심지어 10년 전의 연구가 초기의 에스트로겐 노출과 나중의 암발생 사이에 관련이 있다는 경고를 했음에도 불구하고 DES가 출생 전 노출된 이들에게 진정으로 질암을 일으킨다는 데 회의적이었다. 1963년 《미국암협회지》에 실린 연구에서 국립 암협회의 병리학자 델마 던은 신생아 때 에스트로겐 주사를 맞은 생쥐에서 다양한 낭종과 암을 비롯한 여러 가지 병적인 변화가 생겼음을 발견했다. 그녀는 그 결과가 〈자연적으로 생기는 호르몬의 해로운 영향에 노출된 미숙 동물의 취약성〉을 보여준다고 경고했다. 던은 암발생 원인의 실마리를 인간 집단에서 찾는다면 〈암을 가진 환자의 출생 전후의 기록을 얻어내도록 모든 노력을 다해야 한다〉고 강조했다. 1년 뒤 같은 저널에 노보루 다카스기와 하워드 번은 출생 직후 에스트로겐으로 처리한 쥐의 질 조직에서 영구적인 변화를 포함하는 이와 유사한 발견을 보고했다. 그들 역시 그 심각한 의미에 대해 경고했다. 〈우리는 출생 직후의 비정상적 호르몬 환경이 이후의 삶에서 중요한 신생물성(암성)의 비정상적 변화를 초래할 수 있다는 점을 과소평가해서는 안된다고 느낀다.〉 이 동물실험들은 사람들에게 경고하는 임상적인 주장을 하고 있었지만 의사들과 제약회사들은 아무런 주의도 기울이지 않았다.

DES가 희귀한 질암을 일으키는지에 대한 논쟁은 1970년대 초 약물과 기타 환경 내 화학물질의 자궁내 전달을 전공한 젊은 연구자 존 맥래츨런이 발달 교란을 일으키는 물질들을 조사하려는 목적으로 새 팀을 구성하기 위해 노스캐롤라이나 리서치 트라이앵글 파크에 있는 국립 환경보건과학연구소에 도착했을 때까지도 들끓고 있었다. DES의 암발생 문제는 발달독물학 그룹이 처음으로 맡은 문제 중 하나였다.

오래전에 이 그룹은 최초의 중요한 발견을 했다. 인간에게도 드문 질암은 생쥐에서는 전혀 볼 수 없었다. 그럼에도 맥래츨런 팀은 DES를 임신한 암컷 생쥐에게 주어 그들의 새끼들에서 질선암을 유도하는 데 성공했다. 그 연구는 최소한 논쟁을 정착시키는 데 기여했다. 그러나 그것은 단지 DES가 DES 자녀들에게서 보이는 다양한 의학 문제들과 비정상들에 대해 책임이 있느냐는 아직도 지속되는 논쟁의 시작일 뿐이었다.

맥래츨런과 동료들은 남자 후손에 대한 DES 효과를 탐구하기 시작했다. 그들은 자궁 속에서 DES에 노출된 수컷 생쥐가 이 합성 에스트로겐에 의해 암컷 형제들과 마찬가지로 손상을 입었음을 뚜렷하게 보여주었다. 이 수컷들은 정류고환, 발육이 멎은 고환, 그리고 정자가 성숙하는 고환 옆에 붙은 기관인 부고환의 낭종 등을 포함하는 다양한 생식기 이상을 가지고 있었다. 그들은 비정상적인 정자를 가져 생식력이 떨어졌고 생식기 종양도 있었다. 연구자들은 DES가 발생중에 호르몬 신호에 어느 정도 간섭한다는 징후를 발견했다. 정상적인 수컷의 발생에 있어 태아의 고환은 여성의 원시 생식기관인 뮐러관을 사라지게 하는 신호를 보내는 화학 메신저를 생산한다. 그러나 DES에 노출된 수컷 쥐는 여성의 생식기관을 그대로 가지고 있다. 1975년 이 팀은《사이언스》지에 출생 전 이 합성 에스트로겐에 노출된 수컷 쥐의 결손에 대한 세부 내용을 담은 주요 논문을 실었다.

맥래츨런이 회상하기에 그때는 흥분과 발견으로 가득 찬 분별 없는 시기였다. 그것은 예리한 날의 과학이었고 그는 거기서 벗어나 있고 싶었다. 그의 팀은 더햄 인근 듀크 대학 의료원의 의사 아더 〈햅〉 해니와 밀접한 관계를 유지하고 있었는데 그는 DES에 노출된 사람들을 치료하고 있었다. 여러 번 되풀이해서 맥래츨런은 쥐에서 무엇인가를 찾았고 발견했는데 해니를 방문했을 때 그 의사는 인간에서도 같은 문제들을 보고 있었다. 가끔 쥐에서의 발견은 같은 것이 인간에게서 나타나기 훨씬 전에 예시되기도 했다. 발달독물학팀은 어머니가 DES를 복용한 소년에게서 정류고환이 발견되기 3년 전에 이것의 가능성을 경고했다.

그들에게서 주목할 만한 암이 나타난 적이 없었기 때문에 DES 아들들은 DES 딸보다 훨씬 적게 연구되었다. 맥래클런과 해니가 쥐의 연구에서 발견되는 손상들과 인간에서 나타나는 문제들 간의 유사성을 반복해서 보고 있었던 반면 광범위한 인간 대상 연구의 부재로 인해 DES 아들들이 산전에 에스트로겐에 노출되지 않은 아이들보다 그런 문제들을 더 빈번히 갖고 있다는 사실을 결정적으로 규명하기가 불가능해졌다. 시카고 대학에서 수행한 대규모 연구는 DES 아들들에서 비정상 정자가 더 높은 빈도로 나타날 뿐만 아니라 정류고환, 고환 발육부전 등이 높은 비율로 나타난다고 보고했지만 다른 연구들은 이런 발견들을 확인하지 못했다. 비록 연구자들은 동물실험에서 그런 관련의 가능성을 숙고하고 있었지만, DES 노출과 고환암과의 관련에 대한 대조적인 연구 결과들 역시 등장했다. 의료계의 관점에서 볼 때 이 문제는 아직 공식적으로 해결되지 않았다.

이런 의학적 회의주의에도 불구하고 많은 DES 아들들은 자주 일어나는 고환암과 불임 등의 DES 손상으로 그들이 고통받고 있음을 확신한다. 릭 프리드먼은 DES가 자신의 인생에 영구적인 낙인을 찍었다고 확신하는 이들 중의 한 명이다.

릭 프리드먼의 젊은 시절은 그다지 건강하지 못했다. 그러나 그는 자신을 괴롭히던 관절염과 건강 문제들을 흔히 있을 수 있는 일이라 무시하며 그럭저럭 살았다. 20대가 되었을 때 그는 결혼했고 그의 아버지가 20년 전에 필라델피아 근교 아드모어에 세운 인터내셔널 팬케이크 상점에서 가업을 이어나갔다. 그러나 한 문제만 없었다면 상황은 달라졌을 것이다. 아이를 가지려고 하다 여러 번 실패한 끝에 프리드먼과 그의 아내 사키는 1987년 불임 클리닉을 찾았다. 검사는 그의 아내뿐만 아니라 그에게도 문제가 있다는 것을 보여주었다. 그는 비정상적인 정자와 적은 정자수를 가지고 있었다.

하지만 그의 늘어나는 질병 목록——만성 알레르기, 17세 때 갑자기 닥쳤던 이상한 관절염, 정류고환, 부고환낭종, 그리고 그와 아내가 아이를 가지지 못하게 만든 불임——이 어떻게든 서로 관계가 있을 거라는 생각이 떠오르지는 않았다. 그리고 1992년 기형의 종양이 생겼다. 그의 문제들이 단일한 원인, 태어나기 전에 일어난 어떤 사실에 뿌리를 두고 있다는 발견은 순전히 우연이었다. 하나의 끈이 이 모든 슬픔과 고통을 하나로 엮을 줄은 정말 예기치 못한 일이었다.

프리드먼이 특정한 위험을 의심했더라면 그렇게 오랫동안 피로와 호흡곤란을 무시하지는 않았을 것이다. 아마도 종양이 〈아이들 축구공만큼이나〉 자라오르기 전에 의사에게 갔을 것이다. 이는 그가 단순한 과로가 아닌 병을 앓아왔다는 소식을 전해주었을 때 의사가 한 말이었다. 31세에 프리드먼은 암과 싸우며 중환자실에 누워 있는 신세가 되었고 폐는 암으로 인해 심하게 손상받았다. 의사들은 단지 1/3의 생존 가능성만을 이야기했을 뿐이었다.

그럼에도 불구하고 그는 도박에서 이겼다. 그는 수술과 네 차례에 걸친 항암 화학요법을 견디고 살아남았다. 프리드먼이 우연히 《맥콜》지를 집어든 것은 간신히 소파에 누워 독서를 할 만한 상태였던 1993년 초의 긴 회복기 동안이었다. 당시 지루한 시간을 보내기 위해 그는 모든 내용을 꼼꼼히 읽어치우고 있었다. 그 날은 유산을 예방하기 위해 어머니가 먹은 약에 자궁에서 노출되어 건강 문제가 생긴 사람들에 대한 기사를 읽기 시작했다.

〈젠장, 내 얘기 같네.〉 자궁에서 DES에 노출된 남자들에서 보고된 문제들을 읽기 시작하며 프리드먼은 생각했다. 비정상적 정자, 관절염을 비롯한 면역계의 이상, 그리고 DES 아들들의 고전적인 증상인 정류고환과 부고환낭종 등이었다. 그는 계속 읽었다. 그 기사는 고환암에 걸린 몇몇 젊은 남성의 사진을 보여주고 있었는데 그들은 이 또한 DES의 유산이라 확신하고 있었다. 그럼에도 DES 아들들에 대한 연구의 부족과 수십 년 전에 임신한 어머니가 약을 먹었는지 알아내기 곤란한 점 때문에 연구자들은 이 관계를 확실하게 규명해 내지 못하고 있었다. 축구공만한 종양은 고환이 아닌 가슴에서 자랐지만 의사들은 릭에게 그것이 고환암과 관련이 있는 배아세포종이라고 말했다.

릭은 그의 예감을 쫓아갔다. 처음에 그의 어머니는 DES라 불렸던 것을 먹었는지 기억하지 못했다. 그러나 그런 일은 드물지 않았다. 한 연구에서 연구자들은 의무기록에서 임신중 DES를 복용했다고 되어 있는 여성들의 29%만이 자신들이 약을 먹었는지 여부를 기억할 수 있었음을 발견했다. 다른 8%는 의무기록이 분명히 남아 있는데도 안 먹었다고 확신하고 있었다. 기억을 더듬어가면서 그의 어머니는 그를 가지기 전에 유산한 경험이 있고 그를 임신한 초기에 유산의 가능성이 있었다고 말해주었다. 〈그래〉, 그녀는 기억했다. 그것은 할머니가 돌아가신 직후였다. 의사는 그녀에게 청구서를 준 다음 알약을 먹게 했다. 그러나 그것이 DES였는지 그녀는 모르고 있었다.

프리드먼은 어머니의 의무기록을 찾기로 결심했고 슬론 케터링 암센터의 연구자들이 경험했던 것과 같은 공포와 마주치게 되었다. 그들은 출생 전 DES 노출과 고환암을 관련시키려 애쓰고 있었다. 그의 어머니의 의사는 이미 죽었고 기록도 사라져버렸다. 어머니가 약을 산 약국은 이사를 갔고 오래된 기록들도 버려졌다. 그가 태어난 병원에서 드디어 의무기록을 볼 수 있었지만 그것은 어머니의 산전 관리에 대해서는 아무런 정보도 담고 있지 않았다.

그러나 프리드먼은 자신이 DES 아들이라는 것을 확인해 줄 기록이 진정으로 필요하지는 않았다. 의료계의 끊임없는 논쟁에도 불구하고 정황증거들은 그의 관점으로는 분명했다. 의학 자료들과 DES 효과에 관한 인간과 동물 연구들을 살펴보며 그는 자신이 DES에 노출된 남성에게서 보이는 한두 가지 문제만을 갖고 있는게 아니라는 것을 알았다. 그는 대여섯 개의 문제를 가지고 있었다. 〈나는 교과서에 실릴 만한 증례다〉라고 그는 결론을 내렸다.

* * *

한편, DES 딸들의 경우 DES가 투명세포암과 생식기 기형의 원인이라는 충분한 증거가 있었다. 이 구조적인 기형들 때문에 DES 딸들은 자궁외 임신과 유산, 조산아를 낳는 경우가 훨씬 더 많았다. 마침내는 아이를 가질 수 있는 DES 딸들이 대다수였지만 빈번한 시도 뒤에도 세 번 임신을 하면 그 중 두 번은 실패로 끝났다.

탈리도마이드의 경우에서처럼 DES 노출의 시점이 용량보다 더 중요했다. 임신 20주에 DES를 먹은 어머니의 딸들은 생식기 기형이 없었지만 임신 10주 이전에 노출된 이들은 질암이나 자궁암이 생길 확률이 훨씬 더 컸다.

이 시점의 문제는 DES가 인간에 미친 영향을 조사하는 이들에게 또 다른 혼란의 요소가 되었다. 임신 초기와 후기에 약을 먹은 이들을 함께 묶어버리면 발생의 중요 시기에 미친 약의 영향의 정도를 가려버릴 수 있었다. 많은 연구들이 시점의 문제를 고려하지 않은 채 DES에 노출된 이들을 단일집단으로 묶어버렸다.

그러나 동물실험은 DES가 생식기계뿐 아니라 뇌와 뇌하수체, 유선, 그리고 면역계에 영구적인 변화를 일으킬 수 있는 영향을 발생중인 태아에게 미친다고 시사한다. 연구자들은 출생 전 그리고 출생 직후 DES나 다른 에스트로겐에의 노출이 발생중인 태아의 에스트로겐에 대한 감수성을 변화시키고 나중에 높은 에스트로겐 수준과 관계 있다고 여겨지는 유방, 자궁, 그리고 전립선 등에 생기는 특정한 암에 더 잘 걸리게 한다는 증거를 발견했다.

생쥐의 면역계에 대한 연구에서 과학자들은 출생 전 DES에의 노출이 Th 세포(T-helper cell) 수를 감소시킴을 발견했다. 이것은 다른 면역세포들에게 협조할 시기를 일러줌으로써 모든 면역반응을 주관하는 면역계의 핵심세포이다. Th 세포의 중요성은 AIDS의 도래와 더불어 최근에 생생하게 제시되었는데 AIDS 바이러스는 이 중심 세포를 못쓰게 만들어 몸이 조화로운 면역반응을 일으키는 것을 불가능하게 한다. Th세포의 전멸은 암으로부터 진균에 이르는 모든 침입자들을 번성하도록 만들고 이것이 AIDS 환자들이 전형적으로 여러 가지 병과 차례로 싸우게 되는 원인이 된다. 또 DES는 체내 방어기구의 중요한 부분인 자연살해세포(NK cell)에 영향을 미친다. 이 세포는 종양세포를 순찰하는 기능을 갖고 있다고 여겨지며 종양세포가 발견되면 전체 면역계에 경고하여 다른 부분으로의 전이를 방지한다. 이 종양 방어기능의 감소를 고려하면 DES에 노출된 쥐의 성체에서 화학 발암물질에 대한 감수성이 증가하며 나이가 들수록 더 많은 암이 생긴다는 것을 발견한 수많은 연구들이 별로 놀라운 일은 아니다.

DES에 노출된 쥐에서 유방과 자궁, 그리고 난소 암의 발생이 보고되었지만 출생 전 DES에 노출된 여성에서 이런 암이 발생하는지 여부에 대해서는 알려진 바가 없다. 그러나 지난 10년 동안 연구자들은 출생 전 DES에 노출된 여성들에서 그녀들의 T세포와 자연살해세포의 기능에서 이와 유사한 영구적인 변화를 보임을 확인했다. 이런 손상에도 불구하고 DES 후손들은 일반적으로는 감염에 더 큰 감수성을 보이지 않는다. 단지 한 연구만이 류머티스열의 증가를 보고하고 있다. 그러나 DES에 노출된 여성들이 하시모토갑상선염, 그레이브스병, 류머티스관절염, 그리고 면역계의 조절이상에서 기인하는 여러 자가면역질환에 더 잘 걸린다는 증거가 늘어가고 있다. 면역계의 결함이 나이가 들면서 늘어가는 것을 보여준 동물실험들에 근거하여 연구자들은 DES에 노출된 사람들이 노인이 될수록 더 많은 면역이상을 경험하게 될 것을 우려하고 있다.

DES는 몸에 그런 것처럼 두뇌에도 극적인 영향을 미칠까? 이것은 아마도 이 원치 않았던 인간 DES 실험으로부터 비롯된 가장 흥미 있는 문제일 것이다. 동일한 방식으로 DES가 인간과 동물들의 신체적 발달을 어지럽힌다는 것은 모든 연구가 알아냈지만 뇌의 발달에 미치는 영향을 고려할 때도 그 놀랄 만한 유사함이 유지되는지는 불분명하다. 여러 연구들은 이 과정이 진행되는 동안 호르몬 균형에 있어서 종들마다 차이가 있음을 발견했으며 이는 설치류에서 인간으로 이 문제를 직접적으로 외삽하는 것을 어렵게 만들고 있다.

뉴크로스 소재 런던 대학 골드스미스 칼리지의 멜리사 하인즈에 따르면 동물에게 있어 DES나 다른 고농도의 에스트로겐에 대한 노출은 〈두뇌의 구조와 행동에 극적이고 영구적인 변화〉를 일으킨다. 골드스미스 칼리지의 연구원인 그녀는 뇌와 행동발달에 미치는 호르몬 효과를 전공했다. 그리고 여기서 또 한번 그 효과는 놀라우며 직관에 반한다. 이상하게 보이겠지만 출생 직전이나 직후에 과잉의 에스트로겐에 노출된 암컷 생쥐나 흰쥐, 햄스터, 그리고 기니피그는 생식 행동에서 좀더 〈남성적인〉 경향을 보인다. 그들은 좀더 자주 다른 동물들을 올라타고 암컷의 짝짓기 자세를 덜 취하려는 경향이 있다. 또한 조기의 에스트로겐 노출은 난투나 미로 학습, 그리고 공격성과 같은 성을 특징짓는 다른 행동에서도 변화를 보여 암컷들로 하여금 보다 수컷처럼 행동하게끔 한다. 적은 양의 에스트로겐이 정상적인 여성의 발달에는 필수적인 것처럼 보이는 반면 많은 양은 남성화를 초래한다. 양서류, 조류, 설치류, 개, 소, 양, 그리고 리서스원숭이 등 다양한 범위의 종을 대상으로 한 실험을 통해 연구자들은 발생중 많은 양의 에스트로겐이나 남성 호르몬 안드로겐에 노출된 암컷은 남성적인 행동이 늘어나고 여성적인 행동은 줄어든다는 사실을 발견했다.

임신중 낮은 용량의 에스트로겐으로 처리한 생쥐가 낳은 수컷 생쥐들에서 과학자들은 오줌으로 영토를 표시하는 영토 확인 행동의 증가와 성체가 되었을 때의 활동성의 증가를 관찰했다. 높은 농도에서는 반대의 효과와 남성적 행동의 저하를 얻었다.

동물 연구는 인간에서의 가능한 효과에 대한 자극적인 문제들을 제기하지만 불행히도 대부분은 신중한 연구가 이루어지지 못했다고 하인즈는 지적한다.

DES 노출과 인간 행동 사이의 관련을 시사하는 최상의 증거는 성적 지향성의 연구에서 나왔다. 이는 어떤 성을 성적으로 더 매력적으로 보는가에 대한 질문이다. 대다수의 남성들은 여성에게 끌리고 대다수의 여성들은 남성에게 끌리는데 이는 생식을 가능하게 하게끔 진화가 만들어놓은 상식적인 장치이다. 그러나 인간의 성행동에 관한 킨제이의 고전적인 연구는 이 차이가 절대적이 아님을 발견했다. 40대 후반과 50대 초반에 대한 킨제이의 조사는 대략 10%의 남자들이 다른 남성에게 끌리고 3-5%의 여성들이 다른 여성에게 성적으로 매력을 느낀다고 보고했다.

하인즈는 DES에 노출된 여성들과 노출되지 않은 그들의 자매 혹은 다른 여성들을 비교한 몇 가지 연구들을 모았고 출생 전 DES 노출과 동성애 혹은 양성애 기질 사이에 관련이 있음을 발견했다. 이 연구들 중 하나에서 연구자들은 병원에 온 여성 60명——30명은 DES에 노출된 사람들이고 30명은 아니라고 생각되나 팝 테스트(자궁경부암검사)에서 이상이 나온 사람(이 또한 DES와 관련이 있다)——을 모아 인터뷰했다. 연구자들은 이 여성들과 면접을 하고 그들의 성적 지향성을 킨제이가 개발한 7단계 지표를 이용하여 평가했다. 팝 테스트 결과가 비정상으로 나온 여성들은 아무도 동성애나 양성애적 성향이 없었는 데 비해 DES 여성들의 24%는 평생 지속되는 동성애나 양성애 기질을 가지고 있었다. 이 연구자들은 또 12명의 DES 딸들을 합성 에스트로겐에 노출되지 않은 자매들과 비교했고 DES 여성들의 42%가 평생 지속되는 양성애 기질을 갖고 있으나 그 자매들에서는 단지 8%였다는 사실을 발견했다. 30명의 DES 노출 여성들과 연령, 인종, 사회적 지위 등을 보정한 30명의 대조군에 대한 두번째 연구는 유사한 차이를 보여주었다. DES 아들들에 대한 지금까지의 연구는 DES가 남자들의 성적 지향성에 영향을 미쳤음을 보여주지는 않고 있다.

또 병원에 온 여성들을 모은 연구팀은 전형적으로 남성과 여성의 차이라 여겨지는 행동 즉 육아, 신체 활동의 정도, 공격성과 범죄 등의 차이를 알아낼 수 있는지 보기 위해 이들을 인터뷰했다. 최초의 연구는 DES 여성들이 육아에 관심을 덜 보였다고 보고했지만 두번째는 DES 노출과 그 관련을 발견하는 데 실패했다. 또 연구자들은 출생 전에 DES에 노출된 남성과 여성들이 불안, 거식증, 그리고 공포장애와 같은 정신과적 질환뿐 아니라 놀랍게 높은 비율의 우울증을 보인다는 것을 발견했다. DES 아들이나 딸들이 그들이 노출되었다는 사실을 몰라도 그런 차이가 나타남을 연구들은 보고했다. DES 노출자들에 대한 일련의 연구에서 여성들의 40%, 남성들의 71%가 집과 직장, 학교에서의 기능을 저해하는 우울증을 경험했고 우울증에 대한 약물치료를 받거나 정신과 상담을 했다.

DES 경험은 많은 교훈을 담고 있다.

이 비극적이고 의도하지 않았던 실험은 화학물질이 태반을 건너가 태아의 발생을 저해하며 수십 년 뒤에까지도 뚜렷하지 않을 수 있는 심각한 영향을 미친다는 것을 보여주었다. 이는 이전에는 알려지지 않았던 의학적 현상이었다. 즉 아이가 사춘기 혹은 성인이 될 때까지 나타나지 않는 〈장기간 지연된 영향〉이다.

이는 겉보기가 늘 진실과 일치하지 않는다는 사실을 경고한다. 사람들은 사지결손과 같은 육안으로 볼 수 있고 즉각적인 선천성 기형뿐 아니라 발생 기간 동안 조직과 세포에 일어난 보이지 않지만 평생 지속되고 생존을 위협하는 피해에 대해서도 걱정하게 되었다.

이것은 발생 도중의 섬세한 호르몬 균형을 깨는 것의 위험성도 극적으로 보여주었다. 또 태아가 얼마나 손상받기 쉬운가와 특히 민감한 중요 단계를 어떻게 거치는지도 보여주었다. 그것은 태아가 작은 성인이 아니라는 사실을 강조했다. 성인에게는 별로 영향이 없는 약물과 화학물질도 빠른 태내 발달 동안에는 태아에게 심각하고 영구적인 피해를 줄 수 있다.

다시 한번 DES 경험은 각 가정에 쥐와 인간의 공통된 운명을 전해주었다. 자궁에서 DES에 노출된 설치류와 인간은 생식기에 동일한 손상을 입으며 이는 포유류뿐 아니라 다른 동물종에도 마찬가지인 것이다. 놀랄 만한 정도로 진화는 수억 년 동안이나 호르몬에 의존하는 배발생을 척추동물 내에서 기본적인 전략으로 유지해 왔다. 자손이 인간이냐, 사슴이냐, 쥐냐, 고래냐, 박쥐냐에 관계 없이 호르몬은 기능적으로 동일한 방식으로 발달을 조절한다.

〈이 종들 사이에는 뚜렷한 차이들이 많이 있습니다〉라고 존 맥래츨런은 지적했다. 〈그러나 성적 발달의 전략은 매우 흡사합니다. 그리고 에스트로겐 효과는 뚜렷하게 유사하지요. 이는 단순하게 들립니다.〉 그는 고찰한다. 〈그러나 내 생각으로 이는 매우 심오한 것입니다.〉

* * *

DES 경험은 DES에 노출된 이들 뿐 아니라 우리 모두에게도 관계 있는 중요한 교훈을 제공했다. 발생에 미치는 DES의 효과는 인체가 인공 화학물질을 호르몬으로 오인할 수 있음을 명백히 보여주었다. 1970년대 중반 연구자들은 살충제 DDT나 케폰과 같은 다른 인공 화학물질이 호르몬 효과들을 보임을 발견하기 시작했다. 맥래츨런과 다른 이들이 이 관찰의 잠재적인 중요성을 인식하는 데는 시간이 필요했다.

5 불임이 되는 50가지 방법

나중에 일으킨 문제들에도 불구하고 DES는 한 가지 측면에서 살아남게 되었다. 그것은 천연 에스트로겐 유사 약물이란 것이었다. 이 사실은 흥미 있는 수수께끼인데 왜냐하면 이 인공의 화학물질이 천연 에스트로겐과는 전혀 구조적으로 유사하지 않기 때문이다. 그런데 어떻게 그것은 호르몬처럼 작용할 수 있을까?

이 문제는 어떻게 외부 화학물질이 신체를 속여 그 자체의 화학 메신저를 저해시키는지에 대한 심오한 신비의 핵심에 놓여 있다. DES가 나타난지 반세기가 지나 과학자들은 DES가 자체의 호르몬 효과 면에서 특이한 것이 아님을 알아냈다. 차례차례로 그들은 호르몬처럼 작용하는 다른 많은 화학물질——인공과 천연 화합물——과 마주쳐 당황하게 되었다. 그리고 점차 세계가 호르몬 저해물질로 가득 차 있다는 인식을 갖게 되었다. 그러나 DES와는 달리 대부분은 작은 정제의 형태가 아니었다.

흥미 있는 우연의 일치로 에드워드 도드가 DES의 합성을 발표한 바로 그 해에 스위스의 화학자 파울 뮐러는 강력한 새 살충제를 발견했다. 그리고 이 두 합성 화학물질은 1938년에 굉장한 갈채 속에서 등장

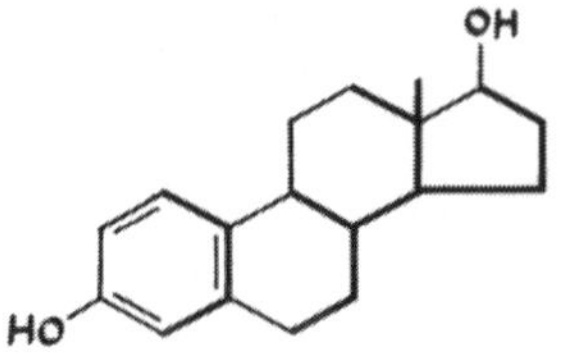
에스트로겐(에스트라디올)

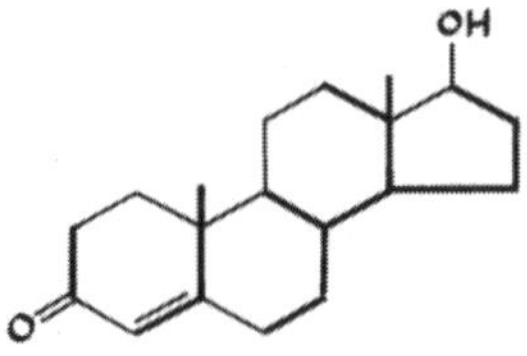
테스토스테론

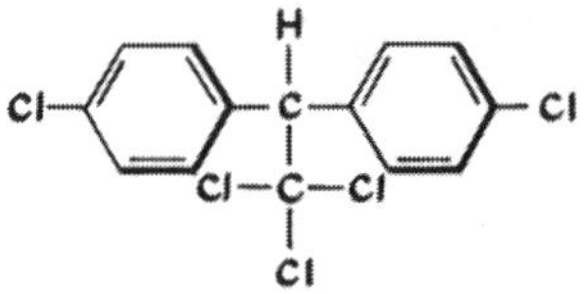
DDT

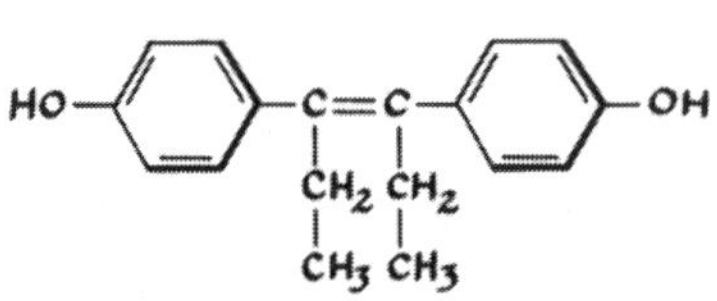
디에틸스틸베스트롤

〈에스트로겐〉이라 총칭되는 천연 여성 호르몬(에스트라디올)과 테스토스테론의 화학 구조들을 살충제 DDT, 에스트로겐 유사효과를 내는 합성 여성 호르몬제제 디에틸스틸베스트롤(DES)과 비교한 그림. 놀랍게도 DDT와 DES는 외양이 전혀 유사하지 않지만 천연 여성 호르몬과 유사한 효과를 보임이 판명되었다.

하였다. DES가 〈놀라운 약〉으로 선전된 것처럼 DDT는 〈기적적인 살충제〉로 칭송을 받았다. 도드는 성호르몬을 합성한 업적으로 기사 작위를 받았고 뮐러는 1948년 노벨상을 수상했다.

이 화합물의 등장 이후 12년이 지나 시라큐스 대학의 연구자들은 두 물질이 깊은 유사성을 공유함을 발견했다. DDT는 곤충들을 죽이려고 개발되었지 약이나 합성 호르몬으로 쓰려는 것은 아니었지만 그것을 어린 수탉에게 주사했을 때 에스트로겐 효과를 나타내는 것처럼 보였다. DDT로 처리된 수컷은 심하게 고환 발달이 저해되었고 볏도 충분히 자라지 않았다. 이 결과를 고찰하면서 베를루스 프랭크 린드만과 대학원생 하워드 벌링턴은 DDT의 화학구조가 DES과 유사함을 지적했다.

이 두 합성 화학물질이 서로 얼마나 닮았든지 간에 이 사기꾼들은 몸

스스로가 만든 에스트로겐이나 다른 스테로이드 호르몬과는 많이 닮지 않았다. 스테로이드 호르몬족은 일반적으로 화학구조나 기능에 따라 나눈 세 호르몬 그룹 중의 하나이다. 신체의 끊임없는 내부 대화를 수행하는 스테로이드 호르몬들은 모두 네 개의 고리에 기초한 공통적인 구조를 공유하고 있다. 남성과 여성 호르몬인 테스토스테론과 에스트로겐은 엄청나게 다른 효과를 가지고 있지만 화학구조 면에서 보면 뚜렷하게 흡사하다. 남성과 여성으로 갈라지는 운명은 여기저기 붙은 원자에 달려 있다. 대조적으로 DDT와 DES는 두 개의 고리 배열을 가지고 있다. 이 배열과 에스트로겐의 배열의 차이는 화학을 전혀 배운 적이 없는 사람에게조차 분명하다. 구조에 근거하여 이 합성 화학물질들을 스테로이드 호르몬족으로 오해함은 불가능하다.

그러나 아직 완전히 이해되지 않은 어떤 이유들로 신체는 이들을 진짜로 오인한다.

존 맥래츨런이 손에 든 플라스틱 모형은 색칠한 풍선껌의 덩어리처럼 보인다. 그것은 작은 이탈리아빵 같은 크기와 모양을 하고 있다.

DES에 대한 첫번째 탐구를 시작한 지 거의 20년이 지나 맥래츨런은 국립 환경보건과학연구소의 자기 사무실 탁자 가장자리에 앉아 〈화학 메신저 101 과목〉(신체가 호르몬을 통해 어떻게 의사를 전달하는지에 대한 기초 과정)을 강의하고 있다. 많은 과학 교사들처럼 그는 과장의 재주와 은유에 대한 편향을 가지고 있다. 그는 확립된 설에서 그의 관점을 제시하는 데로 자동적으로 옮아간다. 이는 단순한 과학 이야기가 아니라 흥미 있는 소설이다. 즉 침입자들과 기꺼이 어울려 평판이 나빠진 에스트로겐 수용기의 이야기이다. 어떤 과학자들은 이것을 〈난잡(promiscuous)〉이라 부른다.

이 플라스틱 모형은 난소에서 만들어져 혈관으로 흘러들어가는 세 가지 주요 에스트로겐의 한 형태인 에스트라디올을 엄청나게 확대한 것이다.

회색 곱슬머리와 흑단처럼 반짝이는 명랑한 검은 눈을 가진 50세의 맥래츨런은 손으로 컵 모양을 만들어 보인다. 이것이 자궁, 유방, 두뇌, 간 등 신체의 여러 부위의 세포 내에서 발견되는 특별한 단백질인 에스트로겐 수용기이다. 수용기는 화학 메시지, 이 경우에는 에스트로겐을 난소로부터 받아 휴대폰이 공기 중에서 무선신호를 잡아내는 것처럼 혈액 속에서 신호를 잡아들인다. 한 수용기가 돌아다니는 모든 화학신호를 받아들이지는 않는다. 휴대폰처럼 그것은 자신에게 향하는 신호만을 받아들인다.

몸에는 수백 종의 서로 다른 수용기가 있고 각각은 특별한 종류의 화학신호를 위해서 설계되어 있다. 어떤 것은 갑상선으로부터만 메시지를 받는데 이것은 좀더 많은 산소를 소비해서 열을 내게끔 세포에 신호를 보낸다. 다른 것들은 혈압을 유지하고 스트레스에 대응하게 하는 부신을 향한 것이다. 뇌의 시상하부는 혈액 속의 호르몬 수준들을 모니터하기 위한 모든 종류의 수용기를 가지고 있으며 조절이 필요할 때는 호르몬을 만드는 샘에 신호를 보낼 수 있다. 그리고 〈고아(orphan)〉 수용기로 알려진 완전히 신비에 싸인 수용기들도 있는데 이것들은 과학자들이 아직 밝혀내지 못한 메시지를 위한 것이다.

각 호르몬들과 그 특정 수용기들은 끌어당기게끔 〈만들어져〉 있는데 과학자들은 이를 〈높은 친화성〉이라 부른다. 그들이 만나면 서로 끌어당겨 〈결합체〉라 알려진 분자 덩어리를 형성한다.

맥래츨런은 플라스틱 모형을 허공에서 움직여 스타트렉의 우주선이 훨씬 더 큰 모선에 돌아가는 것처럼 에스트라디올이 수용기의 홈에 어떻게 들어가는지를 보여준다. 호르몬 분자는 마구 뻗어나간 수용기들에 비하면 매우 작다.

그들은 자물쇠와 열쇠처럼 맞아 떨어지며 일단 결합하면 세포핵으로 하여금 그 호르몬과 관련된 생물학적 활동에 〈불이 들어오게〉 한다.

수용기에 미치는 합성 화학물질들의 효과

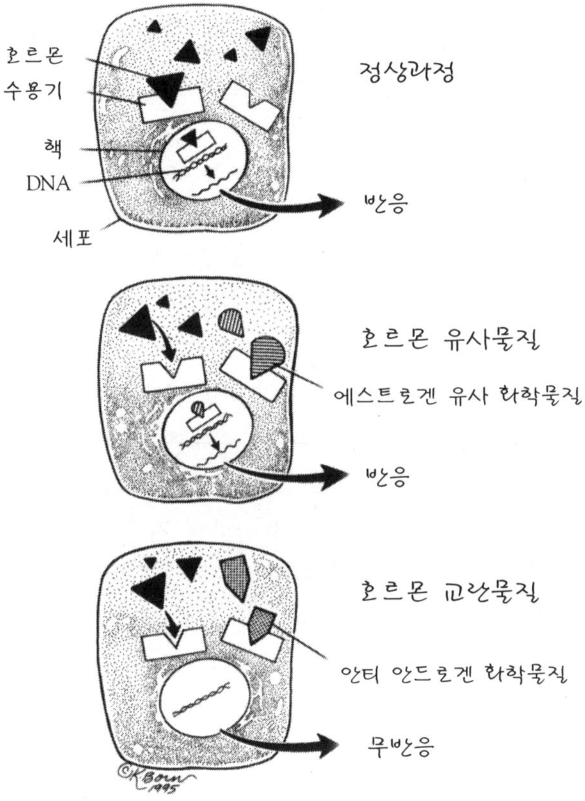

호르몬과 그 수용기들은 〈열쇠와 자물쇠〉 메커니즘에 의해 서로 결합한다. 정상적인 상태(맨 위)에서 자연 호르몬은 수용기와 결합하여 핵의 유전자를 활성화하여 적절한 생물학적 반응을 일으킨다. 호르몬 유사물질(가운데) 역시 수용기와 결합하여 반응을 이끌어낸다. 호르몬 교란물질(아래)은 반응을 유도하지 않고 자연 호르몬이 수용기와 결합하는 것을 방해한다. 환경으로 방류되는 어떤 합성 화학물질들은 호르몬 유사물질이나 교란물질처럼 기능하여 세포 활동을 왜곡시킬 수 있다. 수용기 결합 부위를 놓고 경쟁하거나 그 자리를 차지하는 그런 화합물들은 세포의 반응 정도를 결정한다.

이 호르몬과 수용기 결합체는 특정 단백질의 생산을 개시하는 유전자를 겨냥한다. 그래서 에스트로겐이 자궁의 수용기와 결합하면 그것은 자궁의 내벽을 증식하게 한다. 에스트로겐은 생리주기 전반에 이런 현상을 일으켜서 주기 중간에 배란되는 난소가 수정되는 경우에 대비하여 자궁을 준비시킨다.

이 열쇠-자물쇠 비유는 신체가 호르몬을 통해 의사소통을 하는 방식에 대한 이론을 지배하여 왔다. 내분비학 교과서에서는 아직도 수용기가 화학구조를 매우 잘 구별하여 의도한 호르몬이나 아주 비슷한 화합물과만 결합한다는 단순한 진술을 찾아볼 수 있다. 일반적인 경우에서 이 이론은 진실이지만 사실은 에스트로겐 수용기뿐 아니라 다른 호르몬 수용기의 경우에서도 상당히 복잡하고 예측 불가능함이 판명되고 있다.

도드와 동료들이 합성 에스트로겐을 개발했다고 발표했을 때 그들은 어떻게 DES가 체내에서 호르몬과 유사하게 기능할 수 있는지 이해하지 못했다. 그들은 단순히 경험적으로 그것이 기능한다는 것만을 알았다. 25년이 흘러서 다른 연구자들이 그 화학 메시지를 받아들이는 수용기를 발견했고 마침내 DES를 유효하게 만드는 것이 무엇인지를 이해하게 되었다. 그것은 어떻든 스스로를 이 에스트로겐 수용기로 밀어넣는다.

이를 설명하면서 맥래츨런은 DES 분자 모형을 상상으로 만든 수용기의 홈으로 집어넣는다. 그것은 기꺼이 DES를 진짜로 알고 받아들인다. 놀랍게도 이 인공 화학물질은 신체의 진짜 에스트로겐인 에스트라디올보다 내분비계를 더 효과적으로 움직이게 한다.

아마도 더욱 중요한 것인데, 연구자들은 이 합성 화학물질이 발달을 저해할 가능성이 있는 지나친 에스트로겐 노출로부터 발달중인 태아를 보호하는 메커니즘을 방해한다는 사실을 발견했다. 어머니와 태아의 혈액에는 혈액 속을 순환하는 거의 모든 에스트로겐을 잡아들여 수용기에 결합하지 못하게 하는 특별한 단백질이 있다. 그러나 이 단백질——성호르몬 결합 글로불린으로 불린다——은 DES를 인식하지 못하며 따라서 그것과 결합하지 못한다. 결과적으로 혈액 속의 에스트로겐중 일부만이 자유로우나 DES는 거의 모두가 생물학적으로 활성이다. 이 보호물질이 다른 인공 호르몬 유사물질도 인식하여 잡아들일 수 있는지는 해결되지 않은 문제이나 이것들이 순찰을 그만둘 수도 있음을 시사하는 증거가 있다. 만약 사실이라면 불행한 일인데 왜냐하면 태아로 하여금 손상에 더 취약하게 만들기 때문이다. 에스트로겐 유사 화학물질에의 과잉 노출을 억제하는 이 방어 메커니즘의 결여로 인해 겉보기에는 매우 낮은 호르몬 유사물질도 해를 입힐 수 있다.

호르몬 유사물질의 상대적인 강도는 또 다른 고려사항이다. 대부분의 호르몬 유사물질은 DES나 에스트라디올보다 덜 강력한데 그것은 에스트로겐 수용기와 단단히 결합하지 못하기 때문이다. 그래서 어떤 과학자들은 이 〈약한〉 에스트로겐이 문제를 일으킬 만큼은 강력하지 못할 것이라고 제안했다. 약한 에스트로겐의 효과를 연구한 뛰어난 과학자인 하워드 번은 그렇게 낙관적이지 않다. 번은 버클리 소재 캘리포니아 대학의 비교내분비학자이며 실험적 DES 연구의 주요 인물이다.

〈진짜 문제는 발생중인 기관의 특별한 민감성입니다〉라고 번은 말한다. 그것은 빠른 발달 과정을 겪기 때문만 아니라 그 호르몬 수용기가 성체와 같은 구별 능력이 없기 때문에 특히 취약하다. 〈약한 에스트로겐과 강한 것들 사이에는 별다른 차이를 볼 수 없습니다.〉

생쥐를 가지고 한 실험에서 번은 소위 약한 에스트로겐이 성체보다 태아에게 더욱 강한 효과를 가진 것처럼 보인다는 사실을 발견했다. 성체에서 무엇이 일어나든 이 화학물질이 태아에게 무슨 일을 일으킬지 알려주는 단서는 될 수 없다고 번은 강조한다.

천연 에스트로겐이 조 단위로 잴 만큼의 낮은 농도에서 기능한다는 사실을 기억하는 것이 중요하다. 대조적으로 소위 약한 에스트로겐은 인간의 혈액과 체지방 내에서 수십억분의 일 혹은 수백만분의 일 단위의 농도로 존재한다——이는 천연 에스트로겐보다 수천에서 수백만 배 높은 농도이다. 비록 오염물의 농도가 아주 극미하다 해도 전혀 아무런 영향도 못 미치지는 않는다.

1960년대 중반 처음으로 알려진 이래 급격히 성장한 호르몬 수용기에 대한 이해는 왜 DES와 다른 호르몬 저해물질이 놀랄 만한 범위의 종들에 유사한 영향을 미치는지를 밝혀주었다. 고전적인 진화론의 설명은 지구상 생명의 역사에 새로운 고안과 변화를 강조했지만 진화에는 강력한 보존적 성향도 있었던 것이다. 상당히 많은 것들이 수억 년에 걸쳐 변하지 않은 채 유지되어 왔는데 특히 내분비계와 같은 기본적 요소일 경우에 그랬다.

서로 다른 동물의 호르몬 수용기를 연구할수록 과학자들은 수백만 년에 걸친 변화의 부재에 놀랐다. 거북이나 쥐 혹은 인간에서도 내분비계는 에스트로겐 수용기에 결합하는 화학적으로 동일한 에스트라디올을 생산한다. 거북이뿐 아니라 인간에서도 유사한 에스트로겐 수용기의 발견은 체내 의사소통기구가 호르몬에 기반을 두고 있으며 수용기들은 척추동물의 진화 초기에 나타난 고대의 적응 현상임을 시사한다. 과학자들은 거북이가 오늘날의 포유류가 나타나기 오래전인 2억 년 전의 파충류 조상으로부터 거의 변하지 않았다고 믿고 있다.

수용기에 대한 연구가 DDT나 DES 같은 유사 화학물질이 에스트로겐 수용기와 결합함을 보여주었지만 수용기가 그것들을 기꺼이 받아들이는 이유는 사실 알려져 있지 않다. DDT와 DES 사이의 유사성은 과학자들로 하여금 그들이 이 현상을 설명할 수 있는 공통된 구조를 발견할 수 있다는 기대를 하게 했지만 호르몬 유사물질의 신비는 그런 단순한 설명을 허용하지 않았다. 당혹스럽게도 그들은 에스트로겐 수용기가 놀랄 만큼 다른 구조의 화학물질과 결합함을 발견했다. 천연 에스트로겐과는 거의 닮지 않은 기구로도 열리는 자물쇠라는 것인데 이는 망치가 열쇠라는 것과 마찬가지다. 더욱 혼란스럽게도 렌치도 망치처럼 작용하는 것이다.

게다가 DDT는 단지 최초의 놀라움이었다. 미국의 과학자들이 이 살충제를 닭에게 준 것과 대략 비슷한 시기에 멀리 떨어진 대륙의 완전히 다른 분야에 종사하던 과학자들은 전혀 뜻밖의 장소에서 또 다른 에스트로겐 유사물질과 마주쳐 당황하게 되었다.

1940년대 초반은 오스트레일리아 서부 퍼스 남쪽의 부드럽게 구비치는 언덕에서 양을 키우는 업자들에게 특히 전망이 좋은 때였다. 3년간 계속해서 특별히 날씨가 좋았고 좋은 날씨와 함께 목초들은 푸르게 무성하여 양들은 예외적으로 긴 시간 동안 풀을 뜯어먹을 수 있었다. 그 지역의 목축업자들에 따르면 양들은──잘생기고 튼튼한, 섬세하고 광택이 나는 양모를 생산하는 메리노종인데──그렇게 좋아보일 수가 없었다.

그러나 모든 것이 최상으로 보였을 때 이상한 전염병이 무리를 휩쓸기 시작했다. 그것은 불임증이었다. 최초의 징후는 사산되는 양의 갑작스런 증가였다. 그리고는 임신한 암양들이 분만을 하지 못했다. 새끼양들은 죽었고 종종 어미도 죽었다. 매년 문제는 심각해져 마침내는 아무리 교배를 시켜도 대부분의 암양들이 전혀 수태를 하지 못했다. 5년이 지나자 교배 프로그램은 싸늘하게 식었고 그 지역의 목축업자들은 파산에 직면했다. 양들의 장난치는 소리가 없자 봄은 진정 봄처럼 보이지 않았다.

주 농업 전문가들뿐 아니라 연방 과학자들까지 동원된 집중적인 연구 끝에 연구자들은 불임의 원인을 독이나 질병 혹은 유전적 원인에서 찾을 수 없다고 최종적인 결론을 내렸다. 원인은 클로버였다.

15년 전 양목업자들은 지중해 원산 클로버의 일종을 그들의 천연 목축지를 개선시키기 위해 파종하기 시작했다. 이 클로버 종자는 그 지역의 기후에 잘 맞았고 짧은 시간 내에 그 지역 목축지의 생산성을 크게 증가시켰다. 하지만 이 클로버는 처음에 연구자들이 꼭집어낼 수 없는 어떤 이유로 인해 이상한 생식 질환을 일으켰는데 연구자들은 이를 〈클로버 질환〉이라 불렀다.

이 현상에 대한 최초의 과학 논문은 1946년 《오스트레일리아 수의학 회지》에 실렸지만 불임의 원인으로 의심이 가는 세 화학물질을 분리해내는 데는 그로부터 몇 년이 더 걸렸다. 그러나 마침내 연구자들은 이 화학물질 중 하나인 포르모노네틴이 범인임을 밝혀냈다. 이 천연 화합물은 양의 위장에서 분해되어 DES나 DDT처럼 에스트로겐의 생물학적 효과를 나타낸다.

놀랍게도 식물의 진화는 도드가 연구실에서 DES를 합성하기 훨씬 전부터 에스트로겐 유사물질을 합성해 왔고 그것도 한두 종류가 아닌 여러 종을—현재까지 20종이 알려져 있다—만들어냈다. 오늘날까지 연구자들은 이 에스트로겐 유사물질을 16종의 다른 식물군에 속한 최소한 300종의 식물에서 발견했다. 이 목록은 전 세계적으로 식용으로 쓰이는 많은 것들을 포함하고 있으며 우리가 선호하는 약초와 향신료들도 들어 있다. 호르몬 유사물질은 파슬리, 세이지, 마늘, 밀, 귀리, 보리, 쌀, 콩, 감자, 당근, 완두콩, 강낭콩, 알팔파 순, 사과, 체리, 자두, 그리고 석류 심지어는 커피와 버본 위스키에도 들어 있다. DES와 DDT처럼 이 식물성 화합물들은 에스트로겐 수용기와 결합할 수 있다.

오스트레일리아의 클로버가 학회지에 실린 유일한 천연 호르몬 유사물질이라면 그것은 진화상의 요행으로 대수롭지 않게 여겨졌을 것이다. 그러나 많은 다양한 식물종들 사이에서 에스트로겐 유사물질의 출현은 이것이 우연이 아님을 시사한다.

그러면 식물들은 왜 에스트로겐을 만들까?

〈식물들은 스스로를 보호하는 먹는 피임약을 만듭니다〉라고 생식기계에 미치는 호르몬 유사물질의 영향을 연구하는 과학자인 클로드 휴는 말한다.

식물들은 도망쳐서 포식자로부터 몸을 피할 수 없기 때문에 놀랄 만큼 다양한 방어 방법을 개발해 냈다. 어떤 것은 나쁜 냄새가 나거나 나쁜 맛이 나고 혹은 독을 만들어낸다. 다른 것들은 불쾌한 가시가 있거나 이파리에 소화가 되지 않는 성분을 가지고 있다. 곤충이 공격할 때면 많은 식물들은 곤충을 죽이거나 포식을 멈추게 하는 화학 병기를 만들고, 혹은 곤충의 성장 호르몬 유사물질을 만들어 성장을 방해한다. 전형적으로 이 성장 저해는 곤충을 불임으로 만들어 문제가 되는 곤충의 개체수를 줄인다.

휴는 식물이 피임약을 만들 수도 있다는 가정을 탐구하면서 이것이 실제적으로 식물이 의존하는 방법이라는 이론과 일치하는 증거들을 발견했다. 그들은 이파리들을 호르몬 활성물질로 장식함으로써 자신들을 먹고 사는 동물들의 생식력을 억누른다. 휴의 이론에 의하면 클로버병은 단순히 불행한 가축의 비극이 아니라 미묘하고 알려지지 않았던 식물의 자기 방어 형태이다. 에스트로겐 유사물질을 만드는 식물은 동물과 인간이 음식으로 좋아하는 맛있는 것들이지 썩은 맛이 나는 화합물이 든 불쾌한 것들이 아니라는 점을 그는 지적한다. 이는 또 다른 방어전략이다.

휴는 노스캐롤라이나 윈스턴살렘의 웨이크포레스트 대학 보먼그레이 의과대학의 생식내분비학 전문가이다. 그는 의사면허와 뇌와 호르몬들과의 상호작용을 연구하는 신경내분비학에서의 박사학위를 가지고 있다. 그는 예과 학부생일 때 식물생리학을 연구했다. 그는 또 농부의 아들이며 노스캐롤라이나에 있는 자신의 농장에서 양을 키운다. 그래서 그는 이 임무에 직접적인 경험을 가지고 있다.

식물이 그들을 먹어치우는 동물들의 생식력을 억제시킬 수 있는 화학물질을 만들어낼 수 있다는 생각은 뇌에 미치는 마리화나의 영향에 대한 박사논문을 쓰고 있던 중 처음으로 휴의 뇌리에 떠올랐다. 인간은 그 속에 포함된 화학물질이 뇌에 작용하여 기분과 지각을 변화시켜 고양 상태를 유발시키기 때문에 오랫동안 마리화나를 약으로 이용하여 왔다. 그러나 휴와 다른 이들이 발견한 바와 같이 이 화학물질은 기분 좋은 몽롱한 상태를 유도해 내는 이상의 일을 한다. 그들은 다양한 방식으로 생식에 간섭하는 것이다. 대마초 흡연자를 황홀하게 하는 같은 물질이 고환에 작용하여 테스토스테론의 합성을 줄이고 뇌에 작용해서 황체 호르몬의 분비를 억제한다. 이는 여성의 배란과 남성에서의 테스토스테론 생성을 유도하는 물질이다. 마리화나가 심하게 중독된 남자들을 여성화시킨다는 연구 보고들도 있었다.

휴의 연구는 마리화나가 호르몬 프롤락틴에 간섭하는 방식에 초점을 맞추었다. 이 호르몬은 뇌에서 나와 모유를 생산하라는 신호를 보낸다. 마리화나를 투여한 엄마쥐들은 젖이 나오지 않았고 새끼들은 굶어 죽어갔다. 휴는 나중에 내분비계와 생식을 통괄하는 호르몬들에 미치는 식물성 에스트로겐의 영향에 대한 연구로 옮겨갔는데 이는 전인미답의 영역이었다.

그런 방어전략으로 인해 식물은 논리적으로 수컷보다는 암컷을 겨냥하게 되는데 왜냐하면 포식자의 생식은 생식력 있는 암컷의 수에 의해 결정되기 때문이라고 그는 설명한다. 예를 들어 한 식물이 한 놈만 제외하고 모든 수컷들의 생식력에 손상을 입혔더라도 그 유일한 수컷은 전체 암컷을 수정시킬 수 있다. 그러나 암컷 한 마리가 수정을 하게 되면 한두 마리의 새끼 양만을 낳을 수 있는 것이다.

에스트로겐 유사물질을 함유하고 있는 식물들은 이 전략에 완전히 부합하는 계절적인 유형에 따라 이를 생산한다. 클로버는 에스트로겐성 화합물을 봄의 새싹에 최고농도로 저장하며 토끼나 양이 이 부드러운 싹을 우적우적 씹어 상처를 줄 때에 상처입은 부위에서 더 많은 에스트로겐을 내어 더 많은 용량을 끊임없이 뜯어먹는 포식자들에게 보냄으로써 보복한다.

고전 문헌을 통해 보건대 사람들은 오래전부터 어떤 식물들이 피임 능력을 가지고 있음을 알고 있었다. 노스캐롤라이나 주립대학의 역사학자 존 M. 리들은 고대의 여성들이 임신을 막고 유산을 시키기 위해 다양한 종류의 식물들을 사용했다고 보고했다. 이들 중에는 오늘날 멸종된 큰 회향풀인 실피움도 들어 있다. 연구자들은 회향풀속의 많은 식물들이 에스트로겐 유사물질이나 다른 호르몬 활성물질을 생산한다는 사실을 확인했다. 또한 고대인들은 야생 당근도 사용했는데 현재 〈앤 여왕의 레이스〉로 알려진 아름답고 널리 퍼진 잡초인 이 풀은 기원전 4세기에 살았던 그리스 의사 히포크라테스가 유사한 작용을 한다고 기술했다. 그 씨앗이 프로게스테론을 저해하는 화학물질을 함유하고 있음을 여러 연구들이 보여주었는데 이것은 임신을 유도하고 유지하는 데 필수적인 호르몬이다.

석류는 그리스 신화와 그 산아제한 효과 양쪽에서 중심적인 역할을 수행한다. 신화에 따르면 풍요의 여신 데메테르의 딸 페르세포네가 지옥의 왕 하데스를 방문하던 중 아무것도 먹어서는 안 된다는 말을 들었지만 그녀는 이에 따르지 않고 석류를 먹었다고 한다. 그 벌로 신들은 그녀에게 일 년의 한 철은 지하세계에서 보내도록 했으며 이로 인해 지상은 페르세포네가 봄에 돌아올 때까지 겨울의 황량함을 겪어야 했다. 리들은 그리스인들이 석류를 피임약으로 사용했다고 말하며, 여기서 또 한번 여러 연구들은 그것이 현대의 제약회사 공장에서 만든 경구 피임약처럼 작용하는 식물성 에스트로겐을 함유하고 있음을 발견했다.

그렇게 많은 식품에서의 에스트로겐 화합물의 출현은 중요한 문제를 제시한다. 이 물질들은 인간의 건강이나 태아의 발달에 해가 되지 않을까?

이 질문에 대한 단순한 해답은 없다. 에스트로겐 유사물질을 함유하는 식물은 어떤 경우에는 유용하고 다른 경우에는 해가 된다고 조지아

주 애틀란타 소재 에모리 대학 생식 생태학 및 환경 독물학 연구소에서 일하는 인류학자 패트리샤 휘튼은 말한다. 과학자들은 이제 막 식물 에스트로겐과 식품에 있는 이 에스트로겐 유사물질이 우리에게 미치는 영향을 탐구하기 시작했으며 그래서 기초적인 질문들——실제로 얼마나 많이 섭취할까 등의——은 아직 미해결인 채로 남아 있다. 인간은 다양한 식품을 먹기 때문에 우리가 우려할 정도로 많은 양을 먹는지는 불분명하다. 더욱이 용량 문제는 호르몬과 관련해서는 근본적으로 어려운 문제다. 연령과 성별, 그리고 호르몬의 상태에 따라 같은 용량도 엄청나게 다른 영향을 가질 수 있다. 남자냐 여자냐, 혹은 갱년기 이후 여성이냐 가임여성이냐, 어른이냐, 아이냐, 아니면 자궁 속의 태아냐에 달린 문제이다.

휘튼은 새끼 쥐에 대한 식물 에스트로겐의 노출이 성체가 되었을 때 생식능력에 장애를 일으킴을 발견했다. 그녀의 실험에서 엄마 흰쥐들은 해바라기 씨앗과 기름, 알팔파 순에 있는 식물 에스트로겐인 쿠메스트롤을 먹었고 젖을 통해 새끼들에게 물려주었다. 쥐들은 인간보다 상당히 덜 발달된 채 태어나므로 생후 며칠 동안 인간 태아가 자궁 안에서 겪는 발달단계를 거친다.

이 실험에서 새끼들은 DES 실험에서처럼 심각한 생식기 장애나 생식관의 신체적 기형을 보이지는 않았다. 그러나 그들의 생식력을 약화시키는 충분한 변화의 증거들을 보여주었다.

〈우리는 뇌의 성적인 차이를 변화시켰다고 생각합니다〉라고 휘튼은 그 실험에 대해 말한다. 암컷들은 배란을 하지 않고 불임이 되었는데 그들의 뇌가 배란을 유도하는 호르몬에 반응하지 않았기 때문이었다. 이는 그들이 남성화되었음을 시사한다. 반대로 수컷들은 여성화되어 교미 자세와 사정을 덜하게 되었다. 쥐에 대해서는 생후 10일이 성적 행동과 관련된 두뇌 발달의 중요 시기이다.

그러나 출생 직후나 어린 시절에 발달을 저해하는 똑같은 음식이 성인에게선 질병을 예방할 수도 있다. 예를 들면 콩처럼 식물성 에스트로겐이 풍부한 식품이 유방암과 전립선암 등을 예방한다는 증거는 식물성 에스트로겐에 대한 엄청난 과학적 관심과 새로운 연구의 불을 당겼다. 많은 연구들이 에스트로겐들을, 체내에서 자연적으로 발견되는 것이라도 암과 연관을 지어왔고 여성의 생활에서 노출된 시간이 많을수록 위험도 높음을 시사해 왔다. 연구자들은 식물 에스트로겐이 몸에서 만들어지는 천연 에스트로겐들보다 약하기 때문에 보호 효과가 있다는 이론을 세운다. 그들이 유방에 있는 에스트로겐 수용기들을 점거하여 에스트라디올을 대신한다면 에스트로겐에 대한 평생 노출 정도를 줄인다는 것이다.

식물과 그것을 먹는 동물들과 인간들은 긴 진화상의 역사를 공유해 왔다는 사실을 명심해야 한다고 휴는 말한다. 수많은 세대에 걸쳐 가장 민감한 개체들은 에스트로겐 함유 식물을 먹고 초기부터 불임이 되어 집단에서 사라져갔다. 최소한 몇 마리 후손이라도 남길 수 있던 놈들은 일종의 저항력을 지니고 있었다. 이런 진화상의 선별은 개체의 차이 때문에 일어난다.

DDT가 에스트로겐처럼 기능한다는 발견은 1950년대에는 단지 하나의 흥미거리처럼 보였다. 그러나 불행히도 그것은 특별한 현상이 아니었다. 지난 반세기 동안 이 기적의 살충제를 만들어낸 화학회사가 호르몬을 저해하는 일단의 합성 화학물질들을 만들어냈던 것이다. 우리는 이 위협, 즉 세계가 호르몬을 저해하는 합성 화학물질들로 충만해 있다는 사실을 조금씩 알게 되었다.

화학공장의 노동자들이 살충제 케폰에 노출된 이후 극단적으로 적은 정자수를 나타냈을 때 DDT가 에스트로겐 유사 효과를 일으키는 유일한 합성 화학물질이 아님이 명백해졌다. 다른 것들이 곧 이 목록에 추가되었다. DDT처럼 이 합성 화학물질들은 약물이나 호르몬 유사물질로 쓰려 한 것이 아니었다. 그것들은 실험실의 화학자들에 의해 수확을 위협하는 곤충들을 죽이고 제조업체에게 플라스틱과 같은 새 재료를 공급하기 위해 발명된 것이었다. 그러나 의도하지 않게 화공학자들은 생식력과 태아를 위험에 빠뜨리는 화학물질을 창조했다. 설상가상으로 우리는 무의식중에 그것들을 전 지구 표면에 뿌려대고 있다.

얼마나 많은 인공 화학물질이 체내 화학 메시지를 망쳐놓을까? 그 누구도 제2차 세계대전 이후 생산된 수만 종의 합성 화학물질들을 체계적으로 검사해 보지도 못했다. 지금은 금지된 케폰처럼 그들 중 많은 수가 우연히 발견되었다.

오늘날 연구자들은 최소한 51종의 합성 화학물질이——그들 중 많은 것들이 환경 속에 산재해 있다—— 한 가지 혹은 그 이상의 방식으로 내분비계를 교란하고 있음을 확인했다. 어떤 것은 DES처럼 에스트로겐을 흉내내지만 다른 것들은 테스토스테론이나 갑상선 호르몬 대사와 같은 내분비계의 다른 부분을 간섭한다. 이 호르몬 저해제 무리에는 PCB류로 분류되는 209종의 화합물, 75종의 다이옥신, 그리고 135종의 퓨란 등이 포함되어 있고 이들은 숱하게 기록된 교란 효과를 가지고 있다.

호르몬 교란 화학물질에 대한 대부분의 논의는 분명 DDT, PCB, 그리고 다이옥신에 초점을 맞추고 있지만 그들이 유일하거나 가장 심각한 위협이기 때문은 아니다. 그들이 주의를 끈 것은 그것들이 우연히, 과학자들이 연구한 유일한 호르몬 교란물질이기 때문이다. 전체적인 이야기와는 거리가 먼 것을 인정하지만 그러나 이 잘 알려진 사례들은 더 커다란 문제들을 예시하기 때문에 그것들은 이 책에서도 상당한 주목을 받게 될 것이다. 이 문제의 규모는 아직도 불분명하나 호르몬 교란물질의 목록을 감시해 온 이들은 점점 더 발견의 시대가 끝나려면 아직 멀었다고 생각하고 있다. 〈상당히 많은 수가 더 있을 겁니다〉라고 존 맥래츨런은 말한다.

호르몬 교란 화학물질의 수가 쌓일수록 클로드 휴는 인간이 이 합성 화학물질에 대한 진화의 역사를 결여하고 있음을 강조하며 우려한다. 이 인공 에스트로겐 유사물질은 근본적으로 식물 에스트로겐과는 다르다고 그는 지적한다. 몸은 천연 에스트로겐 유사물질을 분해하고 배설할 수 있지만 많은 인공 화합물들은 정상적인 분해 과정에 저항하며 체내에 쌓여 인간과 동물로 하여금 강도는 낮지만 장시간의 노출에 처하게 한다. 이런 만성적인 호르몬 노출은 우리의 진화 경험상 전례가 없는 일이며 이 새로운 위협에 대한 적응은 수십 년이 아닌 수천 년의 문제인 것이다. 그는 인구집단 중 일정 비율의 사람들은 감수성이 있을 것이라고 걱정한다. 그는 그 후 수년 동안 딸과 아들, 손자들을 걱정해 왔다. 이 아이들이 그들 중의 하나라면? 그들이 이놈을 먹었기 때문에 아이를 못 낳는다면?

아주 많은 천연 에스트로겐이 이미 자연에 존재하기 때문에 호르몬을 교란하는 합성 화학물질에 대해서 걱정할 필요가 없다고 성급한 결론을 내리는 사람들도 있다. 이런 종류의 논쟁은 발암물질에 대한 논쟁에서도 늘 있어 왔던 일이다. 몇몇 연구자들이 발암물질이 산업 공정을 통해서뿐 아니라 자연적인 과정을 통해서도 생산된다는 사실을 발견했는데 이는 대부분의 보통 사람들을 절망적인 혼돈에 빠지게 만들었다. 많은 이들은 단지 어깨를 흠칫하고는 모든 것이 암을 일으킨다면 걱정할 게 뭐냐고 말한다. 그러나 이런 경우에는 천연과 합성 호르몬 유사물질의 근본적인 차이를 인식하는 일이 중요하다. 많은 인공 호르몬 유사물질들은 천연 화합물보다 더 큰 해를 끼치는데 왜냐하면 그들은 체내에 수년씩 남아 있는 데 비해 식물성 에스트로겐은 하루면 체내에서 배설되기 때문이다.

천연이냐 인공이냐에 관계 없이 모든 호르몬 교란 화학물질에 주의해야 할 이유가 있다. 인간은 수백만 년 동안 식물에 들어 있는 호르몬 유사물질들에 적응해 왔음은 사실이다. 그러나 우리가 그런 화합물들과 공존하는 방법을 진화시켰다고 해서 이것이 그들의 무해함을 의미하지는 않는다. 식물이 그것들을 만들어내는 이유를 잊어서는 안 된다. 우리 조상들은 회향풀, 야생 당근, 그리고 석류를 산아제한과 유산에 이용함으로써 이 강력한 화학물질로부터 이득을 얻었다. 자연적으로 생성되는 호르몬 유사물질조차 태아나 어린 새끼의 발달을 교란시킬 수 있다. 식물 에스트로겐의 발달에 미치는 효과에 관한 연구에 근거하여 휴는 에스트로겐 화합물이 풍부한 콩을 넣은 이유식의 장점에 대해 보다 포괄적인 연구가 끝날 때까지는 의문을 제기한다.

어떤 과학자들은 호르몬 교란 화학물질을 동정하기 원하는 반면 다른 이들은 그것이 가질지도 모르는 위험성을 탐구한다. 노스캐롤라이나 리서치 트라이앵글 파크에 있는 미국 환경보호국(EPA) 보건영향연구소의 컴컴한 실험실에서는 한 슬라이드 필름이 중복된 성선을 비롯한 모든 종류의 성적 혼란을 보여주는 쥐의 생식기들을 화면에 비추고 있다. 조종기를 쥐고 있는 남자는 생식독물학자인 얼 그레이인데, 그는 어떻게 화학물질이 성적 발달을 저해하는가에 대한 연구를 업으로 하고 있다. 그는 합성 화학물질이 호르몬을 혼란시키는 모든 방법들을 기술하고 자궁 속에서 노출된 새끼들에게 미치는 영향을 보여준다. 그의 매혹적이지만 마음을 심란하게 하는 슬라이드쇼는 약간 개사한 폴 사이먼의 노래 제목을 떠오르게 한다. 〈당신의 생식력을 잃을 50가지 방법——혹은 그 이상——이 있어요.〉

그는 마치 암컷처럼 보이는 수컷 쥐의 복강을 보여주는 사진에서 잠시 멈춘다. 그레이는 쥐의 하얀 털가죽 위로 삐져나온 분홍빛 젖꼭지들을 가리킨다. 이 가계의 수컷 쥐들은 젖꼭지가 있으리라고는 여겨지지 않았다. 이 수컷 쥐들의 성적 발달은 왜곡되었는데 왜냐하면 그들의 어미가 임신중에 빈클로졸린(과일에 핀 곰팡이를 죽이는 데 널리 쓰인다)에 노출되었기 때문이다. 빈클로졸린은 미국의 어린이들이 흔히 먹는 식품들에서 종종 발견된다.

빈클로졸린은 DES나 다른 에스트로겐 유사물질만큼 극적으로 발달 저해를 일으킨다. 그러나 다른 방식으로 참사를 일으킨다. 무엇보다도 먼저 그것은 안드로겐 수용기를 목표로 하는데 에스트로겐 수용기보다는 남성호르몬 테스토스테론을 겨냥한 것이다. 다른 유사물질들처럼 이 화학물질도 수용기와 결합하지만 그들과는 달리 테스토스테론에 의해 정상적으로 촉발되는 생물학적 반응을 일으키지는 않는다. 대신에 빈클로졸린은 수용기를 차단하여 테스토스테론 신호가 전달되지 못하게 한다. 이것은 마치 휴대폰의 무선신호에 잼이 생겨서 계속 통화중인 것처럼 되어 의도한 메시지가 전달되지 못하는 것과 같다. 이 테스토스테론 신호가 없으면 수컷의 발달은 제궤도를 벗어나 소년은 소년이 되지 못한다. 대신에 그들은 모호한 상태에서 꼬여지며 여기서는 남성으로도 여성으로도 기능하지 못한다. 이는 학술적인 용어로 〈간성(intersex)〉 혹은 〈반음양(hermaphrodite)〉으로 불린다. 이 용어는 고대의 조각가들이 남성 성기에 여성 유방을 가진 모습으로 새긴 헤르마프로디테 신의 이름에서 비롯된 것이다.

그레이와 그의 동료 윌리엄 켈스는 최근 도처에 산재하며 인체 내에서 가장 자주 발견되는 DDT의 분해산물인 DDE가 안드로겐 차단물질로 작용함을 발견했다. 빈클로졸린처럼 그것은 안드로겐 수용기와 결합하여 신체의 고유신호가 전달되지 못하게 한다. 그레이는 사람들이 생각하는 것보다 환경 안에 훨씬 더 많은 안티안드로겐이 있으며 곧 발견될 것이라고 믿는다.

그레이는 종종 무시되는 요점을 지적하려고 애쓴다. 에스트로겐 유사물질은 단지 한 가지 방식의 호르몬 교란물질일 뿐이며 그것도 성적 발달과 생식력에 대한 위협들 중의 하나일 뿐이다. 너무나 자주 호르몬 교란 화학물질의 위협은 단지 에스트로겐 유사제의 문제로만 보여진다. 이는 이해할 만하다. DES 경험 때문에 과학자들은 20년 이상이나 세포 수준에서의 활동으로부터 자궁에서의 노출이 인간에게 미치는 평생에 걸친 영향에 이르기까지 모든 것을 기술할 때에 에스트로겐 수용기와 결합할 수 있는 인공 화학물질들을 연구해 왔다. 어떤 잠재적 위험을 논할 때에도 DES는 주 참조사항이다. 그것이 기능하는 방식이 명백하기 때문이다.

에스트로겐 수용기의 성질은 에스트로겐 유사물질이 많은 주목을 받게 된 또 다른 이유이다. 과학자들은 에스트로겐 수용기가 조응하는 모든 외래 화학물질에 공통적인 단순한 구조적 특성을 발견할 수 없었다. 다만 그들은 이 분자들이 〈편평한 구조〉를 하고 있다는 사실만을 어렴풋하게 말할 뿐이다. 그러나 에스트로겐 수용기가 엄청나게 다른 구조를 가진 많은 화학물질들과 결합한다는 사실은 그대로 남아 있다.

유방암을 둘러싼 논쟁에서의 정치학이 또한 에스트로겐을 중심 무대에 올려놓았다. 에스트로겐 노출이 유방암의 위험을 높이기 때문에 연구자들은 유방암 발생률과 유방 조직, 그리고 다른 체지방에 쌓인 에스트로겐성 화합물들 간의 관계를 탐구하여 왔다. 어떤 채식주의자 그룹은 제2차 세계대전 이후 매년 1%씩 꾸준히 증가하는 유방암의 배후에 대한 주된 용의자로 합성 화학물질을 지목했다.

그러나 그렇게 에스트로겐에만 좁게 국한시키는 것은 위험하다고 EPA 보건영향연구소의 환경 독물학자 린다 번바움은 경고한다. 에스트로겐은 복잡하게 통합되어 있는 내분비계의 단지 한 구성 분자일 뿐이고, 합성 화학물질들은 에스트로겐과 관련된 과정을 어지럽히기보다는 다른 부분을 더 공격한다고 그녀는 말한다. 스트레스 호르몬을 생산하는 부신은 인공 화합물에 의해 다른 어떤 기관보다 더 손상을 받으며 그 뒤를 갑상선이 따른다. 어떤 계의 한 부분에 입은 손상은 그 신체의 다른 계에도 영향을 준다. 유방암이 에스트로겐성 살충제와 연관될 수 있다면 그것은 다른 종류의 호르몬 저해와도 연관될 수 있다. 예를 들어 번바움은 갑상선 호르몬 저하가 에스트로겐 노출 증가와 마찬가지로 유방암과 관련이 있다고 지적한다.

중요하긴 해도 에스트로겐과 그 수용기 메커니즘은 내분비 저하의 전체 모습과는 거리가 멀다. 인공 화학물질은 모든 종류의 호르몬 신호를 어지럽히고 심지어는 수용기와 결합하지 않고도 이 전달 체계를 저해할 수 있다. 휴대폰에 신호가 잡히지 않을 때 문제가 꼭 전화기에만 있는 것은 아니다. 신호를 대륙에서 대륙으로 연결시켜 주는 통신위성이나 신호를 보내는 송신기 등 시스템의 다른 어딘가에 문제가 있을 수도 있다.

〈에스트로겐 유사성의 용어로만 생각하다 보면 핵심을 놓칠 수 있어요〉라고 얼 그레이는 경고한다.

예를 들어 다른 커다란 부류의 살진균제인 피리미딘 카르비놀족을 구성하는 물질들은 우선 스테로이드 호르몬의 생산을 저해하며 생체신호가 전달되지 못하게 한다. 재미 있게도 그들은 스테롤이라 불리는 지방 화합물의 합성을 억제함으로써 진균의 성장을 억제하는 것과 똑같은 방식으로 호르몬 생산에 간섭한다. 진균은 이 지방 물질을 세포막을 만들기 위해 필요로 하며 이것이 없으면 생장을 멈추게 된다. 인간과 다른 포유류들은 이 동일한 화학물질인 콜레스테롤로부터 스테로이드 호르몬을 합성한다.

에스트로겐 수준을 저해하는 것으로 알려진 일단의 화학물질들 내에서조차 다른 메커니즘이 작용할 수 있다. DDT는 호르몬 수준을 높이는 고전적인 에스트로겐 유사물질로 여겨지지만 이는 신체에 미치는 영향 중의 하나일 뿐이다. 그레이에 의하면 인체와 동물의 체지방에 가장 오래 남아 있는 DDT의 형태인 DDE는 반대 효과를 나타낸다. DDE는 호르몬의 분해와 배설을 촉진함으로써 호르몬을 고갈시켜 신체가 에스트로겐뿐 아니라 테스토스테론 및 다른 스테로이드 호르몬들도 부족하게 만든다. 이것은 비정상적으로 낮은 호르몬 수준을 유발할 수 있다. 발생중인 태아는 호르몬 수준에 극단적으로 민감하기 때문에 너무 낮은 것도 너무 높은 것 못지 않게 파괴적이다.

반면 호르몬 유사물질이나 교란물질로 기능하지 않는 외부 화학물질들도 호르몬을 분해하고 배설하는 생리적 과정에 간섭함으로써 신체의 호르몬 수준을 높일 수 있다. 어떤 화학물질은 이 과정에 관련된 효소를 비활성으로 만든다고 샌디에이고 소재 캘리포니아 대학의 효소 학자인 마이클 베이커는 말한다. 예를 들어 어떤 화학물질이 에스트로겐을 분해하는 효소의 활동에 간섭한다면 수용기에 결합할 수 있는 에스트로겐의 양을 늘려 수용기와 결합하지 않고도 간접적으로 에스트로겐 효과를 상승시킨다. 신체의 반응만 가지고 사람들은 이것을 호르몬 유사물질로 잘못 여길 수 있다.

얼 그레이의 관점에서 보면 호르몬 교란 화학물질에 대한 동물 연구는 인간에게도 명백하고 즉각적인 관련이 있다. 좀더 광범위한 환경논쟁에서 어떤 이들은 한 화학물질에 인간과 동물이 가끔 다르게 반응한다는 이유를 들어 합성 화학물질의 발암 위험도를 흰쥐 연구를 통해 평가하는 일의 가치에 의문을 제기해 왔다. 그러나 호르몬 교란물질에 대한 동물 연구의 사용은 불확실성이 덜하다고 그레이는 설명한다. 왜냐하면 과학자들이 발생에 간여하는 호르몬의 역할을 발암 과정에서 일으키는 생물학적 과정들보다 더 많이 이해하고 있기 때문이다. 게다가 인간과 동물들이 호르몬 교란 화학물질에 대해서는 대개 같은 방식으로 반응한다는 증거들이 있다. 이용가능한 인간 자료와 실험 동물에서 나타난 효과들은 〈완전한 상등관계〉를 보인다. 얼 그레이는 확신을 가지고 단도직입적으로 다음과 같이 쓰고 있다.

〈우리는 이 과정에 대해 많은 것을 압니다. 우리는 그것이 화학물질에 의해 변화될 수 있음을 압니다. 당신들이 동물 연구에서 본 영향들을 심각하게 받아들이는 것은 중요한 일입니다.〉

6 지구의 종말

석 달 이상의 어둠과 희미한 여명의 날들이 지나고 마침내 태양이 지평선 위로 솟아올라 북극권 노르웨이 스발바르 군도 위에 높이 떠서 콩쇠야 섬에도 봄이 오고 있음을 알려주었다. 금세 낮은 길어졌고 바다표범들은 바다로 나아가 해변에 가까운 빙하의 눈더미 위에 둥지를 틀기 시작했다. 북극곰들은 한 마리씩 깊은 눈더미 아래 있는 그들의 굴에서 일어났다. 새끼를 밴 암컷들만이 겨울 동안 동굴 속에서 웅크리고, 임신하지 않은 암컷들과 수컷들은 대부분의 겨울을 일년 내내 스발바르 주변을 둘러싸고 있는 빙산 위를 멀리 떠돌며 보낸다.

북위 79° 그린랜드 동쪽에 자리한 나무 한 그루 없는 바위투성이의 콩쇠야 섬은 커다란 백곰에게는 보육원 같은 곳이다. 임신한 암컷들은 종종 보겐 계곡을 벗어난 섬의 남쪽 경사면에 겨울 보금자리로 새끼굴을 판다. 거기서 긴 겨울밤 동안 동면을 하며 1파운드 정도의 새끼곰을 낳아 몇 달 동안 젖을 먹여서 봄에 20파운드의 젊은 곰으로 키워 내보낸다.

남쪽으로 1,200마일 떨어진 오슬로에서는 북극곰 연구자 외스타인 비그가 자연사 박물관의 따뜻한 사무실에서 나와 십여 마리의 임신한 스발바르 곰들에게 표지를 붙이고 있다. 이 곰들에 대해서는 춥고 어둡고 멀리 떨어진 북극권 탓으로 많은 것들이 수수께끼로 남아 있다. 그러나 이제는 헬리콥터와 인공위성 등 현대 기술의 발달로 비그와 같은 과학자들이 베일에 싸여 있던 이 생명들을 추적할 수 있게 되었다. 스발바르의 현지 조사에서 그는 암곰들에게 무선 발신기를 달아주었는데 이것은 인공위성에 신호를 보내 비그에게 정보를 전해준다. 3월에 곰이 굴을 떠나면 비그와 조수들은 새 어미곰들을 쫓아 스발바르로 향하며 이 군도를 돌아다니는 2천여 마리의 곰들에 대해 더 많은 것을 알아낸다.

다른 연구자들이 이미 알아낸 것을 기초로 하여 비그는 최소 12마리의 겨울잠을 자는 암곰들이 새끼를 낳을 것이며 대부분은 두 마리를 낳을 거라고 추정했다. 그러나 놀랍게도 1992년에는 단지 5마리의 암곰만이 새끼를 데리고 그들의 굴을 나섰다.

단지 한 해의 낮은 출생률은 우려할 만한 이유가 못 된다. 왜냐하면 암컷의 성공적인 출산은 얼음 상태, 기후, 먹이 공급, 그리고 곰 집단의 밀집도 같은 여러 조건에 달려 있기 때문이다. 스발바르에서 암곰들이 처음 새끼를 낳는 나이가 지난 십 년 동안 한 살씩 늘어났기 때문에 비그는 곰 집단이 가능한 먹이 공급능력에서 한계에 이르렀다고 생각했다. 그러나 수태의 실패는 노르웨이 연구자들이 북극곰의 체지방에서 발견한 것으로 미루어보면 우려할 만한 것이었다. 스발바르는 아주 외지고 원시적인 곳이었지만 그곳의 곰들은 PCB 같은 공업 화학물질, 살충제 DDT, 그리고 야생동물의 생식을 저해한다고 알려진 다른 인공 화학물질들로 심하게 오염되어 있었다. 비그와 동료들은 마취제 화살을 쏘아 산 곰으로부터 지방을 수집했다. 일단 곰이 움직이지 못하게 되면 비그는 무선 발신기를 달고 사과 속처럼 생긴 기구로 지방을 얻었다.

어떤 스발바르 곰들은 90ppm의 PCB를 지방에 가지고 있었는데 이는 일반적인 기준으로는 미미한 것이었지만 생물학적으로는 유효한 용량이었다. 감소중인 바다표범 집단을 연구하는 이들은 70ppm의 PCB가 면역 저하와 자궁 및 난소로부터 난자를 수송하는 난관의 기형 등 암컷에게 치명적인 문제들을 일으키기에 충분함을 발견했다. 그러나 이 바다표범들은 네덜란드 인근의 바덴 해에 살았고 그곳에서는 산업 폐수가 라인-뫼즈 강 어귀를 따라 유럽으로부터 수십 년 동안이나 흘러들었다. 하지만 스발바르는 지구의 끝에 있고 도시나 화학공장, 농장, 하수처리장으로부터는 수백 마일이나 떨어진 곳이었다.

이 놈들은 어디서 왔으며 어떻게 북극의 황무지에까지 떠돌게 되었을까?

PCB가 어떻게 전 지구에 퍼져 모든 생물의 체내 지방으로 들어갔는지에 대한 이야기는 합성 화학물질 시대의 역사에서 가장 흥미있고 교훈적인 한 장이 될 것이다. 호르몬 교란물질로 확인된 51종의 합성 화학물질 중에 PCB를 포함한 최소한 절반은 〈잔류〉 물질이어서 해가 없도록 만드는 자연 분해 과정에 저항한다. 이 수명이 긴 화학물질은 여러 해, 수십 년, PCB의 경우에는 수세기 동안이나 남아 태아에게 지속적인 해를 미친다.

1929년에 도입된 PCB는 자연 어디에도 없는 수만 종의 화학물질들을 마침내 합성하게 될 유능한 화공학자들에게는 최초의 거대한 산업적 성공작이었다. 화공학자들은 바이페닐이라 알려진 두 개의 육각형 벤젠 고리에 염소 원자를 추가함으로써 PCB를 창조했다. 이 교묘한 조작의 결과는 집단적으로 중합 염화바이페닐, 즉 PCB로 알려진 209종의 화학물질족이었으며 이는 대단히 유용한 화합물임이 곧 드러났다.

초기의 평가에서 PCB는 많은 가치에 비해 결점이 없는 것처럼 보였다. 그것들은 비인화성이면서 아주 안정한 화합물이었다. 당시의 독성검사는 어떤 위험도 확인하지 못했다. 유용성만큼이나 안전성을 확신한 스완 화학회사는 1935년에 몬산토 화학회사의 일부가 되었고 곧 이

제품을 생산하여 시장에 내놓았다.

건물 내의 변압기에 비인화성 냉각재료를 써야 한다는 연방 규제의 시행과 더불어 PCB는 곧 전기 산업에서 지속적인 주요 시장을 발견했다. 다른 산업 분야에서는 PCB를 윤활제, 유압액, 절삭유, 그리고 액체 접착제로 사용했다. 곧 이 화학물질은 일반 소비재에서도 용도를 발견하여 가정으로 들어갔다. 즉 비인화성 인조목재와 플라스틱을 만드는 데 쓰였다. 콘돔을 보존하고 보호했다. 치장벽재로 된 바람막이를 만들었다. 페인트와 와니스, 잉크, 살충제의 성분이 되었다. 돌이켜보면 그것들을 상업적인 성공으로 이끈 바로 그 특성 때문에 그것이 가장 심각한 환경오염물질 중의 하나가 되었음이 명백하다.

PCB가 전에 믿었던 것처럼 그렇게 안전하지 않다는 것을 시사하는, 작업자들에 미치는 독성 효과가 1936년 초에 나타나기는 했지만 PCB는 이 기적의 화학물질에 대한 심각한 의문이 공중에게 제기되기까지 36년간이나 시장을 차지했다. 그동안 제작자들은 꾸준히 새로운 용도를 찾아내고 있었다. 1957년부터 1971년까지 제지회사들은 PCB를 비탄소 묵지를 만드는 데 사용했는데 이는 복사기가 널리 쓰이게 된 시대 이전에 타자수들로 하여금 묵지를 사용하지 않고도 문서를 복사할 수 있게 해주었다.

PCB가 광범위한 오염물질이라는 사실을 처음 알아차린 사람은 덴마크 태생의 화학자 쇠렌 엔센이었다. 1964년에 엔센은 스톡홀름 대학 분석화학 연구소에서 일하고 있었는데 인체 혈액 내의 DDT 농도를 측정하려 할 때 이상한 화합물과 마주쳤다. 그것이 무엇이었든간에 엔센은 그가 보는 곳마다——30년 전 수집한 동물 표본, 연안 해수, 아내와 어린 딸의 머리카락 등에서 그 물질을 발견했다. 1935년 채집한 야생동물 표본에도 이 수수께끼의 오염물질이 있었다는 사실은 그것이 제2차 세계대전 이후에야 널리 쓰인 염소계 살충제가 아님을 시사했다. 엔센이 그 합성 오염물이 PCB족이라는 것을 확인하는 데는 그로부터 2년이 더 소요되었다. 옌센의 발견은 1966년 영국의 과학잡지 《뉴 사이언티스트》에 처음 보고되었다.

다른 과학자들이 PCB들을 찾기 시작하자 그들 역시 도처에서, 즉 흙, 공기, 물, 호수의 진흙, 강물, 강어귀, 바다, 새, 물고기, 그리고 다른 동물들에서 그것들을 발견할 수 있었다. 화학자들은 주변 환경으로부터 채취한 표본을 분석할 때면 되풀이해서 그들의 가스 크로마토그래피 차트에 보이던 알 수 없는 피크에 대해 오랫동안 의문을 품어왔다. 이 피크는 DDT에 의해 생긴 것과 유사한데 어떤 화학물질의 존재를 시사하지만 옌센이 독일 생산업자들이 제공한 화학 표본을 이용하여 비교하기 전까지는 그 오염물이 무엇인지 몰랐다. 결국 그들은 답을 찾아냈는데——PCB였다.

10년 뒤인 1976년 미국은 PCB의 생산을 금지시켰고 다른 공업국들도 그 뒤를 따랐다. 그러나 그 반세기 동안 세계 곳곳의 합성 화학공장은 대략 34조 파운드의 PCB를 생산했으며 대부분은 회수되기 전에 환경 속에 퍼져나갔다. 게다가 금지는 이미 존재하는 PCB에는 미치지 못하여 트랜지스터, 전자 저울, 그리고 작은 부품 등의 한정된 용도로는——오늘날까지——계속해서 쓰이고 있다.

어떻게 북극곰의 몸속에 있는 PCB가 생산된 곳에서 스발바르 군도까지 퍼져갔는지를 정확히 알아내기란 불가능하다. 그러나 지난 20년 동안의 연구들을 통해 과학자들은 PCB가 생태계를 통해 장거리를 이주하는 방식에 대해 상당한 이해를 쌓게 되었다. 이 지식에 기초하여 각 PCB 분자들의 여행을 상상할 수 있다. 우리가 기술하게 될 여행의 경로와 사건들은 가정이지만 그 개요는 역사적인 설명과 과학 연구들에 기반을 두고 세워진 그럴 듯한 시나리오이다.

상상적인 우리의 PCB 분자——염소 원자의 배열 때문에 PCB-153으로 과학자들 사이에 알려진 화학물질이다——는 제2차 세계대전이 끝난 직후 출발하기도 전에 이미 지구 둘레를 한 바퀴 돌았다. 1930년대 PCB 시장이 성장할 때에 몬산토 화학회사는 앨러배마의 애니스턴에 있는 공장에서 생산을 확장했으며 거기서 염소의 특정한 형태와 바이페닐, 그리고 쇳밥을 섞어 가열하여 PCB를 만들어냈다. 1947년 봄에 애니스턴 공장의 작업자들은 54% 염소를 함유한 일단의 PCB들을 만들었다. 염소 가스가 가열한 바이페닐 사이를 부글거리며 통과할 때 탱크 속에서는 한 분자의 바이페닐당 6개의 염소 원자가 결합했고 PCB-153이 생겨났다. 알칼리로 씻어내고 새로 만든 PCB를 정제하기 위한 증류를 거친 뒤 몬산토 화학회사는 아로클로르-1254라는 상품명으로 이 화합물——PCB-153뿐 아니라 다른 PCB족의 물질도 함유된 것——을 팔았다.

거의 반세기가 지난 후 그 봄날에 만든 PCB들은 상상할 수 있는 모든 곳에서 발견 가능했다. 즉 뉴욕의 불임 병원에서 시험중인 인간의 정자, 최상급 철갑상어알, 미시간에서 새로 태어난 아기의 피하지방, 남극의 펭귄, 동경의 횟집에서 파는 참치회, 캘커타에 쏟아지는 몬순 빗물, 프랑스의 젖먹이 엄마의 모유, 남태평양을 헤엄치는 향유고래의 지방, 잘 익은 브리 치즈, 여름 주말에 마르타의 포도농장에서 낚아올린 잘생긴 줄무늬농어 등이다. 대부분의 잔류 합성 화학물질처럼 PCB는 세계 여행자이다.

북극에 사는 흰곰의 체내에 정착한 우리의 상상 분자 PCB-153은 아마 최초의 여행을 기차로 했을 것이다. 공장에서 만들어진 지 몇 주 후에 화물열차는 뉴욕 주에서 아로클로르-1254를 적재하고 제너럴 일렉트릭(GE) 변압기 공장이 있는 매사추세츠 주를 향하여 출발했다.

전신주의 사방에 붙어 있는 이 금속 용기들은 발전소에서 고전압선을 통하여 각 가정의 전등, 라디오, 진공청소기, 냉장고 등 20세기의 새롭고 놀라운 가전제품들에 전력을 보내는 막 성장하는 그물망의 핵심 부품이었다. GE사의 매사추세츠 주 피츠필드 공장에서 만들어진 변압기는 송전선의 고전압을 전구와 다른 가전제품이 필요로 하는 저전압으로 바꿔주었다.

GE사의 입장에서는 PCB들이 가연성이 늘 문제였던 축전지와 변압기의 이상적인 단열 냉각제였다. PCB는 불이 붙지도 타지도 않았으므로 이 새 합성물질이 개발되기 전에 변압기에 쓰이던 가연성 오일에 대한 안전한 대체물질이었다. GE사는 피츠필드 공장에서 제조한 아로클로르와 오일을 함유한 피라놀이라 불린 변압기용 자체 재료를 개발했다.

전후의 경제부흥기에 변압기와 다른 가전제품에 대한 수요는 끝을 모르는 것처럼 보였다. 미국은 귀국한 미군들을 위해 가능한 한 빨리 새 집을 지었고 이 집들은 새 전기용품과 점점 늘어나는 전기 공급을 필요로 했다. PCB 분자들이 환경 내로 달아나게 이끈 일련의 사건들을 정확히 추적하기란 매우 어려운 일이지만 우리들은 다음 단계의 여행이 피츠필드에서 일어났음을 상상할 수 있고 공장의 이전 근로자들과 공식기록으로부터 한 전형적인 여름날에 어떤 일들이 일어났는가를 재구성해 볼 수 있다. 그 여름에 피츠필드의 생산라인은 완전 가동중이었고 공장 저장고의 피라놀은 오래 남아 있지 못했다. 6월의 찌는 듯한 어느 날 작업장에서 한 노동자가 지하 파이프로 저장 탱크에 연결된 호스를 끌고갔다. 방금 만든 변압기의 마지막 검사를 마치자 그는 밸브를 열고 꼭대기까지 피라놀로 채웠다. 며칠 뒤 새 변압기 속에 밀봉된 우리의 PCB-153은 기차로 남쪽을 향해 실려갔다.

텍사스 서부의 빅스프링 시에 있는 정유시설 역시 그 해 여름, 전후 경제부흥기를 맞이하여 떠들썩한 분위기였다. 폭발적으로 늘어나는 교외의 통근자들이 새 차와 이를 움직일 휘발유를 필요로 했기 때문이다. 시의 작은 정유화학회사들 중 하나가 가능한 한 빨리 새로운 정유시설을 건설하려고 움직였지만 이 계획은 계약자들이 주문한 전기 장비의 도착을 기다리는 동안 몇 달 가량 연기되었다. 마침내 7월에 GE

사로부터 정유공장으로 부친 변압기 선적이 도착했다. 일주일이 지나 PCB-153 분자를 담은 변압기는 새로운 장비들에 대한 제어실이 들어 있는 건물에 설치되어 작업에 들어갔다.

한 달도 지나지 않아 빅스프링에는 8월의 폭풍우가 몰아쳐 대기를 천둥소리로 가득 채웠고 짧고 격렬한 폭풍우가 치는 동안 번개가 정유소의 변전소를 비롯한 몇몇 장소를 때렸다. 이 엄청난 힘이 제어실 인근의 그 변압기를 치자 그것은 망가졌고 건물은 어두워졌다.

다음날 아침 정유소의 시설유지 책임자가 변압기의 덮개를 벗겨내고 손상을 살펴보았다. 엉클어지고 구부러진 코일을 본 그는 수리를 하기로 결심하고 직원 중 한 명에게 설비에서 떼내어 쓰레기장 옆으로 치워 두라고 시켰다. 지시를 받은 시설반원은 변압기를 주차장으로 끌고갔다. 그가 변압기를 기울였을 때 내용물이 흘러나와 주차장의 붉은 먼지들로 스며들었고 PCB-153은 미끈미끈한 진흙 속으로 미끄러져 들어갔다. 그 직원은 기름이 견디기 힘든 먼지를 가라앉히는데 도움이 될 거라고 믿었다. PCB는 유기물질에 친화성이 있기 때문에 재빨리 먼지 입자에 달라붙었다.

그러나 서부 텍사스의 맹렬한 바람 속에서 먼지는 오랫동안 한 곳에 머물지 못했다. 넉 달쯤 지나자 겨울의 폭풍우가 맹위를 떨치며 이 분자를 하늘 높이 들어올렸다. 으르렁대는 먼지의 장막은 타르잔 시로 몰아쳐 헛간과 집들을 강타했다. PCB-153이 붙은 먼지 입자도 마치 야생마를 탄 카우보이처럼 몰아치는 소용돌이와 함께 때려대는 돌개바람을 타고 있었다. 이 거친 여행은 먼지 입자가 문설주의 미세한 틈을 지나 부엌 바닥에 내려앉았을 때 끝이 났다.

폭풍우가 지나가자 그 집의 주부는 한숨을 쉬며 부엌을 돌아보았다. 미세한 빨간 먼지가 창틀에 온통 달라붙어 있었고 문 앞에도 2인치 가량이나 쌓여 있었다. 힘없이 그녀는 옥수숫대 빗자루를 들어 우리의 친숙한 분자가 붙은 먼지를 쓰레받기에 담았다. 쓰레기통에 떨어졌을 때 먼지 입자는 그날 아침 이 주부가 베이컨을 싸는 데 썼던 구겨지고 기름이 묻은 신문지 위로 올라 앉았다.

그 주말에 PCB-153은 마른 샛강이 있는 계곡에 비공식적으로 만든, 지방 쓰레기 매립장의 쓰레기들 틈에 묻혔다. 여름의 폭풍우 동안 산처럼 쌓여가는 쓰레기 더미 사이로 흘러든 작은 개울들에도 불구하고 이 분자는 거기서 2년간을 보냈는데 왜냐하면 다른 많은 화학물질과는 달리 PCB는 물에 잘 녹지 않기 때문이었다.

1948년의 늦은 겨울 서부 텍사스 지역에 큰 홍수가 났다. 간헐적인 소나기가 쏟아진 후에 샛강은 3월 초에 되살아나 계곡 한쪽에 쌓여 있던 쓰레기들을 향해 밀려왔다. 포효하는 강물은 쓰레기 더미의 한 조각을 깎아내어 이 시의 최근 역사의 한 단면을 노출시킨 후 기름 묻은 신문지와 함께 변압기에서 나온 이 분자를 하류로 몰고 내려갔다. 홍수는 축 늘어진 신문지를 5마일 저편의 모래 해변에 남겨놓은 후 다음날 아침 가라앉았다. PCB-153은 그 신문지의 기름 얼룩에 붙어 햇빛으로부터는 보호받았지만 따뜻한 봄날의 공기에 노출되어 있었다.

태양이 높이 떠오르고 겨울이 봄에게 자리를 내주자 그 종이 쓰레기는 마르고 따뜻해졌다. 4월 초 태양이 그 종이를 분해시키면서 PCB는 갑자기 먼지 입자로부터 떨어져 높이 올라가 증기가 되어 공기 중에 떠돌았다. PCB-153은 갑자기 자유로워졌다. 노르웨이 북극곰의 지방에서 끝나게 될 여행이 시작된 것이다.

이 분자는 남서쪽에서 올라오는 따뜻한 산들바람을 타고 낮은 관목으로 덮인 동부 텍사스의 북쪽과 동쪽을 지나 아칸소의 향기로운 소나무숲을 향하여 갔다. 바람이 거칠어질 때쯤에는 방해받지 않고 미주리주로 항해했다. 상승하는 봄의 대기가 그것을 높이높이 밀어올려 분자는 뜨거운 대기층으로 계속해서 올라갔다. 대기층이 북쪽에서 불어오는 차가운 공기와 마주쳤을 때 이 여행은 갑자기 끝이 났다. 구름은 굵고 차가운 비로 수분을 내보냈고 PCB-153은 지상으로 씻겨 내려와 세인트루이스 북쪽 미시시피 강을 굽어보는 절벽에 착륙했다.

이상하게 춥고 구름낀 날씨가 계속된 이 3주 동안 이 분자는 바위투성이 절벽 빈틈의 썩은 나뭇잎에 붙어 있었으나 해가 다시 나타나고 기온이 올라가자 다시 떨어졌다. 그것은 며칠 동안 세인트루이스 상공을 떠돌며 정체된 대기층을 배회했다. 그리고는 서부 대서양 해안으로부터 버뮤다 기단이 크게 형성되었을 때 남쪽에서 불어온 한 기류가 이 PCB 분자를 남부 일리노이의 푸른 옥수수밭을 거쳐 오대호를 향해 북쪽으로 날려보냈다.

버뮤다 기단에 의해 발생한 기류는 화물차와 같은 속도로 북쪽으로 밀어붙였다. 이 분자는 층적운의 거대한 하얀 층 위에서 뒹굴었다. 그러나 시카고를 지나 미시간 호 위로 따뜻한 바람이 밀려왔을 때 그들은 차가운 공기층과 마주쳤는데 오대호는 다른 거대한 수면처럼 봄철에 주위 토양보다 더 늦게 데워지기 때문이었다. 밤의 한기 속에서 PCB-153은 미주리를 떠난 이후 처음으로 액체 상태로 응축되었다.

산들바람은 자정이 되기 직전 멈추었고 이 분자는 위스콘신 주 러신시 연안의 호수 수면에 떨어졌다. 모든 PCB들처럼 이 분자는 표면을 좋아하여 물과 공기의 경계 부위에서 떠돌면서 이따금 같은 족에 속한 다른 놈들과 충돌했다. 그러나 이 분자는 오랫동안 고립되어 남아 있기 힘들다는 것을 알게 되었다. 유기물질에 대한 강력한 친화력이 물 표면에 축축한 녹색 베일처럼 떠 있는 뿌리없는 식물인 조류에게로 그것을 이끌었다. 기회가 생겼을 때 이 분자는 그 작은 식물 중 하나를 붙들어 그 미끌미끌한 표면에 매달린 채로 이리저리 쓸리며 루트리버 강어귀의 해안으로 바람과 물결의 변덕에 따라 밀려갔다.

물벼룩과 같은 초식동물이 이 녹색 베일의 가장자리를 움켜쥐고 조류 중 일부를 샐러드로 먹었지만 PCB-153이 올라탄 작은 식물은 간신히 피해 그 자연수명(3주 동안 지속된다)을 다 살았다. 그 조류는 노란색이 되기 시작했고 가장자리는 점점 얼룩이 졌다. 죽은 식물은 물을 머금고는 PCB-153를 매단 채로 가라앉았다.

조류는 바닥에 가라앉고 도시의 하수구에서 호수로 밀려온 점토가 재빨리 그 위를 덮었다. 점점 쌓여가는 침전들은 그 분자를 호수 진흙 깊숙이에 묻었고 해가 갈수록 생태계 순환으로 되돌아갈 기회는 점점 희미해지는 것처럼 보였다. PCB-153은 대부분의 화학물질을 분해시키는 세균의 공격에도 끄덕없으나, 묻힐 수는 있는 것이다.

끈질김은 인간에게는 미덕으로 보일 수도 있다. 화학물질에서는 골칫거리의 표지이다. 합성 화학산업은 미국의 가정에 안락함과 편리함을 가져다 주었지만 동시에 PCB를 포함한 수십 종의 화학물질을 양산했는데 그것들은 극단적인 안정성, 휘발성, 그리고 지방에 대한 친화성의 악마적인 특성을 조합한 것으로 악명을 떨치게 되었다.

이러한 상품들에는 PCB 말고도 살충제 DDT, 클로르데인, 린데인, 알드린, 디엘드린, 엔드린, 톡사펜, 헵타클로르, 그리고 많은 화학 공정에서와 화학 연료가 탈 때 만들어지는 흔한 오염물질인 다이옥신 등이 포함된다. 그것들은 지방입자 위에 붙어 음식물을 타고 퍼지거나, 멀리 떨어진 곳까지 바람을 타고 날리는 증기 형태의 와니스가 되어 퍼진다. 『침묵의 봄』에서 레이첼 카슨은 잔류 살충제를 그녀의 현상수배 목록 꼭대기에 올려놓았다. 독성이 있을 뿐 아니라 잔류하는——이 사실은 과학자들이 『침묵의 봄』이 출간된 4년 뒤인 1966년까지 알지 못했다——PCB 같은 화합물들도 포함해야 한다는 생각은 카슨에게 떠오르지 않았다.

염소 원자들을 적게 포함한 PCB족의 구성원들은 아크로모박터속의 두 간균을 포함해서 상당한 적들이 있다. 그러나 PCB-153과 같은, 염소 원자가 많이 포함된 놈은 태양으로부터의 자외선 B를 제외한 거의 모든 것에 비침투성이다. PCB는 환경 내에서 흙이나 침니, 동물의 조직 등에 숨겨진 채로 이동하기 때문에 이 치명적인 광선을 아주 드물게만 만날 수 있다.

제2차 세계대전 이후의 부흥과 함께 러신 호 연안도 변하기 시작했다. 반세기 동안 검고 커다란 저장 실린더와 석탄산이 있는 가스 공장이 러신 중심부와 호수 연안에 드리워져 있었다. 1949년 남서부로부터 기다란 천연가스 파이프라인이 위스콘신 주에 도착했을 때 석탄으로부터 요리 및 난방용 가스를 만들던 이 오래된 설비는 역사 속으로 사라졌다.

몇 년 뒤 러신은 관광 산업을 위해 연안을 개발하는 사업의 첫발을 내딛었다. 이는 1980년대가 되어서야 비로소 실현될 전망이었다. 그럼에도 시의 첫번째 호수 공원은 실제로 중요한 출발점이었는데 왜냐하면 이 계획은 버려진 도시의 쓰레기장을 나무와 잔디밭, 보트장, 그리고 풍광이 좋은 드라이브 코스를 가진 27에이커 면적의 놀이시설로 바꾸려 했기 때문이다. 미군 76사단의 요구에 따라 시는 그 공원을 제2차 세계대전의 영웅 존 J. 퍼싱의 이름을 따 퍼싱 공원이라 했다.

1954년에 시작한 퍼싱 공원의 건설 공사 동안 인부들은 드라이브 코스가 달릴 새 연안을 만들기 시작했다. 큰 바위덩어리를 실은 덤프트럭이 그르렁대며 길게 열을 지어 해안가를 오갔다. 1956년에 한 괴물 같은 바위덩어리가 PCB-153이 묻힌 침전 위로 푹 떨어졌다. 바위가 묻혀 있는 진흙을 헤집어내자 그 분자는 물거품이 되어 떠오르는 황화수소 가스의 폭발과 함께 튀어나왔다. 그 분자는 작고 반짝이는 물방울 중 하나를 타고 빛과 공기가 있는 쪽으로 떠올랐다.

몇 시간이 지나 PCB-153은 수면에 퍼져 있다가 그것을 꿀꺽 삼킨 물벼룩의 지방에 달라붙었다. 이는 지방을 사랑하는 분자들의 꿈인 이주를 위한 티켓이었으며 PCB-153을 먹이사슬의 꼭대기에 올려놓을 것이었다.

물벼룩은 체처럼 작용해서 물을 삼킬 때마다 작은 식물과 거기 붙은 PCB를 거른다. 그래서 시간이 지날수록 이 작은 동물의 체지방에는 PCB가 더 많이 쌓이게 된다. 좀더 잔류성이 약한 오염물들은 이런 식으로 쌓이지 않는데 동물들이 이들을 물에 녹는 물질로 분해하여 배설하기 때문이다. 한편 많은 PCB들은 분해에 저항하여 일단 먹히면 화학 구조에 의해 동물의 지방에 붙어 영구히 머무른다. 열흘 가량의 짧은 생존 기간 동안 물벼룩의 PCB 농도는 물 농도의 400배까지 상승한다. 최종적으로 작은 새우가 이놈을 먹었을 때 물벼룩은 그 살육자에게 이 지방 친화성 잔류 화학물질을 넘겨주었고 PCB-153은 미시간 호의 먹이사슬에서 한 단계 더 올라갔다.

작은 새우는 일생 동안 수백 마리의 물벼룩을 먹으며 물벼룩을 삼킬 때마다 한 덩어리의 잔류 화학물질을 물려받게 된다. PCB-153처럼 지방에 달라붙은 PCB들은 그들 자신의 화학족뿐 아니라 DDT나 남부의 목화밭에서 널리 쓰이는 톡사펜 같은 다른 잔류 화합물들로 무리가 점점 늘어나는 것을 보게 된다. 얼마 동안 농업전문가들은 톡사펜이 뿌린 장소에서 곧 사라지기 때문에 DDT보다 낫다고 생각했다. 톡사펜이 결코 사라지지 않는다는 사실을 누군가가 알아내기까지는 상당한 시간이 걸렸다. 즉 그것은 증발하여 이동한다. 대부분은 바람을 타고 오대호로 향한다.

새우는 결국 빙어(반짝이는 은빛 무리를 지어 해변을 향해 돌진하는 작고 맛있는 물고기)의 먹이가 된다. 빙어가 새우와 다른 갑각류들을 탐욕스럽게 삼킴에 따라 잔류 화학물질의 농도는 17배 이상 늘어난다.

빙어는 금요일 밤의 생선 튀김을 먹으러 러신 지방의 식당에 몰려드는 가족들이 특히 좋아하는 생선이라서 오랫동안 그들의 체지방에는 감자 팬케이크나 혹은 보다 호화로운 호수 송어, 코호 연어의 부식으로 이 수분이 많은 작은 생선을 튀겨먹은 그 여러 날 밤들의 증거가 남게 될 것이다.

우리의 PCB-153이 들어 있는 빙어는 미시간 호를 2년 동안 헤엄쳐 다니다가 호수 송어에게 먹혔다. 이제 그 분자는 송어에게 옮겨져 한 낚시꾼이 위스콘신 주 도어 카운티의 가족 별장에서 보낸 바캉스 마지막 날에 이 월척을 낚아올릴 때까지 그 지방에서 5년을 더 보냈다.

다음날 송어는 스테이션 왜건의 뒷자리에 있는 냉장고에 넣어진 채 뉴욕을 향하여 동쪽으로 떠났다. 이 분자는 이 상상 여행의 새로운 영역으로 들어갔다. 그 낚시꾼은 집에 돌아가 이 일생의 역작을 동료들에게 자랑할 생각에 몹시 초조했다. 그의 입에는 가족들과 함께 할 이 기념할 만한 생선 요리에 대한 생각으로 침이 흘렀다.

그러나 3일 뒤 물고기는 저녁식사 접시가 아닌 그 집의 쓰레기통 속에서 생을 끝냈다. 8월의 찌는 듯한 더위로 스테이션 왜건이 고장나 그 가족들은 냉장고에 쓸 얼음을 구하지 못하고 미시간의 지방 주유소를 떠돌아야 했다. 가족들이 집에 돌아와 냉장고를 열었을 때 생선에서는 오래된 고양이 먹이와 같은 냄새가 났다.

쓰레기 수거 트럭이 로체스터 교외의 쓰레기장에 도착했을 때 한 떼의 갈매기가 몰려들었다. 그 분자를 가진 썩은 생선이 쓰레기 산 위로 떨어졌을 때 갈매기들은 반액 세일 때의 백화점 손님들처럼 몰려들어 한 입이라도 더 먹으려고 법썩댔다. 몇 분도 안 되어 그들은 그 시체를 깨끗이 해치웠다.

PCB-153은 한 암컷 갈매기의 지방에 들어갔는데 그 놈은 수십 년 이상을 온타리오 호의 물고기들을 먹었으므로, 그 분자는 이미 상당히 축적된 오염물질들에 추가되었을 뿐이다. 오대호의 먹이사슬에서 재갈매기는 이놈들을 가끔 한두 마리씩 잡아먹는 대머리독수리의 바로 아랫단계를 점유한다. 조만간 PCB는 이 먹이사슬의 최고 단계로 옮길 것인데 여기서 농도는 호수물의 2천5백만 배로 증폭된다.

다음해 봄 이 암컷 갈매기는 온타리오 호의 캐나다쪽 연안인 토론토에서 백 마일쯤 동쪽으로 떨어진 스카치보네 섬으로 향했다. 이 갈매기와 그녀의 남편은 갈매기 무리의 한가운데 모래가 두껍게 쌓인 곳에 둥지를 마련했다. 이곳은 갈매기 새끼들이 맹수들의 눈에 더 잘 띌 수 있는 가장자리보다 훨씬 안전했다. 곧 이 암컷은 모래에 구멍을 파고 크고 밝은 점이 박힌 두 개의 알을 낳아 성실하게 품기 시작했다.

6주 후에 작은 부리 하나가 껍질을 깨었으나 그 새끼는 힘없이 몇 번 쪼다가 죽어버렸는데 영양실조 때문이었다. 다른 알은 어떤 살아 있는 징후도 보이지 않았으나 두 알은 한 주 동안 더 둥지에 있었다. 결국 어미는 한 마리의 새끼도 얻지 못한 채 둥지를 포기했다.

PCB-153과 그 친족들은 어미 갈매기에서 생명이 없는 알의 노른자로 옮겨갔고 DDT, 다이옥신, 그리고 다른 오염물들과 함께 그것을 죽게 만들었다. 5일 뒤 한 스컹크가 그 썩어가는 알을 가져갔으나 먹지 않고 해변가의 바위 위에 굴려버렸는데 알은 거기 부딪쳐 깨졌다. 노른자 일부는 물에 섞여 들어갔고 PCB-153은 먹이사슬 내에서의 또 다른 여행을 시작했는데 이번에는 가재, 즉 해변 가까운 얕은 물속으로 흘러내리는 지방이 풍부한 노른자를 쓸어먹는 바닥에 사는 작은 청소부를 통해서였다.

곧 이 노른자를 먹은 가재는 해초가 우거진 얕은 해안에서 밤에 사냥하는 미국 뱀장어의 저녁식사가 되었다. 이 뱀장어는 알을 까는 데 있어서는 정반대의 모습을 보인다. 연어나 송어 같은 많은 종들은 바다에서 성장하여 알을 낳기 위해 그들이 태어난 강으로 돌아온다. 그러나 미국 뱀장어는 대부분의 생애를 신선한 강물과 호수에서 보내다가 죽기 직전에 사르갓소 바다——서인도 제도와 아조레스 제도 사이에 있는 대서양 일부——로 알을 까기 위해 긴 여행을 떠난다. 재미 있게도 오대호와 다른 북부의 담수호에서 여행을 떠나는 뱀장어들은 모두 암컷이고 남쪽 강에서 이주하는 놈들은 모두 수컷인 경향이 있다.

여름이 되자 PCB-153분자를 가진 16년 된 놈을 비롯한 온타리오 호의 가장 늙은 뱀장어들은 성적인 성숙을 나타내는 변화를 겪기 시작했으며 산란 장소까지 3천 마일에 달하는 여행 준비를 했다. 그들의 회록색 등은 은빛 나는 검은색으로 어두워지며 노란 배는 하얗게 되고 눈은 커져서 깊은 바닷속을 잘 볼 수 있게 된다. 이 은빛 뱀장어 무리는 이주 본능으로 법썩대며 세인트로렌스 강 어귀를 향하여 때가 왔다는 신호를 기다렸다. 그런 뒤 검은 밤하늘 은빛 비구름 속에 폭풍우가 치던 어느 날 이 미끌미끌한 무리는 갑자기 큰 강을 떠나 북대서양으로 향했다. PCB-153이 올라탄 뱀장어는 신비스런 다급함으로 6개월을 헤엄쳐 드디어 해초가 막을 이루며 떠 있는 이 따뜻하고 염분이 많은 지역에 도착했다. 이곳은 사르갓소 해초가 많아 사르갓소 해라는 이름을 얻게 되었다. 바하마 동쪽과 버뮤다 남쪽의 이 투명한 열대 바다 아래서 걸프 해안에서 뉴펀들랜드에 걸친 지역에서 모여든 아우성치는 뱀장어 무리는 산란을 하고 지쳐서, 즉 긴 여행이 마침내 끝나고 임무도 완수했기에 죽는다.

뱀장어 시체는 따뜻한 열대의 바닷속에서 금방 분해되었고 PCB-153은 강렬한 열대의 태양 아래 사르갓소 바다의 표면으로 떠오르는 기름 방울로부터 벗어났다. 그 열기 때문에 분자는 또한번 기화되어 불어오는 바람을 타고 북쪽으로 향했다. 차가운 지점을 만나면 다시 응축되었다가 쓸 만한 표면에 떨어지고 여름의 태양이 그 표면을 비추면 또 떠올랐다. 이렇게 액체와 기체 상태를 반복하면서 바람을 타고 북쪽으로 북쪽으로 올라갔다. 수면이 차가워질수록 분자가 공기를 타기는 어려워졌다. 대신에 북대서양 먹이사슬의 일부를 이루는 작은 부유식물 중의 하나에 무임승차하여 걸프 해류를 타고 아이슬랜드를 향해 북동쪽으로 계속 올라갔다.

아이슬랜드의 200마일 동쪽에서 검물벼룩이라 불리는 작은 새우 같은 동물이 북대서양의 먹이로 풍부한 물을 걸러내면서 마침내 부유식물과 함께 PCB-153을 먹었다. 닷새 뒤에 한 떼의 검물벼룩들이 거대한 컨베이어 벨트처럼 그린랜드 바다의 빙산 가장자리로 북동쪽을 향하여 빠르게 실어다줄 부드러운 조류에 올랐다. 거기에 한 무리의 북극 대구가 밀려오는 성찬을 즐기러 모여들었다.

회록색 바닷물은 북극해에 가장 풍부한 종들 중 하나인 대구떼로 들끓었다. 이 작은 검물벼룩 중 하나가 대구의 위 속에서 소화되었을 때 PCB-153은 이미 상당한 잔류 화학물질이 축적되어 있는 꼬리 부근의 지방으로 옮겨갔다. 대구를 포함한 북극해의 먹이사슬은 아주 단순하나 일생 동안 상당한 오염물질을 축적하는 장수하는 동물들이 많이 포함되어 있다. 이런 이유로 북극의 먹이사슬은 오대호보다 더 높은 정도로 잔류 화학물질의 농도를 증폭시킨다. 최상층 포식자와는 거리가 한참 멀지만 이 대구는 주변의 바닷물보다 약 4천8백만 배에 달하는 PCB 농도를 가지고 있다. 그래도 이 대구는 오대호 연안의 연어보다는 덜 오염되어 있는데 이는 그들이 사는 바닷물이 훨씬 더 깨끗하기 때문이다.

북극 대구는 일생을 대부분 북극해에 떠다니는 빙하 덩어리 밑에서 먹이를 먹으며 보낸다. 그 계절에 PCB-153이 들어 있는 대구는 이동하는 먹이들을 따라왔고 특히 풍부한 검물벼룩 무리를 추적하는 동안 점점 그린랜드 해의 동쪽으로 이주했다. 겨울 동안 북극곰들은 빙산 위를 떠돌아다니며 오로지 대구떼만 먹고 산다.

PCB-153을 가진 대구가 힘센 꼬리지느러미를 흔들며 물을 헤집고 다니는, 배고픈 청년 바다표범의 먹이가 되는 것은 단지 시간 문제였다. 먹이를 쫓아다니는 다른 많은 바다표범처럼 이 젊은 놈은 스발바르 군도의 서쪽 빙하의 균열을 따라 떠돌았다. 사냥은 그 겨울엔 수확이 좋았고 어린 나이에도 불구하고 그 풍부한 지방에는 PCB-153뿐 아니라 클로르데인, DDT, 톡사펜, 그리고 세계 각지로부터 북극해로 몰려온 다른 고농도의 잔류 화학물질들이 쌓여 있었다. 한 바다표범은 수백 마리의 물고기를 먹고 그들 안에 쌓였던 모든 PCB들을 소화시킨다. 이런 이유로 바다표범의 PCB 수준은 대구보다 8배인 바닷물의 3억 8천 4백만 배에 달한다.

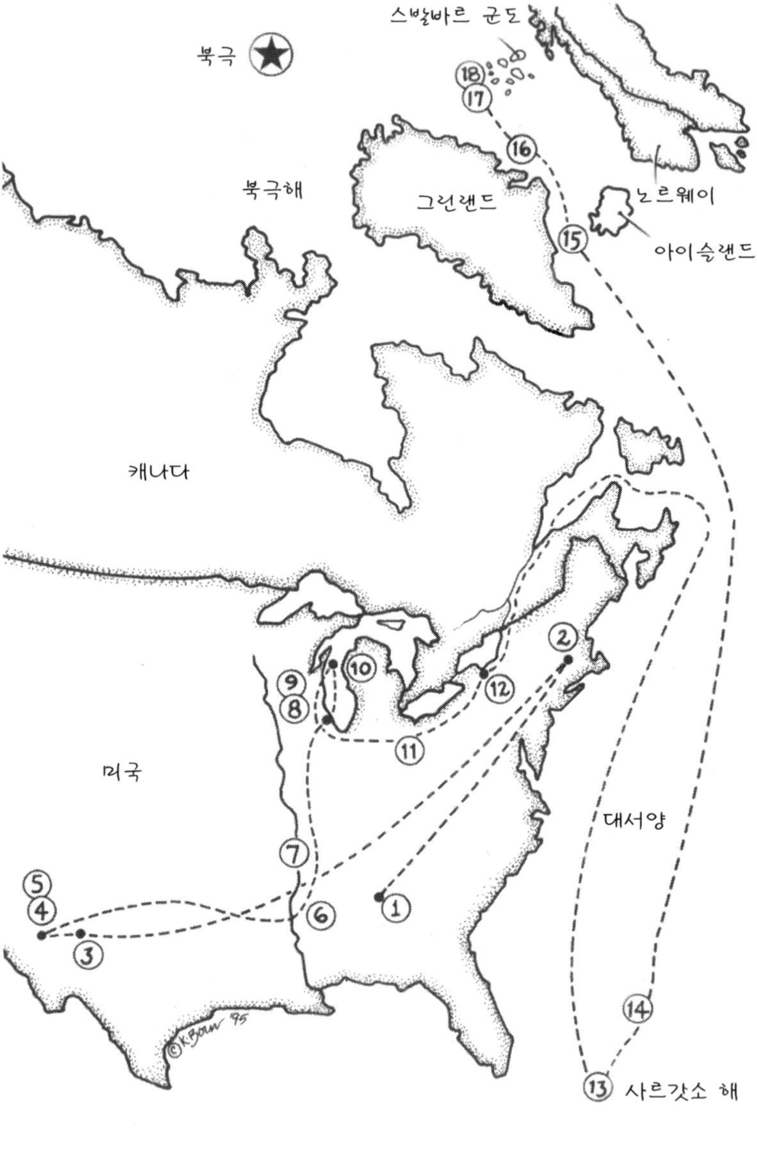

스발바르 군도
북극
18
17
16
북극해
그린랜드
노르웨이
15
아이슬랜드
캐나다
2
10
9
8
12
11
미국
대서양
7
5
4
6
1
3
14
13
사르갓소 해
©K.Bjorn '95

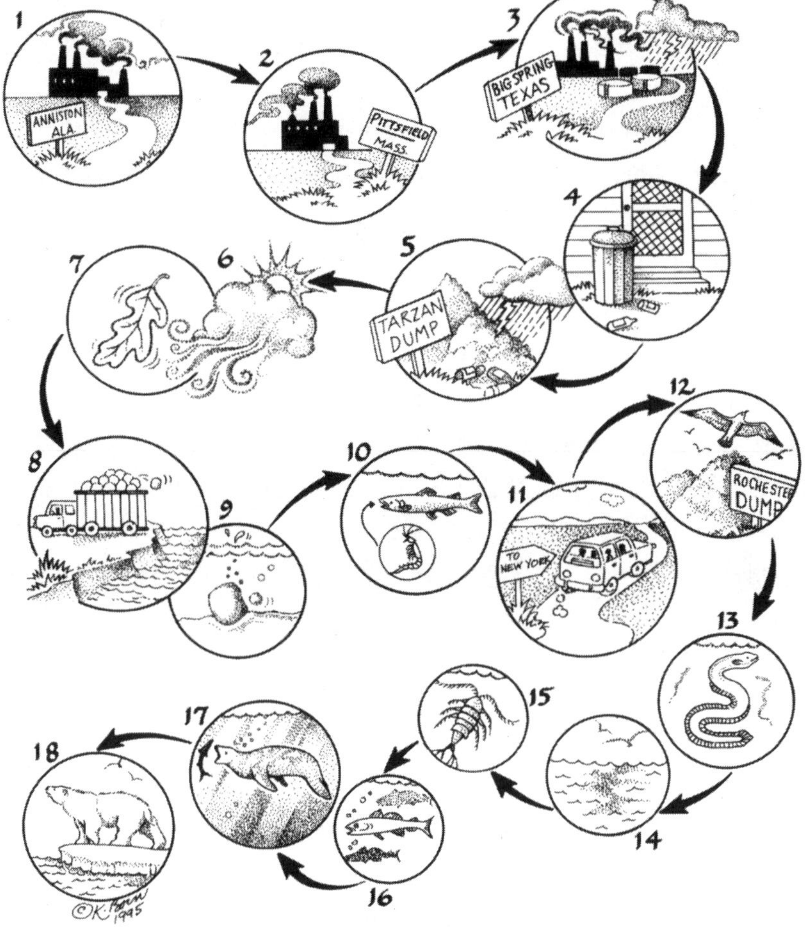

한 대륙에서 제조된 화학물질들은 수천 마일을 여행할 수 있다. 이 경로는 앨러배마 주의 공장에서 만들어진 PCB 분자가 텍사스의 정제공장으로, 그리고는 오대호와 북대서양의 먹이사슬로 들어가는 여행 과정을 보여준다. 잔류 화학물질의 체내 농도는 지구 끝까지 여행하는 동안 수백만 배로 증폭된다.

일단 바다가 얼음으로 덮이면 바다표범들은 코를 이용해 일정한 간격으로 구멍을 뚫어놓고는 그곳을 통해 숨을 쉰다. 큰 백곰은 상당한 거리에서도 이 구멍을 통해 냄새를 맡을 수 있으며 잠복해 있다가 사냥을 한다.

이 젊은 바다표범이 막 표면으로 올라왔을 때 숨구멍 부근에서 기다리던 곰 한 마리가 돌진하여 단 한 방에 150파운드의 덩치를 물에서 얼음 위로 끌어올렸다. 이 바다표범은 5살 먹은 암곰의 공격을 받아 바로 죽었는데 이 곰은 2년 반쯤 전에 둥지를 떠나기 전 어미로부터 사냥 기술을 배웠었다.

30분 동안 그 곰은 바다표범의 가장 맛있는 부분——껍질과 지방——을 먹어치웠고 상당한 합성 화학물질들과 함께 PCB-153도 섭취했다. 좋은 사냥감 덕분으로 곰은 빠르게 살이 올랐는데 그렇게 기름질수록 그 분자는 보온이 잘 된 살덩어리 속으로 옮겨갔다.

봄이 다가오자 이 젊은 암곰은 스발바르 군도 근처의 땅에 꽉 달라붙은 빙하로 나아갔다. 그곳은 그 해 최고의 사냥감들을 제공해 줄 것이었다. 바다표범들은 얼음에 구멍을 파고 새끼를 낳을 적에 특히 잡기 쉽다. 그래서 곰들에게는 생계가 쉬운 것이다. 많은 놈들이 이 북극곰의 풍요한 도시에 몰려들어 축제를 벌이고 엄청난 양의 바다표범 기름을 먹어치운다. 눈에 띄게 비만해진 몇몇 곰들은 원래 몸무게의 세 배가 되기도 한다.

4월 말에 그 젊은 암곰은 바다표범을 잡으러 이미 스발바르에 도착한 커다란 수컷과 처음으로 교미를 했다. 그러나 모든 곰의 경우와 마찬가지로 수정란은 바로 발육을 시작하지 않았다. 대신에 암컷은 다음 11월까지 몸에 지니고 있다가 콩쇠야 섬의 눈 둑에 굴을 판다. 겨울을 그 안에서 보내는 동안 자궁 안의 수정란은 자라기 시작한다. 겨울의 황량함 속에서 겨우 1파운드와 반 파운드밖에 안 되는 두 마리의 새끼들이 잠자는 어미가 알아차리지 못하는 동안 세상으로 나온다. 어미의 부드러운 복부를 가로질러 그들은 젖꼭지로 향하는 길을 찾아 영양이 풍부하고 기름진 젖을 먹기 시작한다.

그 겨울 동안 어미곰과 새끼들은 어미가 지난 해 동안 풍부한 지방층에 축적해 놓은 양분에 의지하여 살아간다. 지방이 녹아 없어지면서 PCB-153은 또한번 이동하여 이번에는 어미곰의 젖 속으로 들어갔다. 새끼들은 탐욕스럽게 젖을 빨고 빠르게 자랐다. 한 암컷 새끼가 젖꼭지에 달라붙었을 때 이 분자는 따뜻하고 농도 짙은 젖과 함께 입 속으로 들어갔다.

어떻게 PCB와 같은 잔류 화학물질이 북극곰에게 해를 미치고, 해를 미치는 데 얼마나 많은 양이 필요한지는 아무도 모른다. 그러나 다른 야생동물들에 대한 연구를 참조해 보면 PCB-153과 다른 호르몬 교란 화학물질이 바다표범 지방을 통해 화학물질을 섭취한 어미보다는 발육 중인 새끼에게 더 큰 위험을 미치는 것은 분명해 보인다.

북극곰 쌍둥이는 어미가 극지방 봄의 달콤한 햇살을 받고 둥지에서 나타났을 때쯤 20파운드 가량의 무게가 나갔다. 그들은 2년 정도 더 젖을 빨아야 하고 북극곰의 풍부한 식사로 인해 400파운드 가량의 몸무게로 자라게 될 것이었다. 먹이를 먹을 때마다 그들은 극지방까지 수천 마일을 여행해 온 잔류 화학물질을 섭취할 것이다. 최상위 포식자이며 가장 큰 육지 육식동물인 북극곰에 이르기까지 극지방의 먹이사슬이 상승하면서 PCB의 농도는 30억 배까지 증폭된다.

10년 뒤 이 쌍둥이 중 하나는 스발바르 군도의 둥지에서 새끼 없이 나타날 임신한 암컷들 중의 하나가 될지도 몰랐다.

* * *

북극곰처럼 인간도 먹이사슬의 꼭대기에서 식사를 하는 위험을 공유하고 있다. 큰곰의 세계를 침범한 잔류 합성 화학물질들은 마찬가지로 우리 세계에도 퍼질 수 있다.

인간 역시 PCB와 다른 잔류 화학물질을 체지방에 보유하고 있고 아기들에게 이 유산을 건네준다. 시험 비용으로 2천 달러를 기꺼이 내놓은 거의 모든 사람들이 그들이 어디 사는지——개리, 인디애나, 혹은 남태평양의 외딴 섬——를 막론하고 체지방에서 최소한 250종의 화학 오염물질을 발견할 수 있었다. 당신도 예외일 수 없다. 아이러니컬하게도 공업과 인구 중심지로부터 멀리 떨어진 곳에 사는 사람들 중 몇몇이 가장 심한 오염을 보이고 있다. 이 화학물질들은 먼 거리를 건너와 특히 극지방에 고농도로 쌓이는데 이곳이 최종 안식처가 되기 때문이다. 이 합성 화학물질은 모든 곳에 가며 심지어 태반 방어막을 거쳐 자궁에도 들어가 가장 저항력이 없는 발달 시기에 태아에게 노출될 수 있다. 엄마가 아기에게 젖을 먹일 때 그녀는 사랑과 영양 이상의 무언가를 준다. 그녀는 고농도의 잔류 화학물질도 전해주는 것이다.

보건연구자들이 DDT와 PCB, 그리고 다른 잔류 화학물질이 환경의 모든 부분뿐 아니라 인간의 체지방과 모유에도 축적된다는 것을 발견한 이래 30년이 흘렀다. 그 측정은 쉬운 일이었다. 그 이후 관심 있는 과학자들은 그 의미를 이해하려고 애썼다. 우리 모두가 체지방 내에 희귀한 화학물질들의 잡탕을 지니고 산다면 우리에게 어떤 영향을 미칠까? 우리의 아이들에게는?

연구자들은 이 질문에 대한 모든 대답을 할 수는 없지만 인간이 자식들을 위험에 빠뜨리기에 충분한 농도로 합성 화학물질을 체지방 내에 가지고 있음을 확신하고 있다. 이 모든 화학물질의 정확한 기능을 알 수는 없지만 개인적으로 혹은 집단적으로 연구자들은 그 물질들을 야생동물의 후손에 미치는 위험뿐 아니라 인간과도 결부시키고 있다. 이 연결고리는 다음 장들에서 살펴볼 것이다.

출생 전 노출이 가장 큰 위험으로 보이기는 하나 보건 전문가들은 모유를 통해 전해지는 화학물질 역시 우려하고 있는데 왜냐하면 몇몇 민감한 발육과정은 출생 직후 몇 주 동안 지속되기 때문이다. 수유 기간 동안 인간의 신생아는 이후 삶의 어떤 시기보다도 이런 화학물질에 고농도로 노출된다. 겨우 6개월의 수유 기간 동안 미국과 유럽의 아기들은 평생 최대 허용량의 다이옥신을 섭취한다. 이것도 PCB나 DDT처럼 먹이사슬을 통해 옮겨다닌다. 같은 모유를 섭취하는 아기는 150파운드 나가는 어른에 대해 국제보건 기준으로 정한 일일 허용 섭취량의 다섯 배를 먹게 된다.

이 모유의 오염은 북극권에 사는 원주민들 사이에서 더욱 심각한데 거기서는 많은 사람들이 아직도 바다와 땅이 제공하는 천연식품을 먹기 때문이다. 그곳에서 연구자들은 아기들이 캐나다 남부나 미국의 전형적인 신생아들보다 7배나 많은 PCB를 섭취하고 있음을 알아냈다. PCB와 아기들을 오염시키는 다른 화학물질들은 거의 모두 조류와 기류를 타고 날아들었다.

캐나다의 보건관리들은 이누이트 마을의 많은 어린이들이 만성 중이염에 걸렸음을 지적했다. 최근의 연구에서는 이 어린이들에게서 천연두, 홍역, 소아마비와 다른 질병에 대한 예방접종을 해도 필요한 항체가 제대로 형성되지 않는 등의 면역계 이상이 발견되었다. 예방접종의 실패는 이 어린이들을 질병에 훨씬 더 취약하게 만들 수 있다.

캐나다 극지의 브루턴 섬에서 사용되는 이눅티투트어에는 오염을 의미하는 어떤 단어도 없다. 이 때문에 그곳에 사는 이누이트인들은 잔류 화학물질들이 북극권과 그들이 먹는 음식을 오염시켰다는 캐나다 보건관리들이 전해준 소식을 더욱 이해하기 어려웠다. 아마도 어떤 마을사람들은 정부관리들이 고래나 북극곰들을 못 잡게 하기 위해 PCB라 불리는 무슨 동물이 그들을 위협하고 있다는 이야기를 한다고 생각했을 것이다. 아마도 그들은 동물보호협회와 공모했을 것이다.

450명이 사는 브루턴 섬은 남 온타리오의 공해 배출장소로부터 1,600마일, 유럽의 공업 중심지로부터는 2,400마일 떨어져 있으나 그 멀리 떨어진 세계에서 이 마을 사람들은 불확실성과 공포로 가득 차 시름에 잠겨 있다. 수천 년 동안 지속된 그들의 문화도 위협을 받고 있다.

그들의 조상이 살아 있었을 때 브루턴 섬의 주민들은 식탁에 올릴 음식을 위해 사냥을 하고 낚시를 했다. 오늘날 개썰매와 카약 대신 스노우 모빌과 동력 보트로 추적을 하긴 하지만 그들은 아직도 바다표범과 북극곰, 순록, 일각고래(전설상의 일각수처럼 머리에 나선형의 뿔이 돋은 작은 고래)를 쫓고 있다. 섬에는 수입식품을 파는 상점이 있지만 섬주민의 식량은 대개 야생 물고기와 짐승이다.

북극이 휘발성 잔류 화학물질들의 안식처가 됨에 따라 오염은 먹이사슬을 거쳐 인간에게까지 올라왔다. 캐나다의 보건 연구는 브루턴 섬의 주민이 공업 사고로 오염된 지역을 제외한 어떤 인간 집단보다도 높은 수준의 PCB를 지니고 있음을 발견했다.

그 주의 보건 당국은 마을 사람들에게 그들의 몸안에 있는 오염물들에 대해 말했지만 높은 PCB 수준이 그들이나 자식들의 건강에 무엇을 의미하는지는 설명해 줄 수 없었다. 그 동안 그들은 마을 사람들에게 전통적인 이누이트 식사를 권장했고 이는 한편으로는 비행기가 실어날라 마을 상점에서 비싸게 팔리는 수입식품보다 훨씬 영양이 높았다. 어떤 경우 우유는 한 병에 4달러, 작은 칠면조는 40달러라서 마을 주민들은 선택의 여지가 없었다.

그것이 건강에 미치는 효과가 무엇이든 간에 캐나다 언론이 광범위하게 무시한 높은 PCB 수준에 대한 보고는 브루턴 섬 주민들에게 경제적, 사회적, 심리적인 공황을 불러일으켰다. 자신들 역시 높은 PCB 수준을 보이는지도 모르지만 이웃 배핀 섬의 이누이트 사회는 그들을 〈PCB 인간〉이라 부르며 차별하기 시작했고 결혼을 거부했다. 브루턴 섬 사람들과 특별한 요리재료인 북극 곤들매기를 사고 팔던 남쪽에서 온 생선 중개인은 거래를 중단했고 그래서 섬의 주된 수입원이 차단되었다.

그들의 모유에 화학물질이 들어 있다는 소식은 몇몇 여성들을 공포와 절망에 빠뜨렸다. 한 어머니는 새로 태어난 아기를 보호하고자 수유를 중단하기로 결심했다. 몇 주 동안 물에 커피메이트를 타서 먹인 뒤 아기는 입원해야 했다.

브루턴 섬 사람들은 특이한 사례가 아니라 잔류 화학물질로 오염된 인간에서 발견된 극단적인 예일 뿐이다. 우리가 어디에 살고 있건 우리는 어느 정도는 그들의 운명을 공유하고 있다. 다음 세대를 위협하는 많은 화학물질은 우리의 몸으로 들어올 길을 찾고 있다. **안전하고 오염되지 않은 곳은 어디에도 없다.**

7 단 한 방

테오 콜본이 곧 알아낸 것처럼 야생동물들로부터의 잔류 화학물질들은 대부분 전혀 예기치 않던 곳에서 나타났다. 1990년 초에 그녀는 이 문제가 오대호 지방을 훨씬 넘어 널리 퍼졌음을 알았다. 그녀의 파일 캐비닛은 과학자들이 수고스럽게 살펴본 모든 곳에서 같은 잔류 화학물질들을 발견했음을 기록한 수십 종의 논문들로 차 있었다. 그 오염은 정말 전지구적이었고 잘 기록되어 있었다.

이들 잔류 합성 화학물질들 중 놀라운 수가 호르몬을 교란하고 발달을 저해시킨다는 데는 의심의 여지가 없어보였다. 게다가 새로운 것들이 매번 더 추가되는 것처럼 보였다. 그리고 인간의 취약성 여부에 대한 의심에 대해서는 하워드 번, 존 맥래츨런, 얼 그레이 같은 이들의 연구가 DES와 여타 에스트로겐 유사물질들이 대부분의 포유류에서 같은 종류의 손상을 일으킨다는 사실을 분명히 보여주었다. 종을 포괄하는 내분비계의 뚜렷한 유사성을 고려하면 이는 다른 종류의 호르몬 교란물질들에서도 마찬가지일 것이다. 즉, 동물에게 일어나는 것이 무엇이든 인간에게도 일어날 수 있다고 조심스럽게 가정할 수 있다.

그 증거들은 한데 모여 콜본에게 환경으로 흘러들어간 호르몬 교란 화학물질이 인간에게 잠재적인 위협이 될 수 있음을 확신시켜 주었다. 그러나 이 도처에 산재하는 물질들이 정말 위험할까? 인간은 해를 입을 만큼 충분히 노출되었을까?

독물학자들은 독성을 일으키는 것은 용량이라는 금언을 선호한다. 한 물질이 미미하게 있다면 반드시 손상을 일으키지는 않는다. 우리의 체지방과 혈액이 PCB, DDT, 다이옥신, 클로르데인, 그리고 다른 잔류 화학물질들에 노출되었음이 판명되었지만 우리 몸의 농도는 10억분의 일이나 심지어는 1조분의 일이기도 하다. 이는 상상할 수 없이 작은 양이다.

그럼에도 불구하고 콜본은 출생 전의 미미한 호르몬 수준의 변화가 새끼 쥐들에게 심각한 영향을 미쳤음을 보여준 폼 살의 연구를 알고 있었다. 그의 실험에 의하면 1조분의 10이나 20 정도의 천연 에스트로겐도 아무 영향이 없지는 않았다.

그러나 에스트로겐은 자연 호르몬이고 매우 강력한 것이었다. 호르몬 수준을 교란하고 평생 지속되는 피해를 입히려면 얼마나 많은 합성 화학물질이 필요할까? 얼마나 많이? 이 질문이 콜본을 놓아주지 않았다. 그녀는 꾸준히 과학 문헌을 검색하면서 실마리를 찾아 한 논문에서 다른 논문으로 넘어갔다. 그녀는 탐정의 정열로 모든 종류의 관련 증거들을 모으고 호르몬 교란에 관한 날로 팽창하는 데이터베이스 내의 가장 사소한 조각도 모아 정리했다. 그녀는 십여 학문 분야 수백 명 연구자들의 전혀 관계가 없어 보이는 연구들을 종합해서 일관된 그림으로 모으려고 애쓰면서 3년을 보냈다. 이는 어떤 지원도, 보상도 없었기 때문에 정부도, 대학도 시도해 본 일이 없는 연구였다. 아무도 다른 사람들의 연구를 분석하거나 평가해서 좋았던 일은 없었다. 그러나 한 개별적인 과학 연구에 수십 억의 돈을 퍼부으면서도 그것들이 총체적으로 지구의 상태에 대해 무어라 말하는지 알아보기 위해서는 거의 아무것도 안 한다는 일이 얼마나 우스꽝스러운가.

콜본은 운이 좋게도 호르몬 교란물질의 연구를 계속 할 수 있었다. 생태학자인 존 피터슨 마이어는 1970년대 후반에 마이클 프라이의 DDE와 갈매기에 관한 연구가 나왔을 때 그것에 매혹되었었다. 이미 그때 그는 그 의미가 갈매기를 훨씬 넘어서는 데까지 확장될 것임을 알아차렸다. 1988년 콜본과의 우연한 만남은 이 관심을 새롭게 했고 마이어와 콜본의 협동 연구에 불을 붙였다. 그리고 1990년 그는 W. 앨턴 존스 재단의 이사장이 되었으며 콜본에게 시니어 펠로 자리를 주어 그녀의 모든 에너지를 이 문제에 집중할 수 있도록 인본주의적인 신뢰를 가지고 이사진을 확신시켰다.

그녀는 5-6개 분야에서 최근의 과학적 발전에 따라가려고 애썼기 때문에 대개는 자신이 하고 있는 일의 의미를 숙고할 시간을 갖기 어려웠다. 그러나 가끔 밤에 혼자 남아 아파트 창문을 통해 조명이 비치는 워싱턴의 캐피톨 돔을 바라보며 이 모든 조각들이 모여 무엇이 될까를 생각하곤 했다. 전망은 끔찍했다. 이 호르몬 교란 화학물질의 장기적인 영향은 무엇일까? 우리는 야생동물뿐 아니라 우리 자신의 생식력도 태만히 했을까? 우리가 무의식적으로, 또 보이지 않게 우리 아이들의 훗날의 생식기능을 무너뜨렸다는 것이 가능한 일일까? 그런 생각은 터무니없는 것 같았다. 세계 인구가 50억을 지나 100억으로 가고 있는데 어떻게 생식력에 위기가 올 수 있을까? 어쩌면 그녀는 유령을 쫓고 있는지도 몰랐다.

몇 개월 뒤 그런 의심들은 사라졌다. 1990년 여름 오타와에서 열린 학회에서 콜본은 우연히 위스콘신 대학의 리처드 피터슨이 그의 연구소가 새로운 화학 연구를 통해 발견한 놀라운 결과를 설명하는 것을 들었다. 약학대학 팀은 DDT보다 더 악명 높은 다이옥신을 임신한 흰쥐에게 주어 수컷 새끼에게 어떤 영향을 미치는가를 보았다. 그들이 기대했던 대로 다이옥신은 그 새끼를 출생 전 발달의 중요한 시기에 노출시키자 수컷 생식기에 손상을 주었다. 과학자들을 놀라게 한 것은 극미량의 다이옥신이 그 손상을 일으킨 것이었다. 그들은 많은 용량을 주거나 반복적인 투여를 하지 않았지만 깜짝 놀랄 만큼 소량의 다이옥신을 단지 한 번만 먹인 어미 흰쥐에서도 수컷 새끼에게서 장기간의 영향을 볼 수 있었다. 단 한 방을 먹었을 뿐이었다.

동물들이 환경에서 발견되는 것보다 훨씬 더 높은 용량을 투여받는 많은 실험실 실험과는 달리 이 발견은 실제의 세계와 직접적이고 즉각적인 관련을 제시했다. 어미 흰쥐에게 준 최소 용량은 미국과 일본 그리고 유럽과 같은 산업화된 국가의 사람들에게서 보고되는 다이옥신 및 관련 물질들의 수준과 매우 흡사한 것이었다.

합성 화학물질들의 세계에서 다이옥신은 가장 나쁜, 즉 그 독성의 비밀을 밝혀내려고 애쓰는 과학자들에게는 가장 무섭고, 치사율이 높고, 교묘한 말썽꾸러기라는 평판을 받고 있다. 실험실 검사는 다이옥신이 기니피그에게 비소보다 수천 배 더 치명적임을 보여주는데 그놈은 체중 1킬로그램당 백만분의 일 그램의 다이옥신을 먹은 후에는 사망하며 실험 대상이 된 대부분의 동물에게 강력한 발암물질이다.

그러나 다른 호르몬 교란 합성 화학물질과는 달리 다이옥신은 의도적으로 제조된 것이 아니다. 몇몇 다이옥신들은 화산 폭발이나 산불에 의해 배출되기도 하지만 과학자들에게는 2,3,7,8-TCDD로, 그리고 대중에게는 〈지구에서 가장 독한 물질〉로 알려진 화학물질은 대부분 의도하지 않았던 20세기 생활의 부산물이다. 이는 살충제와 목재 보존제 등의 염소를 포함한 화학물질을 제조할 때, 염소를 이용한 종이 표백시, 종이와 플라스틱을 포함한 쓰레기를 태운 재에서, 그리고 화석 연료를 태울 때 생성되는 오염물질이다. DDT와 PCB처럼 다이옥신은 체내에 쌓이는 지방 친화성 화합물이다. 그리고 다른 잔류 화학물질처럼 그것은 실제로 모든 곳——물, 흙, 공기, 침니, 그리고 음식에서 발견된다.

비록 대개의 논의들은 2,3,7,8-TCDD에 초점을 맞추고 있지만 이것은 74종의 다른 말썽꾸러기 화학물질들을 포함하는 다이옥신족 중에서 가장 유독하고 악명 높은 놈이라는 것을 기억하는 것이 중요하다. 더욱이 다이옥신은 종종 퓨란계(다이옥신과 유사한 화학구조를 가지고 동물에게 유사한 독성의 생물학적 효과를 미치는 비슷한 오염물질 족)에서 발견된다.

아직도 지속되는 에이전트 오렌지 논쟁의 핵심은 이 강력한 화학물질이다. 1962년부터 1971년까지 미 육군은 적들이 숨어 있다고 여겨지는 밀림을 쓸어내기 위해 360만 에이커에 달하는 베트남 지역에 1,900만 갤런 이상의 합성 고엽제를 뿌렸다.

이 작전의 주요 무기 중 하나는 고엽제 2,4-D와 2,4,5-T를 섞은 혼합물에 육군이 붙인 이름인 에이전트 오렌지였다. 후자는 그 제조 공정에서 쉽게 다이옥신에 오염된다. 베트남 밀림에 대한 작전이 최고조에 달했을 때 군인들은 에이전트 오렌지를 비행기와 헬리콥터에서뿐 아니라 보트, 지프, 트럭, 그리고 휴대용 분무기로도 뿌렸다.

베트남에서 귀국한 다음해부터 제대군인들은 암으로부터 자녀들의 장애에 이르는 그들 자신과 가족들의 다양한 의학적 문제들을 보고했다. 에이전트 오렌지가 다이옥신으로 오염되었음을 알았을 때 많은 이들은 그들 자신과 아이들의 건강 문제가 베트남 전쟁에서의 노출과 관계 있다고 확신하게 되었다.

다이옥신이 보고된 질환에 책임이 있느냐에 대한 몇 년 동안의 논란 뒤에 의회의 요구에 따라 국립 과학아카데미의 한 위원회가 집중적인 과학적 증거의 조사를 떠맡았다. 1993년의 보고서에서 이 그룹은 다이옥신에 오염된 고엽제와 세 종류의 암, 즉 연조직육종, 비호지킨 림프종, 그리고 호지킨 림프종 사이에 연관이 있다는 충분한 증거를 발견했다.

1979년에 미국의 환경보호국은 범용의 2,4,5-T 사용을 금지시켰다.

그러나 이미 이 고엽제가 집 마당의 잡초 제거, 교외 잔디밭의 제초, 논, 목장, 그리고 침엽수림, 고속도로와 철로 주변에서 널리 쓰인 뒤였다. 연방 통계에 따르면 1974년에만 거의 7백만 파운드의 2,4,5-T가 비가정용으로 사용되었다. 다른 많은 국가들도 2,4,5-T의 합법적 판매나 사용을 금지하거나 규제했지만 오스트레일리아와 같은 몇몇 국가들은 이것의 사용 규제를 위한 어떤 조치도 취하지 않았다.

다이옥신은 미국과 유럽에서 두 극적인 오염 사건으로 인해 더욱 악명을 얻었다.

1976년 7월 북이탈리아의 한 화학공장 폭발사고는 거의 900에이커의 토지와 인근 수천 명의 주민을 오염시키면서 밀라노 북쪽 세베소 시에 다이옥신의 구름을 퍼뜨렸다. 이 사고 후 2주가 지나 관리들은 결국 가장 심하게 오염된 지역에서 724명의 사람들을 소개시키기로 결정했다. 어떤 세베소 주민들에서 측정된 다이옥신 수준은 1조분의 5만 6,000까지 올랐는데 이는 인간에서 보고된 것 중 가장 높은 것이었다.

이 사고는 어떤 치명적인 결과도 일으키지 않았지만 과학자들은 아직도 노출된 이들에게 얼마나 큰 위험을 끼칠 것인지에 대해 논란을 벌이고 있다. 사고 직후 특히 고농도의 다이옥신 노출과 관계 있는 염소여드름의 최소한 183가지 증례가 확인되었다.

다이옥신 노출이 유산이나 기형을 유발하는지는 아직 불분명하다. 많은 임신부는 노출 직후 인공 유산을 고려했으나 어떤 환경에서 유산율의 변화를 알아내기란 매우 어려운데 이는 많은 유산이 여성들도 자신의 임신 사실을 모르는 임신 초기에 일어나기 때문이다. 보건관리들은 어떤 기형이 사고 이후 증가했다는 믿음을 확인하지 못했는데 왜냐하면 세베소에는 사고 전에 어떤 기형 출생기록도 없기 때문이었다.

추후 조사들을 통해 세베소 사고에서 노출된 이들의 가능한 발암 위험도에 초점을 맞추었지만 아직 그런 효과를 완전히 평가할 만큼의 시간이 되지 않았다. 오늘날까지 암발생률을 조사한 초기 연구들은 어떤 암의 발생률 상승을 보고했지만 아직도 논란의 여지가 많다. 부분적인 이유는 공장으로부터 집까지의 거리가 서로 달라 사람들의 정확한 노출 정도 를 평가하기가 어렵기 때문이다.

최근까지도 심각한 선천성 기형을 제외하고는 아무도 세베소 사고에서 노출된 여성들의 아이들에 대한 조사를 할 생각을 하지 않았다. 그들의 성적 성숙이나 생식력에 대한 장기적인 영향이 있는지를 결정하기 위한 연구가 현재 진행중이다.

1982년과 1983년 초에 미주리 주의 타임스비치는 연방정부가 다이옥신 오염으로 2,240명의 주민들을 소개시키는 바람에 유령도시가 되어버렸다. 더러운 길의 먼지를 가라앉히기 위해 분무를 하도록 돈을 받은 한 회사가 다이옥신에 오염된 폐유를 사용했기 때문이었다. 이어서 홍수가 이 오염물질을 가정과 회사로 퍼뜨렸다.

폐유 수송을 하는 이 회사는 약 십 년 전에도 실내 경마장의 바닥에 오염된 폐유를 뿌려 비슷한 사고를 일으킨 경험이 있다. 바로 직후의 보고서에 따르면 말들은 병이 나서 죽어갔으며 서까래에 살던 새들은 땅으로 떨어지기 시작했다. 그 경마장의 소유자와 두 어린 아이들도 유행성 감기 비슷한 병에 걸렸다. 62마리의 말은 죽었지만 병든 사람들은 오염에서 살아남았다.

타임스비치 사례의 경우 노출된 어머니에게서 태어난 아이들에게 미친 영향을 연구했는데 면역체계이상과 특히 전두엽의 대뇌기능이상에 대한 증거를 발견했다. 7명의 소년 소녀들의 대뇌에 미친 영향에 초점을 맞춘 두번째 연구는 소년보다는 소녀들에게서 더 큰 이상을 발견했다. 이는 다이옥신의 호르몬 유사 효과가 발달중인 여아에게 더 큰 영향을 미침을 시사한다. 연구자들은 대뇌에서 일어난 이 부분의 비정상적인 기능이 주의력, 감정, 의지를 변화시켜 간접적으로 사고 과정에 영향을 미칠 거라고 믿는다.

다이옥신보다 더 꼼꼼하게 조사된 합성 화학물질은 거의 없다. 이는 부분적으로 다이옥신의 전설적인 독성 때문일 것이다. 지난 20년 동안 정부와 민간 산업은 다이옥신이 세포 내에서 어떻게 기능하는가로부터 작업중 고농도의 다이옥신에 노출된 작업자들이 암에 더 걸리게 되는지에 이르는 모든 것을 조사하기 위해 수억 달러의 기금을 모았다. 대부분의 연구는 다이옥신이 정자수를 줄이는 것부터 면역계를 억제하는 것까지 광범위한 영향을 신체에 미침을 보여주는, 흥미 있고 때로는 우려할 만한 내용들을 발견했다. 그럼에도 다이옥신의 위험에 대한 미국에서의 뜨거운 대중적 논란은 거의 전적으로 그것이 잠재적인 발암물질인지에만 초점이 맞추어져 있었다. 1980년대 후반에 학계는 흰쥐의 다이옥신 유발성 간암에 대한 14년 동안의 연구를 재검토하고 새로운 과학적, 역학적 증거에 대한 창조적인 해석에 주로 근거하여 다이옥신이 처음에 생각했던 것보다 덜 위험하다는 주장을 했다. 1991년 미국 환경 보호국은 다이옥신의 위치를 재평가했다.

다이옥신에 대한 EPA의 재평가는 리처드 피터슨의 위스콘신 연구가 불가사리에 대한 연구로 예기치 않았던 충격을 불러일으켰을 때 이미 진행되고 있었다. 여기서는 다이옥신이 아주 낮은 용량, 즉 인간에서 보통 발견되는 용량으로도 극적인 효과를 일으킬 수 있음이 분명했다. 몇 달 안에 흐름은 역전되어 다이옥신 논쟁은 발암성에서 발달과 생식에 미치는 독성으로 옮겨갔다. 간단한 순서로 EPA의 과학자들은 임신한 흰쥐에게 다이옥신을 주는 연구를 반복했고 암컷 후손들에게서 유사한 효과를 발견했다.

이 과학적 사고의 전환은 경악스러웠다. 연구 결과들은 다이옥신에 대한 최악의 공포가 사실이며 정당화될 수 있음을 암시했다. 결국 다이옥신은 그 누가 생각했던 것보다 더 위험했으나 생각한 것과는 반대로 가장 큰 위협은 암이 아니었다. 새롭게 등장하는 위험은 자연 호르몬을 저해하는 다이옥신의 능력이었다.

다이옥신의 악명 때문에 이 화학물질이 신체에 무슨 영향을 미치며 어떻게 작용하는지를 조사하는 일련의 연구자들은 꾸준히 들어오는 연구 자금을 확보할 수 있었다. 그러나 피터슨이 이끄는 위스콘신 대학의 실험실은 내분비계에 미치는 다이옥신의 영향을 조사하는 아주 드문 장소들 중 하나였다. 약학대학과 환경독물학 센터에서 일하는 피터슨의 동료 로버트 무어는 이 계열의 연구를 시작했는데 왜냐하면 그가 믿기로는 이 연구가 악명 높은 2,3,7,8-TCDD의 독성을 설명하는 데 가장 유망했기 때문이었다.

다이옥신은 일상적인 독물이 아니었기 때문에 무어와 피터슨 같은 독물학자들에게는 매혹적인 주제였다. 치명적인 용량의 다이옥신을 투여한 동물들은 빨리 죽지 않았다. 그들은 식욕을 잃고 이상한 체중 감소를 겪은 지 몇 주 후에 죽었다. 또한 다이옥신은 때로 모순되게 보이는 여러 가지 치명적이지 않은 반응을 보였다. 그것은 어떤 때는 에스트로겐 반응을 저해하고 어떤 때는 에스트로겐 유사물질처럼 행동하면서 또 에스트로겐을 차단하는 것처럼 보이기도 했다. 그러나 연구들은 다이옥신이 DES처럼 단순한 에스트로겐 유사물질이 아님을 보여주었다. 수년 동안의 연구에도 어떻게 다이옥신이 해를 입히는가는 답을 얻지 못한 채로 남아 있었다. 피터슨과 무어는 내분비계가 이 신비의 열쇠를 쥐고 있다고 생각했다.

그들이 생각했던 대로 성숙한 수컷 흰쥐를 가지고 한 실험은 다이옥신이 호르몬 수준에 간섭함을 확인해 주었다. 성체 흰쥐에게 다이옥신을 주었을 때 그것은 테스토스테론 수준을 저하시키고 고환과 부속기관들을 위축시켰다. 그러나 그런 반응을 일으키는 데에는, 실험에 사용된 흰쥐 중 일부를 죽이기에 충분할 정도로 많은 양의 다이옥신이 필요했다.

비록 무어와 피터슨은 높은 용량을 사용할 때에 독성의 메커니즘을 탐구하기가 더 쉽다고 느꼈지만 이런 접근은 1980년대 중반까지 선호되지 않았다. 비판자들은 인간과 동물들이 훨씬 더 적은 양의 다이옥신에 노출되는 실제의 세계와 직접적인 연관성을 가질 수 없다고 말하면서 높은 용량의 실험을 공격했다.

결국 무어와 피터슨에게는 선택의 여지가 별로 없었다. 그들에게 연구비를 대주는 국립보건연구원(NIH)은 인간의 건강에 미치는 위험과 직접적인 관계가 있다고 연방기구가 믿는 저용량 실험을 하도록 그들을 몰아세웠다. 〈우리는 연구 자금을 받으려면 고용량 실험에서 물러나라는 전갈을 받았습니다〉라고 무어는 말했다.

그들의 고용량 TCDD 실험이 끝나기 전에 무어는 위스콘신 대학 그린 베이 캠퍼스의 도로시 세이저가 쓴 1983년의 논문을 읽었다. 그녀는 모유를 통해서 PCB에 노출된 수컷 흰쥐에서 생식력 저하를 포함한 다양한 변화를 발견했다. 세이저의 연구는 영향의 강도뿐 아니라 그 종류를 결정하는 데 있어서 시점의 중요성을 보여주고 있었다. 그녀의 발견은 무어와 피터슨으로 하여금 TCDD 노출실험의 결과에서도 비슷한 유형을 찾게끔 고무했다. 그들은 대학원 학생인 톰 마블리를 시켜 실제 실험을 하게 했다.

이 팀은 다이옥신에 노출된 흰쥐가 새끼를 낳을 수 있는지 여부의 단순한 질문이 아닌 그 이상의 것을 찾았다. 이 전부냐-무냐의 접근은 전반적으로 부적당했다. 대신에 그들은 독물 연구에서는 별로 측정되지 않았던 정자수나 짝짓기 행동 같은 생식건강의 좀더 민감한 측면을 살폈다. 무어가 말한 대로 〈우리는 다른 방식으로 해답을 찾았습니다. 다른 산맥을 뒤진 거죠〉 였다. 사실 그들이 일반적인 생식력 조사만을 수행했다면 연구는 소리없이 모호함 속으로 가라앉았을 거라고 무어는 회상한다.

마블리의 연구 결과는 그들의 예상을 훨씬 뛰어넘는 것이었다. 성숙한 흰쥐의 생식계통에 영향을 주기 위해서는 거의 치명적인 용량을 주어야 했던 반면 그들은 매우 작은 용량도 자궁 내에서와 모유를 통해 노출된 어린 수컷의 생식계통에는 평생 지속되는 손상을 준다는 사실을 발견했다. 그의 연구에서 어미 흰쥐는 임신 기간 15일 동안 겨우 한 번 다이옥신을 먹었다. 이는 수컷을 수컷으로 만드는 성적 분화의 중요한 시기였다. 성숙함에 따라 어미에게 다이옥신을 먹인 수컷 흰쥐 새끼는 아무것도 먹이지 않은 어미의 새끼에 비해 56%나 정자수가 감소했다. 더욱이 가장 낮은 용량에서도 수컷 새끼는 40%나 감소한 정자수를 보여주었다.

〈남성 생식계통이 발달의 중요한 시점에 얼마나 민감한지를 보여주는 극적인 예입니다.〉 무어는 말한다. 〈우리가 같은 양을 성적으로 성숙한 흰쥐에게 주었다면 생식계통에 미치는 영향에서 우리가 알아낼 수 있었던 것은 없었을 겁니다.〉 그들은 수컷의 생식계통이 성체에서보다 발생 초기에 다이옥신에 100배나 더 민감함을 발견했다.

다이옥신은 또한 발생 초기에 노출된 수컷 새끼들의 성적 행동에도 영향을 미치는데 이는 그것이 뇌의 성적인 분화에도 간섭함을 시사한다. 성숙한 이 수컷들은 짝짓기 기회가 있을 때마다 수컷다운 성적인 행동이 감소하며 전형적인 암컷의 반응인 척추전만 같은 여성화된 성적 행동이 증가한다. 호르몬으로 처리했을 때처럼 다른 수컷이 그놈들을 올라타기도 한다.

얼 그레이는 노스캐롤라이나의 리서치 트라이앵글 파크에 있는 EPA의 생식독물학 실험실에서 이 다이옥신 실험을 다른 계통의 흰쥐와 햄스터를 이용하여 반복했다. 이 종들은 다이옥신에 가장 덜 민감하다고 알려진 것들이었다. 독성 검사에서 독물학자들은 성체 햄스터의 경우 치사량이 대부분의 다른 동물들을 죽이는 치사량의 100배임을 발견했다. 피터슨처럼 EPA 실험실은 흰쥐와 햄스터에서 수컷의 정자수가 급격히 감소함을 발견했으며 암컷 흰쥐에 대한 비슷한 실험에서도 생식기의 기형을 발견했다. 햄스터 연구 결과는 그레이에게 특히 흥미가 있었는데 왜냐하면 어떤 이들은 다이옥신이 위험하지 않으며 그 이유는 누구도 다이옥신 노출로 사망하지 않았기 때문이라고 주장하고 있었다. 성체 햄스터는 다이옥신으로 죽이기 힘든 반면 이 종도 다른 동물들처럼 출생 전 노출에 대해 민감함이 판명되었다.

피터슨 실험실에서처럼 그레이 역시 수컷 흰쥐의 성적 행동 변화를 발견했지만 그는 짝짓기 경향의 감소가 뇌 발달의 변이에 기인하는 것임은 확신할 수 없었다. 다이옥신이 수컷 생식기의 발달을 저해하여 그것이 적절하게 기능할 수 없기 때문에 짝짓기를 덜 효과적으로 만들 가능성은 있었다. 당분간은 다이옥신이 뇌의 발달에 간섭하여 성적 행동을 저해하는지의 여부는 해결되지 않은 채로 남아 있을 것이다.

과학자들은 에스트로겐이나 안드로겐 수용기와 결합하는 메톡시클로르, 혹은 빈클로졸린 같은 호르몬 유사물질이나 저해물질에 대한 것보다 다이옥신에 대해서 잘 이해를 못하고 있다. 이런 이유로 그레이는 동물실험에 기초하여 인간에게 무슨 일이 일어날지는 확실히 예측할 수 없다고 설명한다. 그러나 최근의 발견들은 과학자들에게 인간과 동물에서 일어나는 반응이 대개 유사하다는 확신을 주고 있다. 연구자들은 다이옥신이 거의 전적으로 한 수용기——그 정상적인 화학신호 기능이 알려져 있지 않은 〈고아〉 수용기 중의 하나——를 통해 기능함을 발견했다. 비록 이 수용기들은 처음에 동물에서 확인되었지만 여러 연구들은 인간도 다이옥신과 결합하는, 완전히 기능하는 이 아릴 하이드로카본, 혹은 Ah 수용기를 가지고 있음을 보여주었다. 일단 다이옥신이 인간 세포에서 이 수용기에 결합하면 그것은 핵 속에 있는 DNA와 결합하여 동물실험에서 보이는 것과 유사한 많은 유전자 표현형의 변화를 촉발한다. 인간은 이 효과에 결코 덜 민감하지 않다. 그러나 훗날의 발달 장애를 포함하는 다이옥신의 모든 상이한 생물학적 효과를 무엇이 일으키는가는 아직 신비로 남아 있다.

그러나 그것이 일어나면 다이옥신은 매우 적은 용량, 즉 인간집단에서 보통 발견되는 수준과 매우 비슷한 수준에서도 장기간 지속되는 효과를 미치는 강력하고 지속적인 호르몬처럼 기능한다.

특별한 아이러니는 무어 실험에서의 흰쥐들이 표준 생식력 검사를 의기양양하게 통과했다는 점이다. 이 검사는 화학회사들이 안전성을 조사하기 위해 전형적으로 사용하는 것이다. 거의 모두가 암컷을 임신시켰고 정상적인 수의 새끼들을 낳았다. 그 이유는 흰쥐들이 믿을 수 없을 만큼 정력이 좋으며 생식을 위해 실제 필요한 것보다 열 배 이상의 정자를 생산하기 때문이라고 무어는 설명한다. 독성 화학물질이 흰쥐 정자의 99%를 쓰러뜨려도 생식력에는 아무런 영향도 못미침을 이 검사들은 보여주었다.

이에 비해 인간은 비효율적인 생식자이며 성공적인 수정을 위해 간신히 요구되는 것과 비슷한 수의 정자를 만들어내는 경향이 있다. 무어는 내분비 교란 화학물질의 공격이 없는 데도 많은 사람들에서 인간 남성의 정자수가 〈병적 경계선〉에 있다고 기술한다. 무어의 말이 맞고 인간 정자수의 지속적인 감소가 이어진다면 우리 종은 불안한 미래에 직면한다. 그런 하락은 인간의 생식력에 절멸적인 영향을 미칠 수 있다.

8 여기, 저기, 그리고 모든 곳에

호르몬 교란 화학물질의 위협은 주로 우연한 발견과 사고들을 통해서 조명을 받았다. 그러나 1987년 성탄절 직후 보스턴의 터프트 의과대학에서 시작된 것처럼 괴상한 일도 없을 것이다.

차이나타운의 가장자리에 있는 오래된 벽돌 건물 6층에서 의사 아나 소토는 흰 가운을 걸치고 그날도 평소처럼 꾸준하고 세심한 일정에 따라 진행될 거라 기대하며 최근의 실험에서 얻은 세포 배양기들을 검사하러 실험실로 향했다. 20년 이상이나 그녀와 동료 의사 카를로스 손넨샤인은 왜 세포가 증식하는지——이는 세포가 미친듯이 증식하는 암의 신비에 있어 핵심일 뿐 아니라 기초 생물학에서도 근본적인 문제이다——를 연구해 왔다.

1973년 소토가 터프트 대학의 손넨샤인 실험실에 합류했을 때 처음 이루어진 이 팀은 세포 증식에 대한 종래의 상식에 도전하는 이론을 연구했다. 유행하던 이론은 과학자들이 〈성장 인자〉라 부른 몸 안에 있는 무엇인가가 세포를 증식하게 한다는 것이었으며 이는 비증식이 정상이라는 인식을 깔고 있었다.

손넨샤인과 소토도 처음에는 성장인자를 찾아보았다. 그러나 그들의 실험에서 나온 수수께끼 같은 결과가 그 가정을 재검토하게 만들었다. 진화론적 관점에서 이 문제에 도전하며 소토와 손넨샤인은 아마 그 반대가 진실일 거라고 생각하게 되었다. 결국 박테리아 같은 처음에 진화한 단세포 생물은 그들에게 성장하라고 명할 어떤 것도 필요하지 않았을 거라고 그들은 추론했다. 그것들은 먹이와 환경이 적당하면 무한정 증식할 수 있으니까. 영양을 잘 섭취한 세포는 오로지 다세포 생물의 일부가 되었을 때 꾸준한 증식을 그치는데 이는 어떤 억제물질이 그들을 그 자리에 머물게 함을 시사한다.

아마도 문제는 무엇이 세포를 증식하게 하는가가 아니었다. 오히려 그들을 멈추게 하는 것은 무엇인가였다. 생명 역사의 후기에 나타난 복잡한 유기체는 세포를 일정한 경로에 유지시켜 놓지 않으면 생존이 불가능하다. 이 세포들이 박테리아가 하는 식으로 꾸준히 증식한다면 이 유기체는 금세 커다란 엉망진창인 종양 덩어리에 불과하게 될 것이다. 소토와 손넨샤인의 목표는 그런 억제인자를 찾는 것이었다.

그들은 이런 억제인자를 인간 유방암 세포주를 대상으로 한 실험을 통해 찾아나섰다. 이 세포주는 에스트로겐이 있어야 증식한다. 정상적인 환경에서 에스트로겐은 유방과 자궁의 조직 증식을 촉진한다. 소토와 손넨샤인은 이 호르몬이 억제인자에 의해 효력을 잃는다고 생각하였다. 이 호르몬은 그들이 실험에서 사용한 세포주에도 유사한 작용을 한다. 실험실 접시에 있는 이 살아 있는 세포들에게 에스트로겐을 첨가하면 세포들은 증식한다. 그들은 이 세포 배양으로 그 억제인자를 찾을 수 있을 것이라고 확신했다.

1985년에 손넨샤인과 소토는 그들이 가정한 억제인자가 실제로 존재한다는 증거를 발견했다. 그들이 특별한 차콜 필터를 사용해서 혈청 내에서 에스트로겐을 걸러내어 그 혈청을 에스트로겐-민감성의 유방암 세포주에 첨가하자 이 세포들은 증식을 멈추었다. 2년 뒤 그들은 정지 신호를 보내는 특정한 물질을 혈청에서 분리하여 정제하려고 애썼다.

조직 배양액 속의 세포를 연구하는 일은 요령이 필요하다. 제대로 하려면 한 가지 방법, 즉 완벽하게 하는 수밖에 없다. 좀 지연되거나 아주 약간 요령을 피워도 여러 주, 여러 달, 여러 해에 걸친 작업을 망칠 수 있다. 잠재적인 문제들을 제거하기 위해 손넨샤인과 소토는 극소수의 인력으로 연구실을 운영했고 최고의 통제 상태를 유지하기 위해 주의깊게 세밀한 과정을 따랐다. 그들은 그 실험에 사용한 호르몬들을 연장 상자 속에 넣고 잠궈 다른 실험실에 보관했다. 세포를 가지고 하는 모든 연구를 그들 스스로 했다. 강박증에 가까운 그들의 정교한 주의 체계는 보상을 받았다. 어떤 문제도——적어도 1987년의 마지막 주까지는 없었던 것이다.

4일 전에 손넨샤인은 일련의 플라스틱 배양기를 준비하여 12개의 작은 컵에 유방암 세포를 넣고 다양한 농도의 에스트로겐과 에스트로겐을 뺀 혈청을 이 작은 세포주 각각에 추가했다. 그리고 손넨샤인과 소토는 이 세포들이 어떻게 지내는지 보려고 돌아왔다. 여러 해 동안 그들은 이런 실험의 변형들을 수백 번 수행했다. 늘상 하던 대로 그들은 전자 입자 계수기로 수를 세기 위해 배양기로부터 특별한 계수기용 관으로 세포들을 옮기기 전에 현미경으로 세포들을 관찰했다.

어떻든 그 배양기는 정상으로 보이지 않았다. 그래서 손넨샤인은 현미경을 조절하고 다시 들여다 보았다. 그의 눈은 실수가 없었다. 전체 배양기——특별히 조절한 혈청 내에서 자라는 각각의 세포군——는 러시아워 때의 지하철처럼 우글거리고 있었다. 그들이 에스트로겐을 준 것이든 아니든 그 유방암 세포들은 미친듯이 증식하고 있었다.

세포를 연구해 온 그 모든 세월 동안 그들은 그런 비슷한 것도 본 적이 없었다. 처음에 그들은 경악했다. 무엇인가 심각하게 잘못되었다는 생각 밖에는 할 수가 없었다.

아마도 일종의 에스트로겐 오염일 것이라고 그들은 추측했다. 카를로스가 다른 세포들에 대한 연구도 하고 있었기 때문에 그들은 다른 세포들은 정상대로 행동하고 있음을 바로 알 수 있었다. 광범위하게 증식하는 유일한 세포는 에스트로겐-민감성 유방암 세포들이었다.

그들은 유방암 세포들로 된 다른 조의 배양기를 준비했고 다시 한번 그런 날뛰는 듯한 증식을 볼 수 있었다. 그것은 일시적인 사건이 아니었다. 이 이상한 오염은 아직도 실험실의 어딘가에 있었다.

소토와 손넨샤인은 신년 휴가 동안 절망과 싸우며 이 일방적인 증식에 대한 가능한 실수를 찾아 그들의 실험 공정을 반복해서 검토했다. 그들이 모든 실험을 스스로 했기 때문에 책임을 질 다른 사람은 없었다. 그러나 그들이 무엇을 잘못했다는 말인가? 그들이 실수하지 않았다면 다른 무슨 일이 일어났다는 말인가?

아마도 그 유방암 세포들은 약간 변화했거나 외부 세포들에 의해 오염되었을 것이다.

아니, 그들은 곧바로 다른 에스트로겐 민감성 세포들과 이 동일한 세포 계열의 냉동 표본을 비교해 보고는 그 가능성을 제외시켰다. 시험할 때마다 모두가 에스트로겐 노출 없이도 동일한 신비스런 증식을 보여주었다.

그들은 부주의에서 태업까지 모든 가능한 설명을 고려해 보았다. 누군가가 그들의 실험에서 사용되는 형태의 에스트라디올 병을 들고 생각없이 실험실에 들어오지 않았을까? 이 호르몬은 매우 강력해서 그들은 연구용으로 단지 1그램만을 구비해 두고 있었는데 이는 한 찻술보다도 적은 양이었다. 우연한 운반대의 얼룩이 실험실을 오염시켰을 수도 있다. 그것은 이 실험실이 다른 실험실로부터 멀리 떨어져 잠겨 있었기 때문이다. 그러나 치밀한 통제를 고려해 보면 이런 사고는 거의 일어나기 어려웠다.

누군가가 고의적으로 그들의 실험을 망쳤을까? 이 생각은 그들이 좀 더 그럴 듯한 이유를 생각해 내는 데 실패했을 때 떠올랐다. 질투섞인 동료에 의한 실험의 사보타지는 과학계에서 전혀 들어보지 못한 일은 아니었다. 그들의 연구는 새로운 지평을 열고 오래도록 살아남을 이론을 정립할 것이었다. 그러나 좀더 그럴 듯한 이유가 있어야 했다.

결국 원인은 그들의 가장 급진적인 상상을 뛰어넘는, 인간의 사보타지보다 더욱 괴상하고 불안정한 어떤 것으로 판명되었다. 4개월 동안의 길고 끔찍한 나날들이 지나 그들은 마침내 〈유령 에스트로겐〉을 추적해 냈고 호르몬과 닮은 그 화학물질에 이름을 붙일 수 있기까지는 2년이 더 걸렸다.

그들의 연구는 호르몬 교란 화학물질에 대한 경험이 많은 연구자들에게조차도 충격을 주었다. 여러 해 동안 진행중인 합성 화학물질로부터의 가능한 인간 건강의 위협에 대한 논쟁은 대부분의 인체 노출이 음식과 물에 들어 있는 화학 잔류물질, 특히 살충제에서 비롯된다는 전제를 깔고 있었다. 이제 소토와 손넨샤인은 호르몬 교란 화학물질을 그것이 있으리라고는 결코 기대하지 못한 장소, 즉 비활성이나 무독성이라 여겨졌던 모든 생산품에서도 발견했던 것이다. 여기에 환경 속에 존재하는 호르몬 교란 화학물질과 우리가 어떤 식으로 노출되는지에 대한 우리들의 광범위한 무지의 반짝이는 증거가 있는 것이다.

* * *

새해에 들어서면서 소토와 손넨샤인은 그들의 탐색 작업을 부지런히 시작했다. 그 오염물을 찾아낼 때까지 그들의 연구는 정지 상태였다.

도대체 실마리가 없자 그들은 결국 모든 가능성을 제거하는 지루한 작업을 통해 이 수수께끼를 공격하기로 결심했다. 그들은 실험의 각 단계와 사용되는 모든 장비에 대한 자세한 리스트를 만드는 것으로 시작했다. 그리고 그들은 한 번의 실험당 한 가지씩 바꾸어나가는 방식으로 실험을 반복했다. 아마도 몇몇 기술자들이 모든 에스트로겐의 흔적을 제거하기 위해 유리 피펫을 산으로 충분히 씻어내는 데 실패했을

지도 몰랐다. 그들은 차이가 있나 보기 위해 새 피펫을 사용했다. 차콜은 어땠을까? 혈청에서 에스트로겐을 제거하기 위해 새 병에서 꺼낸 차콜을 사용하면 결과에 차이가 날까? 혈청을 보관하는 플라스틱 시험관은 어떤가? 그들은 새로운 제품을 사용해 보았다.

그들의 주의에도 불구하고 그들이 시험해 본 어떤 것도 차이를 보이지 않았다. 시간이 지날수록 현미경 아래서 세포들의 덩어리를 볼 때마다 그들의 마음은 무겁게 가라앉았다. 매일매일의 실패와 함께 그들은 연구 스케줄에서 자꾸만 뒤쳐지게 되었다. 오염이 그들의 마음을 사로잡았다. 마침내 그들은 문제의 원인을 발견할 수 있을지 알기 위해 그저 세포들을 바라보는 것 말고는 아무 일도 할 수 없었다.

손넨샤인은 문제가 실험실 자체에 있다는 의심을 하기 시작했다. 어떻든 공기가 오염되었음에 틀림없었다. 이 최근의 의심을 시험해 보기 위해 그는 한 대학의 실험실과 모든 장비를 빌렸다. 그가 이 실험실로 가지고 들어간 것은 유방암 세포주와 차콜로 처리한 혈청밖에 없었다. 다시 실패였다. 슬라이드는 여전히 엄청난 세포 성장의 징후를 보여주었다.

이는 오염이 차콜이나 혹은 튜브에 있다는 것을 의미했다. 그러나 그들이 차콜을 검사했고 같은 튜브를 수년씩이나 써 왔는데 어떻게 이런 일이 가능할까?

걱정스럽게 그들은 다시 한번 실험을 수행했는데 이번에는 다른 상표의 시험관, 즉 코닝사 것이 아닌 팔콘사 제품을 사용했다. 이때가 4월 말이었다. 그들은 그 오염물질을 찾아 4개월 동안의 길고 절망적이고 미친 듯한 나날들을 보냈다. 그 긴장은 거의 견디기 어려웠다.

손넨샤인이 그 배양기를 검사하기 위해 며칠 동안을 준비했고 나중에 소토와 다른 이들이 모여들어 그가 슬라이드 하나를 현미경 아래 밀어넣는 것을 조용히 바라보았다.

〈성장이 억제됐어.〉 그는 승리감으로 소리쳤다.

드디어 소토는 그녀를 휘감고 있던 긴장감이 물러감을 느꼈다.

이것이 바로 문제였다. 오렌지색 뚜껑이 달린 코닝 시험관. 무엇인가가 시험관으로부터 그들이 실험에 사용한 혈청에 흘러들었다. 무엇인가가 에스트로겐처럼 작용했다. 그들이 비활성에다 무독하다고 믿었던 이 플라스틱이 인간의 세포에 심각하고 걱정스런 영향을 줄 수 있는 화학물질을 함유하고 있음이 틀림없었다. 비활성과는 거리가 멀게도 이 플라스틱은 생물학적으로 활성이었다.

그렇지만 수수께끼를 푼 데 대한 그들의 흥분은 오래가지 못했다. 그들은 곧 늘어나는 두려움에 사로잡혔다. 이것이 실험실 시험관 때문이라면 다른 플라스틱 제품도 마찬가지일 것이다. 이는 분명 그들의 실험실 단위를 훨씬 뛰어넘는 문제였다.

며칠 뒤에 손넨샤인은 식품영양학자인 터프트 대학의 총장 진 마이어를 만났다. 그는 바로 그 의미를 알아차렸다. 그리고 대학 당국은 코닝사의 과학 기구 생산부에 이 문제를 경고했다. 그 회사는 다른 실험을 위해 한 세트의 코드가 붙은 시험관을 보내주었다. 실험 결과는 실제로 이상하게 나왔다. 그들이 어떤 시험관에 호르몬이 없는 혈청을 보관했을 때 유방암 세포는 에스트로겐 유사 반응을 보였다. 그러나 똑같이 보이는 다른 시험관에 담아둔 혈청에는 아무런 반응을 보이지 않았다. 그 발견 때문에 코닝사의 관계자가 1988년 7월 12일 소토와 손넨샤인, 그리고 다른 터프트 대학의 대표들을 만나러 오게 되었다.

보스턴 로건 공항 부근의 힐튼 호텔에서 열린 이 모임에서 소토와 손넨샤인은 그 회사가 최근에 시험관을 깨지지 않게 하기 위해 넣는 플라스틱 레진을 바꾸었으나 카탈로그 번호를 그대로 둔 사실을 알았다. 의과대학은 여러 해 동안이나 그 번호의 시험관을 주문하고 있었지만 코닝사는 현재 다른 화학 조성을 가진 시험관을 공급했던 것이다. 소토가 그 새 레진의 화학 성분을 물었을 때 코닝사의 관계자는 그것이 〈업무상 비밀〉이라는 이유로 정보를 공개하고 싶어하지 않았다.

소토와 손넨샤인은 분개했다. 그들은 무슨 일을 해야 했는가? 단순히 또 다른 상표의 시험관으로 바꾸고 그들의 연구를 계속했어야 하는가? 양심적으로 어떻게 그들이 이 우연한 발견이 가지는 의미를 무시할 수 있겠는가?

포기는 무책임할 뿐더러 성미에 맞지 않는 일이었다. 남성 위주의 직업 세계에 있는 라틴계 여성으로서 소토는 아무리 애써도 못한다는 대답을 받아들일 수 없었다. 그런 거절은 단순히 그녀의 사냥개 같은 끈질김을 불러일으킬 뿐이었다. 카를로스는 좀더 부드럽게 보였지만 그도 비슷한 완고한 고집을 가지고 있었다. 그것은 그들의 연구에서 분명했다. 한 분야의 업적을 이룩하는 것은 확실한 독립성과 단호함을 요구한다.

그들은 세포생물학자로 수련을 받았고 유기화학자가 아니었으며 이런 종류의 연구를 할 만한 자금도 없었지만 한 가지나 혹은 다른 방식으로 그 플라스틱에서 녹아나와 유방암 세포에 맹렬한 증식을 일으킨 화학물질이 무엇인가를 찾을 수 있다는 데 동의했다.

소토는 이런 조성의 시험관이 병리과의 진단용 시험관으로 사용될 때 어떤 영향을 미칠지를 궁금해 했다. 손넨샤인은 음식을 포장하고 게다가 아기 젖병을 만드는 데 쓰이는 모든 플라스틱에 대해 생각했다. 손넨샤인은 아기들이 우유와 함께 에스트로겐성 물질을 먹을 수도 있음을 우려했다. 호르몬의 영향을 연구하는 데 수십 년을 보낸 의사이자 과학자로서 그들은 늘어나는 에스트로겐 노출이 위험할 뿐 아니라 현명하지 못하다는 강한 확신을 품고 있었다.

그들의 실험에서 에스트로겐성 효과를 나타낸 원인이 되는 화합물을 플라스틱에서 정제해 내고 분광계를 사용하여 기초적인 확인을 하는 데 몇 달이 걸렸다. 마침내 그들은 그 물질의 샘플을 최종적인 확인을 위해 강 건너 MIT에 있는 화학자들에게로 보냈다.

1989년 말에, 즉 그들의 탐색 작업이 시작한 뒤 2년이 지나 그들은 최종적인 답을 받았다. 그것은 *p*-노닐페놀이었다.

더 상세한 조사를 통하여 소토와 손넨샤인은 *p*-노닐페놀이 알킬페놀이라 알려진 합성 화학물질족의 하나임을 알았다. 제조업자들은 플라스틱을 좀더 안정하고 깨지지 않게 하기 위해 폴리스티렌이나 PVC로 널리 알려진 염화폴리비닐에 산화 방지제로 노닐페놀을 첨가했다. 그들이 혈청을 보관하기 위해 썼던 플라스틱 원심분리기용 시험관은 폴리스티렌, 즉 제조업자에 따라 노닐페놀을 함유하거나 함유하지 않을 수 있는 플라스틱이었다.

과학 문헌을 찾아보면서 그들은 그들의 우려를 증가시키는 정보의 단편들을 발견했다. 한 연구는 식품 제조와 포장 산업이 알킬페놀을 함유한 PVC를 사용했음을 발견했다. 다른 것은 PVC 도관을 통해 물을 오염시킨 노닐페놀에 대한 보고를 했다. 소토와 손넨샤인은 노닐페놀이 피임 연고에서 발견되는 화합물(노녹시놀-9)을 합성하는 데 사용되었다는 사실을 발견하기도 했다.

그들은 또한 공업용 세척제, 살충제, 그리고 위생용품에서 발견되는 화합물이 분해 과정에서 노닐페놀을 발생시킬 수 있음을 알았다. 미국과 다른 나라들은 폴리에톡시 알킬페놀이라 불리는 이런 화학물질들을 엄청나게 사용하고 있다. 그것은 1990년에 미국에서만 4억 5천만 파운드가 사용되었으며 세계적으로는 6억 파운드에 달했다. 세제처럼 소비자들이 구매하는 생산품들은 그 자체로 에스트로겐 효과가 있지는 않지만 동물의 신체나 환경, 혹은 이 폴리에톡시 알킬페놀을 분해하는 하수처리장에 있는 세균들이 에스트로겐과 유사한 다른 화학물질들과 노닐페놀을 만들어냄을 여러 연구들은 밝혀주었다.

다음 연구에서 소토와 손넨샤인은 시험관에서 발견한 화학물질을 얻어 그것이 실험실 배양기 위에서의 세포에서처럼, 살아 있는 동물에서도 에스트로겐처럼 기능하는지를 확인하기 위해 흰쥐에게 주사했다. 난소를 제거한 암컷 흰쥐의 실험에서 그들은 *p*-노닐페놀이 에스트로겐을 주었을 때처럼 자궁 내벽의 증식을 일으킴을 발견했다. 이 합성 화학물질이 자연 에스트로겐만큼 강력하지는 않기 때문에 효과를 일으키려면 많은 양이 필요했다.

폴리에톡시 알킬페놀은 1940년대 이후로 광범위하게 사용되었다. 그러나 지난 10년 동안 수중 생물에 대한 독성 때문에 점점 늘어나는 조사의 대상이 되어 왔다. 1980년대 후반까지 몇몇 유럽 국가들은 이미 에톡시 노닐페놀을 가정용 세제로 사용하는 것을 금지했다. 이 계열에 속하는 화합물들은 세제로서 가장 널리 사용되었는데 다른 나라에서도 유사한 규제를 고려중이다. 그러나 많은 것들이 아직도 공업용 세제로 사용되고 있는 반면 유럽과 스칸디나비아 반도의 14개 국가들은 1992년에 이것의 사용을 2000년까지 금지하기로 합의했다.

1991년 소토와 손넨샤인이 그들의 발견을 출간했을 때 그들은 늘어나는 목록에 새로운 문제 하나를 더 추가했다. 이는 널리 사용되고 비교적 잘 연구된 화학물질이 호르몬 저해기능을 가질 수 있다는 최초의 보고였다.

희한한 우연의 일치로 소토와 손넨샤인이 그들 실험실의 오염물을 쫓고 있는 동안 나라의 다른 한 끝인 캘리포니아 주 팔로알토에 있는 스탠퍼드 의과대학에서는 비슷한 드라마가 펼쳐지고 있었다. 이 경우에도 역시 에스트로겐의 수수께끼가 플라스틱 실험실 장비에서 추적되었지만 폴리스티렌이나 노닐페놀은 아니었다. 스탠퍼드의 연구진은 다른 에스트로겐 유사물질인 비스페놀-A를 발견했는데 이는 완전히 다른 종류의 플라스틱인 폴리카보네이트에서 녹아나왔다. 이 플라스틱은 실험실 플라스크와 생수병을 담는 데 쓰이는 커다란 병 등의 많은 소비제품을 만드는 데 쓰였다.

여기서도 마찬가지로 그 발견은 우연한 것이었고 과학자들이 에스트로겐-민감 세포를 가지고 연구를 하던 중에 일어났다. 내과 교수인 데

이비드 펠드먼과 내분비학 분과의 동료들은 처음에 효모에서 에스트로겐과 결합하는 단백질을 발견했는데 그들은 그것을 에스트로겐 수용기라고 생각했다. 그리고 만약 효모가 에스트로겐 수용기를 가지고 있다면 효모 호르몬도 있을 것이었다. 어떤 물질이 실제로 수용기에 결합했음을 보았을 때 그들은 그런 호르몬을 찾는 중이었다. 그러나 연구자들은 곧 그 에스트로겐성 효과가 호르몬이 아닌 오염물질에서 기인했음을 알아차렸다. 그들은 그 오염물질이 비스페놀-A이며 오염원은 실험에 사용되는 물을 살균하는 데 쓰이던 폴리카보네이트 플라스크임을 확인했다.

1993년의 한 논문에서 스탠퍼드 의대 연구진은 그들의 발견과 함께 폴리카보네이트 제조업자인 GE플라스틱사와 토론한 내용을 보고했다. 폴리카보네이트가 특히 고온과 알칼리성 세척제에 노출되었을 때 녹아나온다는 것을 분명히 인식한 이 회사는 이 문제를 제거해 줄 거라고 믿은 특별한 세척제를 개발했다. 그러나 이 회사와 함께 일하는 동안 연구자들은 GE사가 스탠퍼드 대학이 보낸 샘플에서 비스페놀-A를 검출하지 못한다는 사실을 발견했다. 그것은 유방암 세포의 증식을 일으킨 샘플이었다. 문제는 GE사의 화학분석 능력의 한계(10억분의 십)였음이 드러났다. 스탠퍼드 의대 연구진은 10억분의 2에서 10억분의 5의 비스페놀-A도 실험실 내의 세포에서 에스트로겐성 반응을 일으키기에 충분함을 발견했다.

비록 비스페놀-A는 에스트로겐보다 2천 배나 약하지만 〈그것은 10억분의 1의 영역에서도 활성을 갖고 있습니다〉고 펠드먼은 지적한다. 그러나 펠드먼은 사람들이 플라스틱에 대해 경각심을 갖게 하는 데는 조심스럽다. 〈우리는 이것을 공중 보건상의 위기로 만들기에는 아직 모르는 것이 많습니다〉라고 그는 덧붙인다. 그러나 폴리카보네이트에 대한 이 우연한 발견은 대답을 요하는 일련의 질문들을 제기한다. 스탠퍼드 대학의 논문은 비스페놀-A가 실험실의 세포에서 에스트로겐성 반응을 촉발함을 보여준다. 다음의 논리적인 질문은 동물에게 주었을 때도 같은 반응을 촉발하는지의 여부라고 그는 말한다.

불행히도 그런 질문들은 이 시점에서 아직 해결되지 않고 있다. 왜냐하면 손넨샤인과 소토 같은 연구자들이 생물학적 활성 플라스틱과 다른 호르몬 저해 합성 화학물질에 대한 깊이 있는 연구를 수행할 만큼 충분한 자금을 확보하지 못했기 때문이다. 이 문제는 주로 연구 기관들과 개념의 타성에 뿌리를 두고 있는 것처럼 보인다. 이런 연구를 하는 이들은 연구비 심사위원들이 오랜 관념에만 사로잡혀서 독성 화학물질이 DNA에 미치는 영향에만 초점을 맞추고 있다고 불평한다. 그 결과로 그들은 이 새로운 계열의 연구의 중요성을 완전히 이해하거나 알아차리지 못하며 연방 보조금을 받아야 할 종류의 연구에 대해 좁은 시야를 갖는 경향이 있다. 설상가상으로 이런 문제들의 탐구에 필요한 학문 상호간 협동 연구의 제안을 검토할 만큼 긍정적이거나 준비가 갖추어진 연구 기관이 거의 없다.

이러한 시기에 전혀 다른 분과의 과학자인 존 섬터가 대서양 저편에서 또 다른 신비, 즉 성구분이 모호한 물고기의 문제를 풀기 위해 등장하였다. 섬터는 욱스브리지 소재 브루넬 대학의 생물학자로, 물고기의 생식에 미치는 호르몬의 역할을 연구했다.

영국의 강에서 고기를 잡는 낚시꾼들은 특히 하수처리장에서 흘러나오는 오수 바로 아래에 위치한 석호에서 물고기들에게 뭔가 이상한 일이 일어나고 있음을 보고하여 왔다. 문제는 살충제나 낮은 산소 농도 때문에 물고기들이 죽어가는 평범한 일이 아니었다. 물고기들은 어떤 뚜렷한 질병도 없어보였다. 그러나 많은 이들은 특히 괴상한 것을 보았다. 경험 많은 낚시꾼조차 고기가 암컷인지 수컷인지 가려낼 수 없었다. 왜냐하면 암컷과 수컷의 특징을 동시에 한 고기에서 보았기 때문이었다. 그것들은 과학자들이 〈간성(intersex)〉이라 부르는, 한 개체가 두 성 사이에서 꼬인 완벽한 사례였다.

정부 수산청 관리들은 물 속에서 뭔가가, 즉 호르몬이나 호르몬 유사물질이 성적 혼란을 유발했다고 의심했고 섬터를 찾아왔다. 그들은 그에게 질문을 던졌다. 그것이 호르몬에 노출되었는지를 물고기에서 조사할 방법이 있냐고.

그것은 호르몬에 달려 있다고 섬터가 대답했다. 그 물이 에스트로겐처럼 기능하는 무언가를 포함하고 있다면 그는 수컷에서 증거가 되는 징후가 나타날 것을 확신했다. 그 수컷들은 보통 때는 암컷들만 만드는 특별한 난황 단백질을 만들어 에스트로겐에 반응한다. 암컷에서는 간이 이 단백질(비텔로게닌)을 난소에서 분비되는 에스트로겐 신호에 따라 만들게 된다. 일단 간이 비텔로게닌을 합성하면 혈류가 그것을 난소로 가져가 생식을 위해 암컷이 만드는 알 속으로 들어가게끔 한다. 비록 수컷들은 알을 낳지 않지만 그럼에도 일정 농도 이상의 에스트로겐에 노출되면 그들의 간은 비텔로게닌을 생산한다. 이 반응은 전적으로 에스트로겐에 달려 있기 때문에 수컷 물고기에서 발견되는 비텔로게닌은 에스트로겐 노출에 대한 좋은 표지자가 될 수 있다.

첫번째 문제, 즉 하수처리장이 에스트로겐처럼 기능하는 무엇인가를 방류했는지 여부는 대답하기 쉬웠다. 바로 그렇다는 뚜렷한 증거를 물고기가 가지고 있었다.

연구팀이 통발에 든 양식한 무지개 송어를 런던 북부 50마일에 있는 리 강의 하수처리장에서 흘러나오는 물 속에 담가둔지 일주일이 지나자 물고기 혈액에서 측정된 비텔로게닌이 상승했다. 이 고기들은 다른 곳의 깨끗한 물에서 잡힌 송어들에 비해 5백 배나 더 많은 비텔로게닌을 생산했다. 3주 뒤 섬터의 이 에스트로겐 표지자는 더욱 상승하여 약 천 배까지 이르렀다.

1988년 여름 동안 잉글랜드와 웨일즈의 28개 장소에서 전국적인 조사가 이루어졌다. 낮은 산소 농도와 하수처리장의 고장 때문에 이 통발에 가둔 송어의 일부가 죽었지만 연구자들은 이 장소들 중 15군데에서 결과를 모았으며 각각의 모든 경우에서 비텔로게닌의 극적인 상승을 발견했다. 이 증가율 중의 일부는 정말로 충격적이었다. 한 물고기에서 비텔로게닌은 정상의 10만 배까지 올랐다. 이 에스트로겐성 물질이 무엇이든 간에 그것은 한 지방에 국한된 것이 아닌 전국적인 문제였다.

이 발견은 대부분이 이들 강에서 취수하는 상수도를 통해 가능한, 인간의 노출에 대한 심각한 문제들을 제기했다. 여름철에 이 강물의 50%는 하수처리장에서 흘러나온 것이고 건조한 여름에는 이 비율이 90%까지 상승했다. 그러나 강물의 8군데 수원지에서 송어를 가지고 실험한 결과는 어떤 비텔로게닌 효과도 발견할 수 없었다. 조금은 고무적인 결과였지만 이는 단지 성숙한 물고기에서 어떤 반응을 이끌어낼 정도로 충분한 에스트로겐이 없다는 사실만을 증명할 수 있었다. 그들은 민감한 발달 시기별로 물고기들을 시험하지도 않았고 비에스트로겐성 호르몬 저해도 찾지 않았다. 그 실험이 음용수에서 에스트로겐성 화합물의 존재를 배제하지는 않는다. 영국의 수도회사들은 이런 화학물질들을 법에 의해 정기적으로 검사하지는 않는다. 만약 실험을 하더라도 그 결과를 공개할 의무는 없다.

그러나 에스트로겐성 물질이 어디서 오느냐의 문제는 대답하기 힘든 것으로 드러났다. 처음 생각은 피임약이었다. 섬터와 동료들은 에티닐 에스트라디올이라 불리는 일종의 에스트로겐을 포함한 경구 피임약을 먹은 여성이 소변을 통해 그것을 배출하고, 그래서 호르몬은 하수처리장을 거쳐 강으로 흘러들어간다는 가설을 세웠다. 실험실 연구에서 그들은 이런 형태의 에스트로겐이 물 1리터당 10억분의 일 그램 농도로도 물고기에 영향을 줄 수 있음을 확증했다. 그러나 아무리 열심히 찾아보아도 영국의 과학자들은 하수처리장에서 방출되는 물에서 이런 화학물질을 검출할 수 없었다.

섬터와 동료들은 그래서 식물성 에스트로겐과 살충제 같은 다른 에스트로겐성 물질을 생각해 보았다. 이것들은 전반적으로 에스트로겐 효과를 일으킬 수 있었지만 그들은 자신들이 보고 있는 대부분의 에스트로겐 현상을 설명할 만큼 충분한 양이 하수처리장에서 나오고 있다고는 생각하기 어려웠다.

그러다가 에스트로겐성 화학물질에 대한 논문들을 찾아보던 중 섬터는 우연히 폴리스티렌 플라스틱과 다른 제품에서 노닐페놀을 발견한 내용을 기술한 소토와 손넨샤인의 논문을 만나게 되었다. 거기에서 그는 세제가 에스트로겐성 화학물질로 분해될 수 있는 성분을 포함하고 있다는 사실을 알았다. 여기에 새로운 용의자가 있었다.

연구자들은 이 이론이 정말 인정받을 만한지를 보기 위해 일단의 새로운 실험들을 개발했다. 우선 알킬페놀류가 터프트 대학의 연구자들이 사용한 인간 유방암 세포만큼이나 물고기들에게 에스트로겐 효과를 미칠 수 있을까? 그리고 두번째로는 물고기들에게 영향을 줄 만큼의 양이 환경 안에 있을까? 하는 물음이었다. 이 두 질문에 대한 대답은 〈그렇다〉로 판명되었다. 물고기는 정말 반응했고 강에서 발견된 수치는 수컷 물고기로 하여금 상당한 양의 비텔로게닌을 생산하도록 만들기에 충분했다. 다양한 농도의 노닐페놀에 성숙중인 수컷 물고기를 노출시키는 실험은 환경 속에서 발견되는 미미한 용량도 그들의 고환의 생장을 억제하기에 충분함을 보여주었다.

섬터와 동료들은 이제 세제의 분해 과정에서 생기는 알킬페놀류가 폴리에톡시 알킬페놀을 함유하고 있다는 강력한 의심을 갖게 되었지만 이 족에 속하는 화학물질들이 범인인지는 아직 확신할 수 없었다. 그들은 이제 화학 분석을 통해서 이를 끄집어내려 시도했다. 처음의 자료는 이미 에스트로겐 문제가 단일한 화학물질의 결과가 아니라 여러 혼합물에 기인함을 보여주었다. 〈우리는 이 혼합물이 폴리에톡시 알킬페놀과 관계 있는지는 모릅니다〉고 섬터는 말한다. 〈그것은 아마도 세제, 살충제, 그리고 가소제의 단일한 족이거나 혼합물일 것입니다.〉

섬터 자신은 그것이 〈모두가 그 효과에 기여하는 한 계열의 화학물질들〉이라 믿고 있다.

예기치 않았던 장소에서의 호르몬 교란 화학물질에 대한 초기의 발견은 불가피하게 다른 이들도 끌어들였다.

생물학적 활성 플라스틱에 대한 터프트 대학 연구자들의 논문에 고무된 그라나다 대학의 스페인 과학자들은 금속 캔을 코팅하는 데 사용하는 플라스틱에 대한 조사를 하기로 결심했다. 이 종종 눈에 띄지 않는 코팅은 금속이 식품을 오염시키거나 쇠맛을 낼까봐 추가되는 것이다. 그런 플라스틱 내막은 미국의 식품 캔의 85%와 스페인에서 판매되는 제품의 40%에서 발견된다.

식품 독물학자인 파티마 올레아와 내분비암 전문가인 니콜라스 올레아 남매는 미국을 방문하여 소토와 손넨샤인과 함께 터프트 의과대학에서 연구했다. 보스턴에서 보낸 그 시간은 플라스틱의 잠재적인 위험에 대해 그들의 주의를 환기시켰다.

그들의 의심은 충분한 근거가 있었다. 미국과 스페인에서 판매되는 20종의 캔에 든 음식을 분석한 연구에서 그들은 스탠퍼드 대학 연구팀이 폴리카보네이트 실험실 플라스크에서 녹아나온 것과 같은 화학물질인 비스페놀-A를 발견했을 뿐 아니라 옥수수, 양엉겅퀴, 콩과 같은 상품에서도 깜짝 놀랄 만큼 고농도의 오염을 발견했다. 비스페놀-A 오염은 그들이 분석한 캔의 절반에 든 음식물에서 발견되었다. 어떤 경우 그 캔들은 10억분의 80 이상의 농도를 함유하고 있었는데 이는 스탠퍼드 의대팀이 유방암 세포를 증식시키에 충분하다고 보고한 농도의 27배나 되는 것이었다. 그런 수준에서 합성 에스트로겐 유사물질은 그것이 〈약한〉 에스트로겐이냐 아니냐에 무관하게 인간의 노출에서 중요한 의미가 있다.

생물학적 활성 플라스틱은 아무도 플라스틱이 있으리라고는 기대하지 않는 캔과 용기에서 녹아나왔다.

이 장에서 논의된 모든 사건들은 에스트로겐 유사작용이 있는 합성 화학물질과 관계가 있으나 호르몬을 저해하는 합성 화학물질이 모두 에스트로겐처럼 기능하지는 않는다. 몸 안의 다른 호르몬들도 그만큼 취약하다. 예를 들어 어떤 살진균제가 남성 호르몬의 기능에 간섭한다는 사실을 상기하라. 더욱이 노스캐롤라이나 리서치 트라이앵글 파크의 EPA에서 연구를 하며 얼 그레이는 고전적인 에스트로겐 유사물질조차 이 분야의 과학자들이 여태까지 알고 있던 것보다 훨씬 광범위한 영향을 미친다는 사실을 발견했다. 이 〈에스트로겐성〉 합성 화학물질 중의 어떤 것은 남성 호르몬에 반응하는 안드로겐 수용기를 차단함으로써 남성성에 직접적인 조종을 울린다.

노출의 문제는 호르몬 저해 화학물질이 유해하냐 그렇지 않느냐의 논쟁에서 핵심적인 부분이다.

어떤 회의주의자들은 합성 화학물질의 호르몬 효과는 자연 호르몬보다 훨씬 미약하며 인간이 유해할 만큼의 충분한 양에 노출되어 있지 않다는 주장을 통해 이 우려를 무시한다.

그런 주장은 증거들이 뒷받침해 주지 않는다. 일단 이용 가능한 정보와 과학 문헌들을 살펴본다면 사람들이 얼마나 많이 섭취하고 있으며 얼마만큼이 허용되는지 대강의 윤곽이라도 알아내기에는 너무나 많은 공백과 잃어버린 조각들이 있음을 쉽사리 발견하게 될 것이다. 종종 필요한 증거가 존재하지 않거나 이용 가능하지 않다. 제조업자들은 자주 지적 소유권이나 산업 기밀이라는 이름으로 그들의 제품에 사용되는 성분에 관한 정보를 은폐한다. 그것은 공중의 알 권리보다도 법적 특권이나 법원에 의해 엄격하게 보호받고 있다. 미국 시민들로 하여금 정부의 정보에 접근할 수 있게 하는 미국의 정보자유법조차도 산업 기밀이나 사업상의 비밀 정보에 대한 면책을 허락하고 있다. 시장에 나온 얼마나 많은 플라스틱 제품들이 호르몬 저해 화학물질을 함유하고 있느냐는 단지 추측에 불과하다. 정부가 면밀히 감시하는 살충제의 경우도 특정한 살충제의 생산에 관한 일관된 자료를 얻기 곤란하다. 미국과 다른 지역의 이용 가능한 정부 자료는 기껏해야 제한적이고 분산되어 있다.

우려되는 화학물질의 생물학적 활성과 인체 노출에 관한 과학 문헌에 있는 정보는 마찬가지로 제각각이고 불만족스럽다. 어떤 경우에는 인체의 혈액이나 지방에 있는 하나나 혹은 여러 종류의 호르몬 농도를 보고한 것, 다양한 노출 경로를 기술한 것, 혹은 간, 세포, 신경계, 뇌, 그리고 신체의 다른 부위에 미치는 호르몬 저해 화학물질의 영향을 묘사한 것 등이 따로따로 독립된 연구 논문으로 있다.

종종 이 연구들은 지역마다 다르거나 화학물질들 사이에서도 상이한 경향을 보여준다. 이는 놀라운 일이 아니다. DDT와 같은 잔류 화학물질을 규제하는 산업국가들은 1970년대 후반 DDT 농도의 급격한 하락을 목격했다. 인체 조직 내에서 DDT 감소 비율이 그 이후로는 눈에 띄게 줄어들었지만 그럼에도 이는 정부 조치가 노출의 정도를 줄일 수 있음을 보여주는 고무적인 징후이다. 반면 DDT를 엄청나게 사용하고 린데인을 계속 쓰는 라틴아메리카와 아프리카, 열대 아시아와 같은 개발도상국에서 인체 조직은 상당한 농도의 이 잔류 화학물질들을 아직도 나타내고 있다.

PCB는 또 다른 이야기다. 인체 조직 내의 PCB 농도는 이미 10년 전에 대부분의 국가들이 생산을 중단했음에도 최근 몇 년간 일정한 수준이 꾸준히 유지되고 있다. 이는 의심의 여지 없이 금지 뒤에도 노출이 계속되고 있음을 반영하는데 이미 생산된 PCB의 2/3가 변압기나 다른 전기 설비 안에 들어 있고 우연한 사고로 흘러나올 수 있기 때문이다.

우리는 이 문제들의 한 단면만을 포착할 수 있다. 그러나 이 분리된 사실들을 어떻게 꿰맞출 수 있는지는 결국 알지 못한다. 그들이 전체적으로 무엇을 의미하는지 알지 못한다. 뭔가 있다면 잔류 화학물질이 산업화된 국가에서 사라지고 메톡시클로르와 같은 잔류 가능성이 낮은 화합물로 대치됨에 따라 노출을 평가하기가 점점 더 어려워진다는 사실이다. DDT와 마찬가지로 메톡시클로르도 호르몬을 교란하나 그 전임자와는 달리 신체 조직 내에 알기 쉬운 징표를 남겨놓지 않는다. 그리고 얼마나 많은 호르몬 교란 화학물질이 발견되지 않은 채로 남아 있는지에 대한 걱정스런 의문이 제기되고 있다.

현재는 합성 화학물질이 현대의 생활망에서 불가결한 부분으로 보이지만 그들은 상대적으로 최근에서야 보편적으로 사용되었다. 합성 화학산업은 화학자들이 실험실에서 염료를 합성하고 이 인공 염료를 대규모로 생산한 19세기 후반에 처음으로 발전했다. 그러나 일상 생활을 바꾼 〈화학의 시대〉는 제2차 세계대전 이후 날이 밝았으며 그때 새로운 발견과 기술은 산업에 혁명을 일으켰고 합성 화학물질의 생산에 있어 폭발적인 팽창의 시대로 이끌었다. 1940년에서 1982년 사이에 합성 화학물질의 생산은 대강 350배로 늘었고 이전에는 전혀 볼 수 없었던 셀 수 없는 종류, 수십억 파운드의 인공 화학물질이 환경과 야생 생물, 그리고 행성계로 흘러들어갔다.

이제까지 반세기에 걸쳐 지속되어 온 이 지구적인 실험의 규모에 대한 몇 가지 숫자들을 생각해 보자.

합성 화학물질의 대다수를 점하는 미국의 유기합성 화학물질의 생산량은 1992년 4천3백5십억 파운드, 즉 한 사람당 천6백 파운드였다. 전세계의 생산량은 이보다 대략 네 배쯤 되는 것으로 보이나 정확한 통계는 얻기 불가능하다.

전세계에서 10만 종의 합성 화학물질이 현재 시장에 나와 있다. 매년 천여 가지의 새 물질이 등장하나 대부분은 적절한 검사나 시험을 거치지 않는다. 현존하는 전세계의 검사 시설은 기껏해야 매년 5백 종의 물질만을 검사할 수 있을 뿐이다. 실제로 이 중에서 단지 일부만이 검사를 거치게 된다.

살충제의 세계 시장은 1989년 50억 파운드에 달했고 천육백 종의 화학물질을 취급하고 있다. 세계적인 사용량은 아직도 증가하고 있다. 살충제는 생체 활성을 가지게끔 제조되어 의도적으로 환경에 뿌려지는 특별한 부류의 화학물질이다.

오늘날 미국은 1945년에 비해 30배 이상의 합성 화학물질을 사용한다. 같은 시기에 90만 개의 농장과 6천9백만 가정에서 사용되는 화학물질의 파운드당 살충력은 10배 증가했다. 미국에서 사용되는 살충제만 매년 대략 2조 2천억 파운드에 달하며 일인당 8.8파운드이다.

미국에서 소비되는 식품의 35%는 검출 가능한 살충제 잔류물이 있다. 그러나 미국의 분석 방식은 사용되는 600가지 이상의 살충제 중 겨우 1/3만을 검출할 수 있을 뿐이다. 식품의 살충제 오염은 개발도상국에서 더욱 심각하다. 이집트에서는 대부분의 우유 표본이 15종 이상의 살충제 잔류물을 함유하고 있었다는 연구가 있다.

세계의 화학물질 교역은 1만 5천 종의 염소 화합물——그 난분해성과 건강, 환경 문제를 유발하는 성질 때문에 공격대상이 되고 있는 범주의 화합물——을 포함하고 있다. 대부분의 선진국들은 1970년대에 이 부류의 가장 악명 높은 화학물질들에 대한 규제조치를 했지만 개발도상국에서는 공중보건과 식량생산을 위협하는 질병을 막기 위해 사용되고 있으며 그 사용량은 점점 증가하고 있다.

1991년 미국은 적어도 자국 내에서 사용이 금지되거나 자발적으로 유예된 4백십만 파운드의 살충제를 수출했으며 이들 중에는 96톤의 DDT도 있었다. 수출 품목 중에는 내분비 저해를 일으키는 것으로 알려진 4천만 파운드의 화합물도 포함되어 있었다.

매년 생산되는 잠재적으로 해로운 합성 화학물질의 양은 정말로 어마어마하다. 수천 종에 수십억 파운드에 달한다. 살충제만도 50억 파운드가 농경지뿐 아니라 공원과 학교, 식당, 슈퍼마켓, 가정, 그리고 정원에 뿌려진다.

기껏해야 이 화학물질 중 수백 종만이 어느 정도라도 연구되었는데 이들 중에는 DDT, PCB, 다이옥신, 그리고 린데인과 같은 화합물들이 있다. 그러나 여기서조차 우리의 무지는 우리의 지식을 훨씬 넘어서는 것처럼 보인다. 다이옥신 연구에 수십억 달러가 투입되었음에도 불구하고 위스콘신 대학에서의 최근의 발견은(매우 낮은 용량으로도 자궁 내에서 노출된 개체의 생식기관에 장기간 지속되는 효과를 미친다는 것을 보여주었다) 이 실험을 수행한 과학자들을 비롯한 많은 사람들을 놀라게 했다.

이 화학물질 중 많은 것들에 대해 안전성 자료는 거의 없다. 실제로 존재하는 안전성 자료들은 전형적으로 이 화학물질이 암이나 육안으로 보이는 선천성 기형을 일으키느냐 여부에만 국한되어 있다. 내분비계에 작용하거나 세대를 넘어 전해지는 영향의 가능성은 조사된 적이 거의 없다.

현존하는 자료들은 호르몬 저해 화합물에 대한 인간의 노출 및 위험의 규모와 관련하여 어떤 신빙성 있는 추정도 제공해 주지 않지만 그러나 심각하고 우려스런 문제들을 제기하기에는 충분한 증거가 있다. 과학자들이 가능한 위협을 탐구하기 시작하자 새로운 발견들은 우려를 늘이기만 했다. 지도급 연구자들이 예언했던 대로 처음 체계적인 연구가 진행되자 더 많은 호르몬 저해 화학물질이 발견되었다. 그리고 더욱 많은 것들이 예상되고 있다.

비판가들의 주장과는 반대로 합성 화학물질의 호르몬 효과는 늘 〈약하지〉 않다. 최근의 연구에서 얼 그레이는 인간의 체지방에 어디든지 있는 DDT의 분해된 형태인 p', p-DDE가 강력한 안드로겐 저해물질이며 전립선암을 치료하기 위해 사용되는, 남성 호르몬 저해제로 개발된 약인 플루타마이드만큼 효과가 있음을 발견했다.

생물학적으로 비활성이라 여겨져 왔던 플라스틱처럼 예기치 않은 장소에 잠복해 있는 호르몬 저해 화학물질에 대한 발견은 노출에 대한 전통적인 개념을 바꾸었고 인간이 이전에 믿었던 것보다 더 많이 노출되고 있음을 시사한다.

더욱 걱정스럽게도 과학자들은 이제 호르몬 교란 화학물질들이 〈함께〉 기능할 수 있으며 그래서 개개 화학물질들의 작고 일견 의미없어 보이는 양도 축적된 효과를 가질 수 있다는 증거를 발견하고 있다. 아나 소토와 카를로스 손넨샤인은 현재 이것을 유방암 세포 배양주에서 제시했다. 에스트로겐 민감성 유방암 세포를 에스트로겐 유사 효과가 있다고 알려진 소량의 열 가지 화학물질에 개별적으로 노출시켰을 때 그들은 세포들의 어떤 의미 있는 성장도 발견하지 못했다. 그러나 이 세포들은 같은 양의 열 가지 화학물질에 함께 노출시키자 분명한 증식을 보였다. 또한 섬터도 부가 효과의 증거를 발견하였다.

과학자들은 에스트로겐에 대한 것과 같은 방식으로 핏속의 특정 단백질이 합성 에스트로겐 유사물질과 결합하는지 여부에 대한 핵심적인 문제를 탐구하고 있다. 임신한 여성에서 이 결합 효과는 핏속을 순환하는 대부분의 에스트로겐을 묶어 자궁 속의 태아를 지나친 에스트로겐 노출에서 보호해 준다. 연구가 진행됨에 따라 과학자들은 DES와 결합하지 않는 것처럼 핏속의 단백질들이 합성 화학물질들과 결합하지 않는다는 늘어나는 증거를 발견하고 있다. 모든 합성 유사물질이 자유롭고 비결합 상태라면 이는 잠재적인 교란 위험을 훨씬 증가시키며 소위 약한 에스트로겐이나 다른 호르몬 교란물질의 상대적으로 작은 양에 대한 우려도 증가시킬 것이다.

이 장에서 논의된 각각의 모든 발견은 내분비 교란 화학물질에 대한 과학적인 지식을 더해주었지만 아이러니컬하게도 동시에 우리가 지구 표면에 자유롭게 뿌려대고 일상 생활로 깊이 들어와 있는 인공 화학물질들에 대한 우리의 깜짝 놀랄 만한 무지도 드러내주었다.

사실 아무도 이들 합성 호르몬 교란 화학물질들이 인간에게 해가 되기 위해서 얼마만큼의 양이 필요한지 아직 알지 못한다. 모든 증거는 이런 노출이 출생 전에 일어난다면 아주 작은 양으로도 가능함을 시사하고 있다. 최소한 다이옥신의 경우 최근의 연구는 인간의 노출 정도가 우려할 만큼 충분함을 보여주었다.

우리는 아주 많은 부분을 아직 모르고 있지만 이미 알고 있는 몇몇 중요한 사실들을 간과해서는 안 된다.

우리 대부분은 호르몬 교란물질로 판명된 많은 것을 포함한 잔류 화학물질들을 몸에 지니고 다닌다. 더욱이 우리는 혈장단백질과 결합하지 않고 생물학적으로 활성인 자연적인 자유 에스트로겐의 수준보다 수천 배 높은 농도로 그것들을 가지고 있다.

프레드 폼 살이 발견한 것처럼 무시할 만큼 작은 자유 에스트로겐 농도(일조분의 십분의 일)로도 자궁속 태아의 발달 과정을 바꾸어놓을 수 있다. 이 극단적인 민감성을 고려할 때 약한 에스트로겐 유사물질, 즉 몸이 만들어내는 에스트라디올보다 천분의 일 정도로 약한 화학물질이라도 적은 양으로 커다란 문제를 야기시킬 수 있는 것이다.

9 상실의 연대기

물 속으로부터 창백한 짐더미를 끌어올리며 유압 기중기가 으르렁거렸다. 그 1톤의 돌고래는 기중기가 퀘벡 주 세인트로렌스 강 남쪽 몽졸리의 부두에서 대기하고 있는 길고 가는 트레일러를 향하여 움직이는 동안 잠시 공중에서 헤엄을 치는 것처럼 보였다. 기중기는 둔탁한 소리를 내며 돌고래를 부려놓았다.

1989년 5월 31일 이른 아침, 어부 한 사람이 고래가 해변가에서 몸이 뒤집힌 채 떠다니는 것을 발견하고 푸앵트-세넬에 있는 방파제로 그놈을 끌고갔다. 그 강에서 돌고래들은 매혹적인 존재였다. 물의 천사들처럼 물결 위로 미끄러지는 것을 볼 때면 그들은 바로 우아함과 마법 그 자체였다. 그 환경에서 밀려나왔을 때 그들은 정말 다르게 보인다. 혹시 무엇과 닮은 것이 있다면 트레일러 위에 놓인 이 13피트 길이의 고래 시체는 놀랄 만큼 창백하다는 점을 제외하고는 커다랗게 부풀어 오른 소시지 같았다. 혹은 마치 도자기와도 같았다.

〈사자의 서에 또 하나 올라왔군.〉 몬트리올을 향한 긴 여행의 출발을 위해 강력한 포드제 디젤 픽업의 운전석에 올라타며 피에르 벨랑은 생각했다. 지난 7년 동안 과학자이자 세인트로렌스 환경독물학 연구소설립자인 벨랑은 세인트로렌스 강의 양 둑을 따라 죽은 돌고래들을 수집하여 몬트리올 대학의 수의학교로 싣고 가기 위해 수천 킬로미터를 오갔다. 대략 6시간 뒤에 그는 동료들인 수의사 실뱅 드 기즈, 기사인 리샤르 플랑과 함께 부검실에서 또 다른 고래의 뱃속을 뒤지며 밤을 새우게 될 것이다. 이 발견은 세인트로렌스 돌고래에 대한 그들의 늘어나는 기록——가치 있는 과학적 자료일 뿐 아니라 상실의 연대기이기도 한 벨랑의 〈사자의 서〉——에 보태질 것이었다.

이제까지 벨랑과 동료들은 거의 모든 종류의 기형을 보아왔지만 그의 뒷자리에서 고속도로를 덜컹거리며 오고 있는 고래는 평범한 경우가 아니었다. 이 돌고래는 과학 연보의 특별한 자리에 오를 만한 기형의 비밀을 가지고 있었다.

여러 해 동안 과학자들은 대규모 포경산업이 금지된 1950년대 이후에도 세인트로렌스의 돌고래 집단이 꾸준히 감소한 이유를 준설과 수력발전소로 인한 서식지의 감소와 지나친 개발 탓으로 돌리며 여러 이론들을 제시해 왔다. 어쨌든 세인트로렌스 강의 오염이 언급되었다면 그것은 사소한 요인으로 취급되었다. 포경산업은 의심의 여지없이 궤멸적인 희생을 낳았다. 고래 집단은 20세기 초에는 약 5천 마리로 추정되었지만 1960년대 초반에는 1,200마리로 줄었다. 그러나 그 뒤 30년간 돌고래는 꾸준히 수가 줄어 현재는 약 5백 마리밖에 남지 않았다.

벨랑은 아주 우연히도 이 논쟁과 고래 연구 분야에 뛰어들었다. 생물학자로 수련을 받았지만 그는 야생 동물보다는 컴퓨터와 더 많은 시간을 보냈으며 수학적 생태학 연구로 박사학위를 받았다. 이는 수학적 모델과 방정식을 사용하여 생태계 역학을 탐구하는 것이었다. 1982년 9월 돌고래 한 마리가 죽어 떠올랐을 때 그는 인근의 세인트로렌스 강 남부 연안의 도시 리무스키에 새로 설치된 연방 해양어업연구센터의 해양생태학 분과에서 일하고 있었다. 호기심에서 그는 젊은 수의사 다니엘 마르티노와 함께 그 돌고래를 보러갔다. 이는 그가 청회색 넓은 바다에서 하얀 물보라를 내뿜으며 춤추는 것을 단지 멀리서만 본 적이 있던 동물이었다. 두 사람이 해변가에 서 있을 때 일상 업무로 치료하던 소보다 강에서 본 고래에 훨씬 더 관심을 가지고 있던 마르티노가 갑작스럽게 그놈을 해부하여 그들이 죽어가는 이유를 알아내자고 제안했다.

그 최초의 해부조차도 합성 화학물질이 이제까지 알려진 것 이상으로 돌고래 수의 감소에 중요한 인자임을 시사했다. 벨랑이 돌고래 조직 표본을 보낸 몬트리올에 있는 어업 해양연구소에서는 그 동물이 DDT와 PCB, 수은 등의 유독 화학물질에 심하게 오염되어 있다고 보고했다. 그 해 가을 두 마리의 돌고래가 더 떠올랐을 때 벨랑과 마르티노는 그놈들 역시 조사했고 이전에는 고래에서 보고되지 않던 다양한 기형과 병변들을 발견했다.

그 뒤 여러 해 동안 벨랑은 마르티노, 드 기즈와 함께 연구하며 수십 마리의 고래를 부검하고 놀랄 만한 질병의 목록을 만들었다. 그들 중의 대부분은 좀 덜 오염된 물에서 사는 돌고래에서는 발견되지 않았던 것들이었다. 세인트로렌스 강의 돌고래들은 악성 종양, 양성 종양, 유방암, 그리고 복부 종양에 걸려 있었다. 어떤 놈은 사귀니 강의 알루미늄 공장에서 일하는 많은 노동자들처럼 방광암을 가지고 있었는데, 그 강은 몇몇 고래들이 대부분의 시간을 보내는 장소였다. 그들은 입과 식도, 위장, 창자의 궤양으로 고통을 받고 있었다. 대부분은 심각한 잇몸병을 앓았으며 이가 없었다. 많은 놈들은 폐렴이나 유행성 바이러스, 혹은 세균 감염에 걸려 있었다. 많은 수가 갑상선 비대나 낭종과 같은 내분비계 질환도 앓고 있었다. 암컷의 절반 이상이 적절하게 수유를 할 수 없을 정도로 심각한 유선염에 걸려 있었으며 어미들은 고름이 섞인 젖을 빨렸다. 어떤 놈들은 척추가 굽어 있었고 다른 놈들은 뼈에 질병이 있었다. 그것은 고래 욥기(구약성서 욥기, 하느님의 시험을 받아 온갖 질병과 고통에 시달린 사람)를 쓸 만한 내용이었다.

벨랑이 가장 최근의 희생자를 싣고 수의과대학에 들어간 직후 그들은 그 동물을 검사했다. 왼쪽 옆구리에 다섯 개의 둥근 이빨자국처럼 보이는 상처가 아문 흔적이 있는, 정상적으로 보이는 성숙한 숫놈이었다. 그 뚜렷한 표식은 그 녀석이 분명히 연구소의 파일에 있는 이미 이름이 붙고 사진이 찍힌 돌고래 중의 하나인 DL-26(돌고래의 학명인 *Delphinapterus leucas*)임을 확인해 주었다.

벨랑은 이놈이 이 연구소의 새로운 돌고래 입양 프로그램에서 후원자를 만난 최초의 돌고래들 중 하나인 불리라는 것을 알았을 때 침울한 느낌을 받았다. 그 프로그램은 연구 기금을 조성할 목적으로 만들어진 것이었다. 겨우 6달 전에 토론토에 사는 한 고래를 좋아하는 아이의 아버지가 5천 달러의 수표를 보냈고 그 소년은 그가 입양한 돌고래에 불리라는 이름을 붙여주었다.

부검은 다음날 아침까지 계속되었고 그들이 복강을 열 때까지는 일상적인 방식에 따라――치아 결손, 폐기종, 광범위한 위궤양 등――진행되었다. 뱃속에서, 그들은 두 개의 작은 고환과 부고환, 정관 같은 정상적인 수컷의 기관을 발견했다. 그러나 놀랍게도 불리는 자궁과 난소 역시 가지고 있었다. 이는 질만 제외하고는 완전한 암컷의 생식기였다. 그들이 이미 보고한 세인트로렌스 강의 돌고래 집단에 관한 모든 최초의 발견들은 이 발견 앞에서 빛이 바랬다. 그들은 가장 희귀한 생물학적 수수께끼인 〈진성 반음양(true hermaphrodite)〉을 발견했던 것이다. 이는 야생동물에서는 거의 보고된 적이 없으며 고래에서는 한 번도 없었다. 더욱 평범하지 않은 것은 불리가 두 개의 고환과 두 개의 난소를 가지고 있는 것이었는데 이는 전에 겨우 두 마리의 토끼와 한 마리의 돼지에서만 과학적으로 보고된 것이었다. 불리가 자궁 안에 있을 때 정상적인 성적 발달을 왜곡시킨 무언가가 일어났던 것이다.

불리는 자연의 사고였을까 아니면 공해가 유발한 호르몬 대참사의 희생자였을까? 불리가 태어난 지 수십 년이 지난 지금 이 문제에 대답할 방법은 없다. 그러나 부검 보고서는 기록하고 있다. 〈태아의 정상적인 성적 발달〉을 유도하는 〈호르몬성 과정에 어미의 먹이에 포함되어 있던 오염물질이 간섭했음을 배제할 수 없다〉. 과학자들이 고래의 나이를 추정할 때 사용하는, 이빨의 에나멜질에 있는 고리에 근거하여 이 팀은 불리가 죽었을 때의 나이가 26살이었다는 결론을 내렸다. 그녀석은 1960년대 초반에 태어났는데 이때는 세인트로렌스 강의 오염이 최고조에 달했을 때였다.

그 이후 강의 오염 농도는 급격히 떨어졌지만 돌고래들은 특히 젊은 놈일수록 높은 오염 정도를 보이고 있다. 가장 오염이 심한 놈 중 몇 마리는 두 살 이하이며 높은 오염도는 생존에 실패한 미숙아에게서도 나타나는데 이는 오염물질이 태반을 통해 어미로부터 태아에 전달됨을 보여준다. 태어난 뒤에도 오염물질들의 전이는 영양이 풍부하고 기름진 젖을 통해 계속해서 이어진다. 수유 기간 동안 포유류의 어미들은 저장해둔 지방을 끌어오는 데 지방뿐 아니라 여러 해 동안 몸에 축적해둔 잔류 독성 화학물질들을 모유를 통해 부려놓는다. 이런 식으로 수십 년간 어미에게 축적된 오염물질들은 매우 짧은 시간에 아기에게 전해진다. 새끼 돌고래가 두 살이 지나 젖을 뗄 쯤 해서 그 녀석은 몸크기에 비해 어미보다 훨씬 높은 수준의 오염물질을 얻게 된다.

벨랑과 동료들은 체내에 500ppm의 PCB를 축적한 한 젊은 돌고래를 발견했다. 이는 캐나다 법이 정한 유해폐기물 기준의 열 배가 넘는 것이다. 50ppm 이상의 PCB 폐기물을 싣고 세인트로렌스 강을 운항하는 배는 특별한 허가를 얻어야 한다.

불리의 특이한 기형의 원인이 무엇이건 간에 벨랑과 동료들의 연구는 세인트로렌스 강의 돌고래들 사이에 그들의 생식력을 손상시키며 집단의 크기를 회복하는 것을 방해하는 널리 퍼진 호르몬 저해가 존재함을 시사한다. 세인트로렌스 강의 암컷들은 북극의 돌고래들보다 활동성이 떨어지는 난소와 낮은 수태율을 보이고 있다. 6살 무렵이 되어

눈같이 하얀 껍질로 덮일 때까지 회색 피부를 하고 있는, 어린 돌고래에 대한 조사에 따르면 그들은 북쪽의 친척들보다 더 적은 수의 새끼들을 낳는다. 극지에서는 어린 새끼들이 전체 집단의 40% 이상을 차지하는데 비해 세인트로렌스 강의 새끼 비율은 30% 미만이다. 이는 다른 곳의 돌고래 집단과 비교했을 때 생식률이 25% 정도 감소했음을 시사한다.

그런 생식의 문제는 놀라운 것이 아니다. 세인트로렌스 강의 돌고래들은 호르몬을 저해하고 정상적인 생식주기에 간섭하는 것으로 알려진 여러 종의 합성 화학물질들을 상당한 양 체내에 지니고 있다. 네덜란드에서 수행된 한 연구에서 발트 해의 오염된 물고기를 먹은 바다표범에서는 생식률 저하가 나타났으나 깨끗한 북대서양 물고기들을 먹은 다른 바다표범 집단에서는 아무 문제도 없었다. 발트 해 물고기들의 합성 화학 오염물들은 돌고래들의 먹이가 되는 세인트로렌스의 물고기들에서 발견된 것과 유사하다.

낮은 생식률을 보이는 한편으로 세인트로렌스의 돌고래 집단은 한창 나이의 성체들 사이에서 예상되는 것보다 높은 사망률을 경험하고 있다. 퀘벡 주의 연구자들은 그 죽음이 독성 화학물질들이 그들의 면역계통을 파괴시킨 데 부분적으로 기인한다고 생각한다. 출생 전 호르몬 교란 화학물질에 대한 노출과 성체에서의 독성 화합물에 대한 직접적인 노출 모두 면역 기능을 약화시킨다는 증거가 과학 문헌들 사이에서 늘어나고 있다. 인간이 AIDS로 고통받는 것처럼 면역결핍증은 고래들로 하여금 폐렴, 피부질환, 다양한 종류의 감염증, 그리고 암에 취약하게 만든다. 이 팀은 현재 돌고래의 면역계를 조사하고 있으며 면역계통 손상의 성격을 규명하기 위한 노력으로 세인트로렌스 강과 극지방의 돌고래들을 비교 연구하고 있다.

하나 혹은 그 이상의 방식으로 이루어지는 오염이 고래들을 죽이고 있다고 벨랑은 말한다. 그러나 이는 독성 화학물질의 급격한 방출과 관련된 급성 중독이 아니다. 급성 중독은 하룻밤 사이에 물고기와 동물들을 즉사시킨다. 그러나 이 죽음은 느리고, 보이지 않고, 또 간접적인 것이다.

세인트로렌스의 고래들을 조사하는 가운데 이루어진 벨랑과 마르티노, 그리고 드 기즈의 발견은 모든 곳의 동물집단들에 관한 광범위한 문제를 제기한다.

세인트로렌스의 경우에서처럼 일반적으로 연구자들은 야생동물 집단의 감소와 소멸을 인간에 의한 서식지의 환경 파괴, 지나친 사냥이나 낚시, 혹은 원래의 경쟁자들을 훨씬 능가하는 외부로부터의 공격적인 신종의 유입 등의 탓으로 돌린다. 이 요인들은 물론 전 지구적인 동물종의 소멸에 기여하고 있지만 생물학자들은 그것이 모든 감소를 설명하지는 않는다는 사실을 발견하였다.

많은 합성 화학물질들이 호르몬을 저해하며 생식력을 손상시키고 발달을 간섭하며 면역계통을 훼손한다는 늘어나는 증거를 생각할 때 우리는 오염물질들이 동물 집단의 감소에 어느 정도나 책임이 있는지를 물어야만 한다. 고전적으로는 서식지 감소나 지나친 남획과 같은 요인들 탓으로 돌려졌던 몇몇 멸종들에 대해 호르몬 교란물질들이 전적으로, 혹은 부분적으로 책임이 있지 않을까? 남획된 종이 보호 이후에도 원래대로 회복되지 못하는 것은 합성 화학물질들이 생식계통을 손상시켰기 때문은 아닐까?

이러한 질문은 이미 미국에서 가장 주의 깊게 관리되는 동물들 중 하나인 심각한 위협에 처해 있는 플로리다 표범과 관련하여 이미 놀랄 만한 재평가를 촉진했다. 상당히 남용되었던 에버글레이즈의 복구를 위한 노력을 상징하게 된 이 커다란 고양이과 동물의 감소는 근친교배로 인한 생식 문제, 인간의 침입, 교통사고, 그리고 수은 오염의 탓으로 여겨졌다. 미국표범의 멸종을 막기 위한 노력의 일환으로 주와 연방

관리들은 수많은 표범들이 살해당한 에버글레이즈를 가로지르는 고속도로인 앨리게이터 앨리를 따라 특별히 디자인한 일련의 보호구역을 설정했다.

에버글레이즈 국립공원과 빅 키프레스 늪지대를 포함하는, 남부 플로리다의 이 미국표범 보호구역은 주요 농경지의 하류에 위치하여 결과적으로는 살충제와 수정촉진제로 오염되었다. 그러나 최근까지 아무도 미국표범이 처한 난관의 한 요소로서 합성 화학물질을 고려하지 않았다.

첫번째 실마리는 1989년에 나타났다. 에버글레이즈 국립공원에서 겉으로 건강하게 보였던 한 암컷의 죽음에 촉발되어 연방과 주의 야생동물 담당국은 남은 표범들에 대한 연구를 시작했다. 그 수는 겨우 50마리에 불과했다. 야생동물 전문가들은 그 암컷이 수은 중독으로 죽었다는 결론을 내렸다. 그들은 수은 중독을 플로리다 표범이 주먹이인 너구리를 통해 수은과 다른 오염물들이 축적된 수중 먹이사슬에 연결되어 있다는 사실 탓으로 돌렸다. 그러나 그 연구는 표범들이 일단의 다른 문제들도 가지고 있음을 보여주었다. 이 중에는 몇몇 수컷과 암컷에서의 분명한 불임증, 적은 정자수, 면역반응 손상의 증거, 갑상선의 기능이상 등이 있었다. 17마리 수컷 중 13마리는 정류고환이 있었는데 이러한 기록은 이 문제의 발생이 1975년부터 수컷 새끼들에게서 극적으로 증가했음을 보여주었다. 표범을 조사한 이들은 그들의 낮은 생식률과 유전적 다양성의 결여를 작은 집단 내에서의 근친교배의 결과로 여겼다.

그러나 미국 야생동물보호국의 오염물질 전문가 찰스 페이스머는 호르몬 저해 합성 화학물질들에 대한 드러나는 사실들을 알게 되자 나쁜 유전자가 정말로 문제인지에 대해 의문을 제기하기 시작했다. 조사를 통해 그는 이 표범들이 다른 큰 고양이과 동물에 비해 특별히 근친교배를 하지는 않으며 그들의 유전적 다양성이 실제로는 평균보다 약간 높음을 발견했다. 동시에 그는 정류고환이 출생 전 호르몬 저해의 결과라는 것도 알았다.

만약 표범이 자궁 속에서 호르몬 저해를 겪었다면 이는 핏속의 호르몬 비율, 특히 전형적인 남성 호르몬인 테스토스테론과 전형적인 여성 호르몬인 에스트로겐의 상대적인 수준이 다른 데서 뚜렷이 나타날 것이다.

수컷이 훨씬 더 높은 테스토스테론 수준을 보일 것 같았지만 미국표범의 혈액에 대한 분석은 많은 수컷들이 〈여성화〉되었음을 시사하는 비율을 보여주었다. 두 수컷은 에스트로겐의 한 형태인 에스트라디올을 테스토스테론보다 더 많이 가지고 있었다. 다른 몇 마리에서는 에스트라디올이 테스토스테론과 거의 같은 수준이었다. 이런 비율은 매우 비정상적인 것이었지만 이 고양이류의 다른 집단에서 정상 호르몬치를 결정하는 더 심도 있는 연구가 있기 전까지는 어떤 확정적인 결론도 불가능하다.

페이스머가 이 동물에서 오염에 관한 자료를 고찰했을 때 호르몬 교란 이론은 더 강한 설득력을 가지게 되었다. 치명적인 수은 수치를 제외하고도 1989년 죽은 채로 발견된 암컷의 체지방은 DDT의 분해산물인 57.6ppm의 DDE를 함유하고 있었다. 동시에 EPA의 생식독물학자 얼 그레이는 왜 DDE가 수컷 표범 새끼들에게 영향을 미쳤는가를 알려주었다. DDE는 오랫동안 약한 에스트로겐으로만 여겨져 왔으나 그레이의 연구는 그것이 남성 호르몬의 강력한 저해물질임을 보여주었다. 수컷이 자궁 안에서 발육하고 있는 동안 무엇인가가 테스토스테론의 메시지를 저해한다면 정류고환은 그 영향 중의 하나일 것이라고 페이스머는 말한다. 왜냐하면 테스토스테론은 임신 후기에 복강에서 음낭으로 고환을 내려오게 하는 신호를 보내기 때문이다.

미국표범이 처한 곤경의 원인에 대한 불확실성에도 불구하고 야생동물 관리자들은 건강한 외부의 집단으로부터 플로리다로 표범들을 옮겨

오는 돈이 많이 드는 이주 프로그램을 지속했다. 이는 이주해 온 표범들이 원래 지역에 있던 놈들과 교미해서 아직도 근친교배 탓으로 여겨지는 생식 문제들을 해결해 줄 것이라는 희망에서였다.

무엇이 플로리다 표범을 멸종위기에 처하게 했는가의 문제를 해결하는 데는 여러 해가 걸릴 수도 있지만 이 초기 연구와 함께 오염물질에 의한 호르몬 교란이 그들의 생식 문제를 설명하는 가장 확실한 이론으로 갑자기 떠올랐다. 이미 과학자들은 다른 많은 종들에서도 호르몬 교란 화학물질을 생식 실패와 연결짓는 설득력 있는 증거들을 정립했는데 많은 경우에서 그 손실은 처음에는 다른 요인들 때문으로 여겨졌다.

이들 중 가장 좋은 예는 플로리다 대학, 미국 야생동물보호국, 그리고 플로리다 수렵 및 민물고기협회의 생물학자들에 의한 아포프카 호수의 악어 집단에 관한 연구이다. 미국에서 네번째로 큰 12,500헥타르 면적의 이 호수는 올랜도와 디즈니 월드에서 멀지 않은 에버글레이즈의 북쪽에 자리잡고 있다. 플로리다 대학의 생식생물학자 루 귀예트는 생식 실패가 10여 년 전에 아포프카 호에 흘려버린 타워 화학회사의 오염물질 방류와 관계 있음을 알았지만 야생동물들에서 나타나는 증상은 그가 합성 화학물질이 호르몬처럼 기능함을 발견했을 때 의미를 갖기 시작했다.

귀예트가 회상하기로 그 관련이 떠오른 것은 그의 오랜 스승이었던 버클리 소재 캘리포니아 대학의 명예교수이자 비교내분비학자 하워드 번이 게인즈빌 캠퍼스를 방문해서 한 비공식 강연을 들었을 때였다. 그 강연에서 번은 DES에 관한 그의 연구와 합성 화학물질에 노출된 새들에서 보이는 유사한 종류의 발생장애에 관해 말했다. 번 자신은 지난 해 7월 러신의 윙스프레드 컨퍼런스 센터에서 열린 학제간 회합에 참가했을 때 이 놀랍고도 걱정스런 일치를 알았다.

오염물질에 대한 널리 퍼진 억측 때문에 귀예트와 동료들은 화학 폐수가 암이나 즉사를 일으키리라고 기대했었다. 번의 강연은 그들에게 오염물질이 악어와 다른 생물에 어떻게 영향을 미쳤는지에 대해 전혀 새롭게 생각할 수 있는 방식과 아울러 일단의 새로운 의문들을 던져주었다. 〈우리는 문제가 오염물질이었음을 알았습니다.〉 그는 말한다. 〈그러나 그것이 호르몬 효과였음은 알지 못했죠.〉

이런 직관을 통해 귀예트는 악어가 보이는 특이한 문제들이 1980년의 화학물질 유출과 관계 있음을 알 수 있었다. 그 사건 때문에 그 지역은 연방 슈퍼펀드 목록에 가장 심각하게 해로운 오염장소로 올라 있었다. 그 유출 사건에서 흘러나온 화학물질은 DDT의 친척뻘이며 호르몬 기능을 저해하는 살충제 디코폴이었다. 그 이후 귀예트는 플로리다 대학의 티모시 그로스, 미국 야생동물 보호국의 프랭클린 퍼시발, 그리고 플로리다 수렵 및 민물고기협회의 앨런 우드워드와 함께 이런 관련을 뒷받침할 자료들을 모았다.

1994년 초 처음으로 이 문제가 뉴스를 탄 후에 기자들의 행렬이 악어의 위기를 기록하고 수가 줄어든 악어들의 사진을 찍기 위해 아포프카 호 하류로 몰려들기 시작했다. 악어들은 정상 집단의 반이나 1/3 정도로까지 수가 줄어들었다. 이 문제는 5마일에서 10마일 떨어진 북부 지역에서 사는 놈들보다 화학물질 유출장소 부근에서 사는 놈들에게 더욱 심하게 나타남을 귀예트와 동료들은 발견했다. 그러나 어디에 살건 간에 아포프카 호의 수컷 악어들은 상대적으로 깨끗한 다른 호수에 사는 놈들보다 대체로 작은 음경을 갖고 있다. 또한 좀더 최근의 연구는 이 문제가 아포프카 호를 넘어 비록 증상이 가볍기는 하지만 산업 화학물질의 유출 경험이 없는 호수들에서도 나타남을 보여주었다. 이제 연구자들은 농업 오염이 원인일 가능성을 연구하는 중이다.

이 수컷들이 정상 크기의 음경을 가졌다 해도 아포프카 악어들은 두 성 모두가 심각하지만 눈에 잘 띄지 않는 내부 생식기관의 이상을 가지고 있기 때문에 생식 문제들을 가지게 된다. 암컷 악어의 난소는 난자와 여포(배란전 난자가 성숙하는 장소)의 이상을 보여주는데 이는 발생초기에 DES에 노출되었던 인간과 실험실 동물에서 나타난 현상과 매우 흡사하다. 수컷의 고환 또한 구조적인 결함을 보이고 있다.

아포프카의 악어들은 수컷이 전형적인 암컷의 양상을 보이는 등 호르몬 비율이 엉망이 되었다. 이 수컷들은 높은 에스트로겐 수준과 매우 감소한 테스토스테론 수준——상대적으로 오염이 덜한 우드러프 호의 수컷들과 비교했을 때 약 1/4밖에 되지 않았다——을 보인다. 아포프카 호의 암컷들은 높은 에스트로겐 수준을 보이며 에스트로겐/테스토스테론비는 정상의 두 배이다. 수컷과 암컷에서의 이 심하게 왜곡된 호르몬비는 그들의 성기관이 간신히, 혹은 전혀 작동하지 못함을 시사한다.

아포프카의 오염은 붉은귀거북이 집단에도 멸종위기를 불러왔다. 최상위 포식자로서 먹이사슬을 타고 올라와 고농도로 농축된 오염물질에 노출되는 육식성인 악어와 달리 붉은귀거북이는 식물을 먹는다. 이는 그들을 보다 적은 오염물질에 노출되게끔 하는 식습관이다. 그럼에도 그들 역시 부화하지 못한 알뿐 아니라 수컷의 소멸이라는 문제를 가지고 있었다. 연구자들은 호수에서 암컷들과 암컷도 수컷도 아닌 많은 거북이를 발견했다. 성분화 과정에서의 호르몬 저해 때문에 수컷이 되야 할 거북이들은 간성(間性)이라 불리는 성이 뒤섞인 상태로 끝나게 된다. 정상적인 수컷이 발견되는 경우는 거의 없었다.

거북이의 성은 유전자보다는 온도에 의해 결정되는데 이로 인해 어떤 이들은 이 간성 현상이 알의 부화 기간 동안에 온도의 교란으로 인해 생긴 자연적인 이상이라는 제안을 하기도 했다. 그러나 오스틴 소재 텍사스 대학의 데이비드 크루의 후속 연구는 이런 현상이 거북이 알을 성을 결정하는 온도의 경계선상에서 부화시켜도 나타나지 않음을 보여주었다. 성적으로 뒤엉킨 동물을 생산해 내는 데는 온도 교란 이상의 무엇인가가 필요하다. 실험실 연구에서 연구자들은 거북이알을 수컷이 되는 온도에서 품는 것과 동시에 에스트로겐이나 PCB와 같은 에스트로겐 합성 물질에 노출시켜 간성의 동물들을 만들 수 있었다.

악어와 거북이에 대한 오염물질의 영향은 분명한 반면 이 팀은 아직도 어떤 화학물질이 원인인지는 결정하지 못했다. 유력한 용의자는 DDT의 분해산물인 DDE인데 이 물질은 악어의 알에서 최고 농도로 발견되었으며 방류된 디코폴에서 생겨날 수 있었다. 그러나 디엘드린과 클로르데인 등의 다른 호르몬 저해 오염물질들도 역시 존재한다. 악어의 알을 DDE로 칠한 실험에서는 백만분의 일 농도만으로도 예상한 것 이상의 생식기관 이상 발달을 일으키기에 충분했다. 이 변이들은 캘리포니아 대학의 마이클 프라이가 오염된 새들에서 보고한 것과 유사했다. 아포프카의 악어 새끼들에 대한 화학적 분석은 그들의 조직이 4-5ppm의 DDE를 함유하고 있음을 발견했다.

이 심각한 생식 문제들을 고려한다면 악어가 있어 보았자 거의 없을 것이라고 생각할 수도 있을 것이다. 그러나 이는 사실이 아니다. 연구자들은 건강한 악어들이 깨끗한 호수로부터 아포프카 호로 이주하기 때문에 이들의 멸종을 막고 있다고 믿는다. 플로리다 악어들이 더 나은 주거지와 먹이를 찾아 호수를 옮겨다니는 일은 드물지 않다. 그래서 아포프카 같은 호수——원주민 악어들이 사라진 최상의 주거지——는 이민자들에게는 매력적인 장소이다. 이 외부에서의 꾸준한 보충은 이 호수가 가진 심각한 문제들을 가려버린다. 사실 아포프카의 무서운 환경은 야생동물 담당관리들이 상업적인 악어 사육을 위해 야생 악어의 알을 공급하는 데 관심을 갖지 않았더라면 발견되지 않을 뻔했다. 한번 위기에 처했던 종을 위험에 빠뜨리지 않으면서 얼마나 많은 알들을 모을 수 있느냐는 문제에 처한 귀예트의 동료들은 아포프카를 포함한 몇몇 플로리다의 호수들을 조사했다. 그러다가 그들은 아포프카 호의 둥지에 있는 알들 대부분이 부화되지 않았음을 발견했다.

아포프카 호는 겉보기가 실재와 얼마나 다른지를 보여주는 생생한 예이다. 이 호수는 건강하고 상대적으로 오염이 덜한 것처럼 보였고 둘레의 늪지대는 거북이와 악어를 포함한 야생동물들로 득실대는 것처럼 보인다. 보통의 수질 검사로는 1980년의 폐수 유출은 역사 속의 일이었으며 호수는 다시 청정해졌다. 그러나 몇 년이 지났어도 그 사고에서 흘러나온 오염물질은 진정으로 사라지지 않았다. 물에서는 사라졌지만 그것들은 아직도 아포프카의 먹이사슬을 순환하고 있으며 불모의 원인이 된다. 더욱 세밀한 조사를 통해서만 그곳 야생생물군의 심각한 장애가 드러나게 될 것이다.

이런 종류의 이주, 즉 상대적으로 깨끗한 지역에서 태어난 동물이 오염된 주거지로 끊임없이 이주하여 정착하는 행동은 대머리독수리를 포함하는 미국 내의 다른 야생동물 종에서 지속되고 있는 문제들을 가려버린다. 1970년대 초반 연방정부가 DDT와 디엘드린의 사용을 규제한 이후 알껍질이 얇아지는 현상은 감소했으며 1980년대에는 이 새의 숫자가 전국에 걸쳐 뚜렷하게 회복되었다. 1994년 미국 야생동물 보호국은 이 새를 연방 멸종위기종 목록에서 빼자는 의견을 제시했다. 그럼에도 미국의 대머리독수리 집단 중 일부는 문제가 있는 채로 남아 있다.

오대호 지역에서 대머리독수리 수는 1977년에서 1993년 사이에 26쌍에서 134쌍으로 늘었다. 그러나 이 회복은 실제보다 더욱 두드러지게 보이는 것인지도 모른다. 미국 야생동물 보호국의 생물학자들은 오대호 집단의 증가는 주로 깨끗한 지역에서 부화된 독수리들의 이주에 기인한다고 믿는다. 미시간, 미네소타, 그리고 위스콘신의 내륙에서 온 이런 이주자들은 처음에는 성공적으로 번식하지만 호수의 오염물질이 체내에 쌓임에 따라 생식력에 손상을 입는다. 여러 연구들은 이 새들이 먹이를 통해 오염물질을 축적하고 DDE와 PCB의 체내 농도가 올라

갈수록 생식 성공률은 떨어짐을 발견했다.

독수리의 식습관은 얼마나 빨리 생식력을 저해할 만큼 충분한 오염물질을 획득하느냐를 결정한다. 슈피리어 호는 다른 호수들보다 오염이 덜 되어 있지만 그곳의 독수리들은 그들의 식사 습관 때문에 상당한 양의 오염물질을 축적한다. 슈피리어 호의 독수리들은 종종 물고기를 잡아먹는 대신 먹이 사슬에서 한단계 위인 갈매기와 같은 물고기 포식 조류들을 잡아먹는다. 이 갈매기 취향으로 말미암아 그들은 물고기만 먹고 사는 놈들에 비해 오염물질을 스무 배나 더 많이 축적하게 된다.

대머리독수리들 사이에서의 낮은 생식력은 퍼시픽노스웨스트의 콜럼비아 강 유역, 옐로스톤 국립공원 부근, 마인 해안가의 무리들에도 영향을 미치며 미국의 다른 지역에서도 지속되고 있는 문제이다. 이 독수리 집단은 주로 새들만을 먹고 산다.

성체의 생식력 손상은 오대호 지역에서 나타나는 문제의 일부일 뿐이다. 생물학자들은 독수리와 다른 물고기를 잡아먹는 새들에서 눈이 없거나 다리가 구부러지고 부리가 어긋나는 등의 선천성 기형과 건강한 새끼들을 갑자기 엄습하여 말라죽게 만드는 괴상한 소모성 질환을 발견하기 시작했다. 또 다시 일차적으로 유전적 다양성의 결여가 이 문제를 설명하기 위해 등장하였다. 이 설명을 제시한 이들은 DDT가 이 지역에서 어떤 종들을 절멸시켰고 따라서 다시 회복중인 집단의 동물들은 모두가 그 위기에서 살아남아 근친교배를 했던 소수의 후손이기 십상이라는 추론을 했다.

이제 과학자들은 환경 탐사작업과 복잡한 독물학 연구에 근거하여 이것 역시 근친교배보다는 오염 때문이라는 증거를 가지게 되었다. 수십 년 동안 연구자들은 DDT가 유발한 알껍질이 얇아지는 현상이 태아를 죽임으로 해서 다른 오염물질의 영향을 가려왔다고 믿어 왔다. DDT의 사용 감소와 더불어 알껍질이 얇아지는 현상이 사라졌고 새끼들은 살아남아 다른 신체적, 행동적 이상들이 드러나게 되었다. 이 문제들의 일부는 같은 메커니즘으로 기능하는 PCB, 퓨란과 함께 다이옥신과 관계가 있다. 7장에서 서술한 것처럼 이 모든 화학물질은 다이옥신과 유사한 방식으로 행동하며 그 정상적인 신체 내에서의 기능이 아직 알려지지 않은 고아 수용기와 결합한다.

1993년 오대호 인근에 둥지를 튼 대머리독수리들은 네 마리의 기형 새끼를 낳았다. 세 놈은 어긋난 부리를 가졌고 한 놈은 다리가 기형이었다. 그러나 이런 문제는 오대호에 국한된 것이 아니었다. 1994년 여름 미국 야생동물 보호국은 오레곤 주의 새들에서도 일련의 유사한 기형을 조사하기 시작했다. 거기서 붉은꼬리매, 황조롱이, 물수리, 종달새 등이 포함된 로그 밸리의 새 아홉 마리가 어긋난 부리, 눈의 상실, 혹은 양자가 다 있는 채로 발견되었다. 야생동물 전문가들은 어긋난 부리는 포유류에서의 언청이와 유사한 발생기형이라고 말한다.

이런 많은 사례가 시사하는 것처럼 성숙한 동물들은 그들의 후손을 절멸시킬 만한 수준의 오염을 견딜 수 있다. 그러나 밍크와 같이 아주 민감한 종들에게 오대호의 오염 수준은 성체가 생존하기에도 너무 독한 것으로 보인다. 비록 기록들은 희미하지만 밍크는 1950년대 중반부터 오대호 연안에서 사라지기 시작했으며 DDT와 PCB, 그리고 다른 화학물질들이 규제된 이후에도 돌아오지 않고 있다. 어떤 이들은 밍크의 소멸을 서식지의 파괴와 인간의 침입 탓으로 돌리지만 야생동물 전문가들은 이것이 적절한 설명임을 의심하는데 부분적인 이유는 호수 연안에 사향뒤쥐가 번성하고 있기 때문이다. 밍크와 사향뒤쥐는 유사한 거주 환경을 선호하며 따라서 한 종에게 적절한 환경은 다른 종에게도 마찬가지다. 사향뒤쥐가 번성하고 밍크가 사라진 이유는 그들의 식습관과 관계 있다. 사향뒤쥐는 초식동물이고, 육식동물인 밍크는 먹이 사슬의 상위에 있으며 호숫가에 사는 놈들은 상당한 양의 오염된 물고기를 소비한다.

미시간 주립대학의 생물학자 리처드 올레리히와 로버트 링거는 1960

년대에 오대호의 물고기를 먹인 사육 밍크에게 나타난 죽음과 생식 실패를 추적하면서 무엇이 이 동물을 죽였는지를 발견하기 위해 일련의 연구들을 수행했다. 이 연구는 다른 야생 밍크 사촌들의 운명을 밝혀주기도 했다. 이 두 사람은 DDT와 살충제가 문제가 아님을 발견했다. 밍크는 PCB에 매우 민감하기 때문에 죽어가고 있었다. 0.3~0.5ppm의 PCB가 함유된 먹이를 주었을 때 암컷은 새끼를 낳지 못했다. 이 수치는 오늘날 오대호의 물고기들과 인간의 모유에서 발견되는 것과 같은 정도이다. 성체 밍크는 3.6~20ppm의 용량에서 죽었다.

1950년대 영국과 유럽에서 주로 물고기들을 먹고 사는 밍크의 친척인 수달들 사이에서 유사한 감소가 나타났다. 그리고 그들 역시 수십년 전에는 널리 분포했던 많은 지역에서 아직도 사라진 상태로 있다. 비록 수달들은 유럽의 대부분의 지역에서 서식지 파괴라는 지속적인 위협에 직면했지만 영국의 두 전문가 세일라 맥도널드와 크리스 메이슨은 국부적인 오염과 바람을 타고 이동하는 오염이 원래의 집단이 멸종한 동부 잉글랜드와 같은 많은 지역에서 수달을 사라지게 한 중요한 요인이라는 증거를 발견했다.

1970년대에 영국, 1980년대에 유럽의 여러 나라들에서 수행된 현장 연구를 분석한 끝에 맥도널드와 메이슨은 수달 집단이 노르웨이 · 스코틀랜드 · 아일랜드의 대서양 연안 지역, 기류가 바다 쪽으로 흐르는 남서 프랑스와 서부 스페인, 그리고 그리스와 같은 남동 유럽 지역에서 간신히 살아 있음을 발견했다. 그러나 수달은 산업화된 국가와 주요 산업지대로부터 바람이 부는 지역에서는 위기에 처해 있다. 친척인 밍크와 같이 수달은 PCB에 민감한 것처럼 보이며 모든 증거는 PCB가 독자적으로, 혹은 수은 등의 다른 오염물질과 함께 그들의 멸종에 중요한 역할을 담당했음을 시사한다. 오레곤 주와 스웨덴의 위기에 처한 수달 집단에 대한 연구에서도 PCB와의 유사한 연관이 발견되었다.

비록 어류 전문가들은 수가 줄어드는 어류 집단에서 합성 화학물질의 역할을 잘 인식하지 못하고 있지만 어떤 어종들은 특정한 합성 화학물질에 매우 민감하다. 1950년대 초에 온타리오 호의 송어가 멸종했으며 오대호의 다른 호수들에서도 마찬가지였다. 원래 최상위 포식자였던 이 종은 오늘날 자연 상태로는 슈피리어 호와 휴런 호의 일부에서만 서식하며 그래서 이 종의 생존은 주로 인공 방류 프로그램에 의해 유지되고 있다.

천연 호수송어의 멸종은 남획, 서식지 파괴, 그리고 물고기에 붙어 체액을 빨아먹는 외래 기생생물인 바다칠성장어에 의한 포식 등 때문으로 여겨왔으나 최근의 연구는 이 설명에 도전하고 있다. 호수의 오염물질 수준이 성숙한 물고기들을 죽일 만큼은 되지 않지만 여러 실험들은 송어의 알이 다이옥신과 PCB 같은 다른 화학물질들에 매우 민감하며 유사한 독성 메커니즘을 공유함을 보여주었다. 그들은 실험 대상이 된 생물 중에 가장 민감해 보였다. 1조분의 40 농도의 다이옥신이나 2,3,7,8-TCDD만으로도 송어 알들이나 막 깨어난 새끼들은 심각한 사망률을 보이기 시작했다. 1조분의 백 농도에서 알들은 모두 죽었다. 호수의 침전물에서 채취한 표본을 가지고 EPA의 독물학자들은 컴퓨터 모델을 사용하여 호수에서의 다이옥신 노출 역사를 재구성하고 있다. 이 연구는 1940년대부터 온타리오 호의 다이옥신 수준이 송어알을 죽여 번식에 심각한 영향을 주기에 충분할 정도로 높았음을 보여준다.

다이옥신과 다이옥신 유사 PCB들이 호수 송어의 멸종에 부분적인, 혹은 전적인 책임이 있다는 늘어나는 증거들은 그 오염이 다른 종들에게도 영향을 주었는지의 여부에 대한 또 다른 질문을 제기한다. 호수 송어는 깊은 물속에 사는 둑중개를 먹고 사는데 이는 한번도 상업적으로 어획된 적이 없는 물고기이다. 이것 역시 사라졌다. DDT와 다이옥신, PCB는 가장 작은 유기입자에도 효율적으로 결합하며 둑중개가 사는 가장 깊은 물속의 진흙에 최종적으로 침전될 때까지 호수 속에서 물결을 따라 이리붙고 저리붙는다. 결과적으로 이 종은 다른 물고기들에 비해 더 높은 농도의 오염물질에 노출되었다.

수정란 사망률이 오대호 물고기들의 생존을 위협한 유일한 요인은 아니다. 1960년대에 낚시와 사냥 회사들은 북서 태평양으로부터 몇몇 연어종들을 도입했다. 이놈들은 매년 물고기 부화장으로 들어와 그 지역의 수십억 달러 규모의 레저 스포츠인 낚시 산업을 위한 기반을 제공한다. 오늘날 오대호의 모든 연어들은 부적절한 갑상선 호르몬 수준을 보이는 심한 갑상선비대증을 앓고 있다. 이 호르몬은 생식과 건강한 후손의 발달에 중요한 역할을 하는 화학적 메신저이다. 연어알은 정상적으로는 높은 갑상선 호르몬을 함유하고 있으나 오대호의 연어알들은 덜 오염된 태평양 지역의 연어알보다 낮은 갑상선 호르몬 수준을 보였다. 요오드 부족이 그런 증상을 일으킬 수도 있지만 연구자들은 그것을 원인에서 배제했다. 연구자들은 물고기를 주식으로 하는 오대호의 재갈매기들도 갑상선비대증에 걸려 있음을 발견했다. 모든 증거는 이 갑상선 문제가 오염으로부터 기인한 것임을 나타내며, 호수에서 발견되는 많은 화학물질들이 갑상선 호르몬의 활동을 저해함을 여러 연구들이 보여주었지만 그 원인인 특정 화학물질은 확인되지 않았다.

에리 호의 연어 또한 다양한 생식과 발생의 문제들을 보이는데 무겁고 튀어나온 턱, 옆구리의 붉은 무늬 같은 전형적인 수컷의 이차 성징이 소실되며 성적 조숙이 뚜렷하게 나타난다. 이차 성징이 감소하는 것은 양식장에서 부화된 물고기들에서도 알려져 있는데 이는 자연선택이 없기 때문이다. 그러나 캐나다 온타리오에 있는 구엘프 대학의 어류 전문가인 존 레더랜드는 다른 이들이 제안한 것처럼 〈유전적 부동(genetic drift)〉과 같은 진화론적 현상이 이들 물고기 사이에서 눈에 보이는 성적 특징의 소실을 설명하기에 충분하다고는 믿지 않는다. 유전적 부동은 매우 작은 집단에서 일어나는 진화론적 과정이며 여기서 우연은 다음 세대에 어떤 유전적 특질이 나타나게 되느냐를 결정하는 데 중요한 부분을 담당하기 시작한다. 이런 경우 그것은 큰 집단에서 기능하는 진화 과정인 자연선택의 대안이 된다. 그러나 연어에서 나타난 변화들이 어떤 내분비 저해물질 탓인지를 탐구하는 노력들은 이 물고기 종의 기초생리학과 이차 성징의 발현을 결정하는 과정들에 대한 무지로 인해 어려움에 처해 있다.

많은 동물들이 오염물질과 관계된 생식 문제들을 보이지만 특히 고래와 돌고래, 바다표범, 그리고 북극곰과 같은 해양 포유류들은 긴 수명으로 인해 가장 큰 위험에 처해 있다. 6장에서 묘사한 PCB 분자의 여행에서 나타나는 것처럼 잔류 화학물질들은 해양 먹이사슬을 통해 축적되고 농축되며 수명이 긴 포식자로 하여금 고농도의 오염에 노출되도록 한다. 이 해양 포유류들은 특히 차가운 기후에 대한 보온 역할과 식량이 부족한 기간을 대비한 저장용으로 두꺼운 체지방을 가지고 있기 때문에 잔류 화학물질에 더욱 취약하다. 시간이 감에 따라 PCB와 같이 지난 반세기 동안 육지로부터 뿌려진 엄청난 양의 잔류 화학물질들이 점점 바다로 흘러들어가 이미 위협적인 수준에 이른 오염물질들을 더욱 증가시킨다.

유럽과 스칸디나비아에서 연구자들은 발트 해의 점박이바다표범, 바다표범, 회색바다표범과 네덜란드·독일·덴마크의 연안으로부터 뻗어 있는 북해의 일부인 바덴 해의 점박이바다표범 집단의 감소에 관한 일련의 연구를 1970년대 초반에 시작했다. 세인트로렌스의 철갑상어처럼 네덜란드 해안의 점박이바다표범 수는 사냥이 금지되었음에도 1965년부터 1975년까지 1,540마리에서 550마리로 감소했다.

이 연구 모두는 오염된 지역에 살고 있는 바다표범들 사이에서 눈에 띄는 생식력의 감소를 보여준다. 이는 체내 PCB 수준과 강력한 연관이 있다. 발트 해 집단에서 높은 체내 PCB 오염은 암컷 바다표범들 사이에서 크게 증가한, 태아의 죽음을 유발하는 자궁폐쇄 등의 기형과 종양을 비롯한 이상들과 연관이 있다. 또한 네덜란드의 점박이바다표범에 대한 연구는 성공적인 생식의 감소와 조직 내 PCB 농도의 증가 간에 강력한 연관을 발견했다. 이 장에서 이미 논의한 실험적 연구에 따르면 네덜란드 연구자 페터 J.H. 라인데르스는 두 곳——오염된 네덜란드의 바덴 해와 보다 깨끗한 북동 대서양——에서 잡은 물고기들을 두 그룹의 암컷 바다표범에게 먹였다. 번식기가 되어 두 그룹의 암컷들은 오염되지 않은 대서양 물고기들만을 먹은 세 마리의 수컷들과 짝을 지었다. 두 그룹 사이의 수태율의 차이는 뚜렷했다. 깨끗한 대서양 물고기들을 먹은 12마리 암컷 중 10마리가 수태를 한데 비해 바덴 해의 물고기를 먹은 암컷들은 단지 4마리만이 임신하였다.

그리고 1980년대 후반 일단의 극적인 해양 전염병이 수천 마리의 바다표범과 돌고래, 참돌고래들을 죽이기 시작하며 발트 해와 북해, 지중해, 멕시코 걸프 해역, 북대서양, 오스트레일리아 동해, 그리고 심지어는 시베리아 바이칼 호의 바다표범 무리까지 급습했다. 그 피해는 몇몇 집단들을 절멸시켰다.

- 1987년 디스템퍼 바이러스가 바이칼 호에 사는 약 1만 마리의 바다표범을 덮쳤다.
- 같은 해 뉴저지에서 플로리다에 이르는 대서양 해안에서는 볼록코돌고래들이 죽어가기 시작했으며 이는 1988년까지 지속되어 700마리 이상의 희생을 낳았다. 이 숫자는 연안에 서식하는 집단의 절반 이상에 달한다.
- 1988년 북해에 사는 집단의 60%에 이르는 2만 마리의 점박이바다표범이 몇 달 만에 사라졌다.
- 1990년과 1993년 사이에 천 마리 이상의 줄무늬돌고래가 지중해 해안에 시체로 밀려 왔다.

이 모든 집단사가 괴상한 우연의 일치인가 아니면 해양 포유류 사이에서 퍼진 어떤 심각한 문제의 증거인가?

세 경우에서 동물들은 디스템퍼 바이러스가 유발한 감염증에 걸려 죽었다. 다른 경우 세균이나 진균이 〈원인균〉으로 추정되었다. 직접적인 사망 원인은 명확해 보였지만 왜 그렇게 많은 동물들이 서로 다른 장소에서 그토록 감염에 취약해 졌는지에 대한 보다 근본적인 질문에는 답을 주지 않는다. 그렇지만 죽은 동물의 부검은 무엇인가를 암시하는 실마리를 제공하였다. 죽은 동물들은 면역계통의 약화를 보였으며 검사한 놈들은 PCB와 같은 오염물질들을 고농도로 가지고 있었다. 그 합성 화학물질들은 다양한 동물실험에서 면역력을 약화시키는 것으로 드러나 있다.

디스템퍼 바이러스의 경우 확실히 이 질환이 유행한 집단에서 면역계통의 약화를 가져왔다. 그러나 최근의 두 연구는 오염물질 유발성 면역 억제도 관여했음을 시사하고 있다.

바이러스 학자 알베르트 오스터하우스와 네덜란드 국립 공중보건 환경연구소의 연구팀은 오염된 물고기 먹이가 동물의 면역계에 어떤 영향을 주는지를 보기 위해 두 그룹의 바다표범을 가지고 또 다른 실험을 했다. 생식계통을 관찰한 초기의 실험에서처럼 22마리의 바다표범 중 절반은 상대적으로 깨끗한 북대서양의 물고기들을 먹이고 다른 절반에는 심하게 오염된 발트 해의 물고기들을 먹였다. 그것은 대서양의 청어보다 열 배에 달하는 다이옥신 유사 유기염소와 다른 화합물들을 함유하고 있었다. 오스터하우스는 신문 인터뷰에서 두 그룹에게 먹인 물고기는 모두 사람의 소비를 위해 상업적으로 판매하는 곳에서 사왔다고 말했다.

거의 2년 동안 발트 해 청어를 먹은 바다표범들은 곧 면역기능 억제의 징후를 보였고 바이러스 감염에 저항하는 능력이 떨어졌다. 최전선에서 바이러스 감염과 싸우는 그들의 자연살해세포(NK cell) 기능은 정상치보다 20-50% 떨어졌고 면역반응을 지휘하는 T세포의 기능은 25-60%까지 떨어졌다. T림프구는 특히 디스템퍼 바이러스 감염의 경우 그것을 제거하는 데 핵심적인 역할을 담당한다.

면역학자 개릿 라비스가 미국에서 한 두번째 연구는 상대적으로 건강한 돌고래들에서 면역반응과 오염수준 간의 상관관계를 살폈다. 돌고래들의 피는 플로리다 해안의 얕은 바다에 쳐놓은 그물에 걸렸을 때 얻었다. 라비스는 AIDS 보균자의 초기 면역 손상 징후를 알아내기 위해 사용되는 것과 유사한 림프구 분석을 통해서 돌고래의 면역반응이 혈액 내의 PCB와 DDT 수준이 올라감에 따라 떨어짐을 발견했다. 이 연구는 심하게 오염된 동물이 디스템퍼 바이러스 등의 공격을 받기 전에도 이미 취약해진 면역계통 때문에 고통받을 수 있다는 증거를 추가하였다.

생식계통처럼 면역계통은 특히 출생 전 발달 기간 동안 호르몬 교란 화학물질들로 인한 손상에 취약하다. 이미 본 것처럼 동물 연구와 DES에 노출된 인간으로부터 나온 증거들은 그런 노출이 면역계의 발달에 변이를 일으킬 수 있으며 평생에 걸친 영향을 남긴다는 사실을 보여준다. 합성 화학물질과 면역계통 손상 사이의 고리에 대한 늘어나는 증거들은 특히 해양 포유류에게 중요한 함의를 지닌다. 오염된 물에서 보낸 생애의 후반에 겪는 만성적인 독성 화학물질 노출은 상처만 더할 뿐이다. 새끼들은 출생 전 노출 때문에 화학물질 노출이 성인기에만 국한된 부모들보다 질병과 싸우기가 더 힘들다.

합성 화학물질들이 해양 포유류의 면역계통을 약화시키고 전염병의 유행에 기여한다면 독자들은 왜 발병이 좀더 일찍 일어나지 않았는지 의아해 할지도 모른다. 부분적인 이유는 이들이 장수하는 생물들이라서 다음 세대에 재앙이 배로 되어 나타날 때까지는 시간이 걸리기 때문이다. 또한 육지에서의 오염물질 방출과 바다에의 축적 사이에는 시간의 지체가 있다. 이 두 요인은 주요 해양 전염병이 최근까지 일어나지 않았던 이유를 부분적으로 설명해 준다.

세계의 많은 지역에서 보고되는 이상하고 극적인 개구리 수의 감소에 대해서는 알려진 것이 더욱 없다. 개발로 인해 습지를 없애버린 미국의 도시지역에서 개구리 수의 감소는 전혀 이상하게 보이지 않았다. 그러나 코스타리카와 오스트레일리아의 원격지에서 개구리가 사라진 이유는 무엇일까? 세계적인 양서류 전문가 중 한 명인 로버트 스테빈스는 서식지 침범이나 가뭄 등의 분명한 이유가 없는 개구리 수의 감소에는 호르몬 교란 화학물질이 용의자일 수 있다고 믿는다. 1993년 12월 오스트레일리아에서 열린 국제 파충류 학자 모임에서 버클리 소재 캘리포니아 대학의 동물학 석좌 교수인 스테빈스는 그의 동료들에게 호르몬 교란 화학물질의 가능한 역할을 이 원인에 대한 연구의 우선 순위에 놓도록 강조했다.

양서류에 관한 연구를 하던 스테빈스는 개구리 수의 감소에 대한 보고를 살펴보다가 바람에 날리는 오염물질 같은 광범위한 원인을 시사하는 많은 연구들에서 동시성의 유형을 발견했다. 그의 발견에 의하면 많은 집단이 1970년대 중반부터 1980년대 초반까지 급격하게 감소했거나 사라졌다. 고지대에 사는 개구리 집단이 특히 큰 타격을 받았는데 이 때문에 몇몇 이들은 오존층의 감소로 해로운 자외선에 그들이 노출되어서 해를 입었다는 가정을 세우기도 했다. 오존층의 소실이 몇몇 개구리 집단에 피해를 주었겠지만 스테빈스는 이 이론이 코스타리카의 황금두꺼비 같은 놈들의 멸종을 설명하기에는 부적당함을 발견했다. 이 놈들은 깊은 열대우림에 살고 있어 나무에 의해 자외선으로부터 보호받고 있기 때문이었다.

고지대는 오존층 소실에만 취약한 것이 아니라 바람을 타고 오는 오염물질에도 취약하다. 우리의 가상적인 PCB 여행이 보여준 것처럼 많은 잔류 합성 화학물질들은 증발하여 산 정상과 같은 보다 추운 지점에 도착할 때까지 이동한다. 그곳에서 그들은 다시 응축되고 자리를 잡는다. 과학자들은 산성비에서 원거리 오염물질의 역할을 연구하다가 일견 멀리 떨어진 것처럼 보이는 산 정상에서도 모든 종류의 오염물질들을 발견했다.

스테빈스는 마찬가지로 화학물질 오염을 시사하는 것처럼 보이는 다른 징후들도 본다. 돌고래들처럼 사라진 개구리들 중의 몇몇은 〈붉은 다리〉병의 유행이 시사하는 것처럼 면역계통 약화의 징후를 보인다. 다리의 아랫부분에 감염을 일으키는 종종 치명적인 이 질병은 전세계의 깨끗한 민물에서 발견되는 흔한 세균에 의해 일어난다.

〈한 집단이 건강하다면〉, 스테빈스는 말한다. 〈개구리들은 이 세균을 매우 잘 처리할 것입니다. 그러나 그들이 죽어간 많은 지역에서 이 놈들은 붉은 다리를 보이고 있습니다.〉 약화된 면역계통과 명백한 관련이 있기 때문에 스테빈스는 이 현상을 〈AIDS 유사〉 현상이라 기술한다.

결국, 개구리들은 독특한 생리와 자연사로 인해 호르몬 저해 화학물질에 극히 취약하게 된다고 스테빈스는 지적한다. 호흡을 하고 물을 빨아들이는 침투성이 강한 피부 때문에 개구리들은 대부분의 다른 동물보다 그들이 접하는 화학물질들을 더욱 쉽게 빨아들인다. 그들은 또한 물속에서도, 공기 속에서도 숨쉴 수 있는 생물로 변환시키는 〈변태(metamorphosis)〉라 불리는 극적인 과정을 거친다. 올챙이가 개구리로 될 때는 구조와 생리의 심대한 재조직이 일어난다. 이는 호르몬들에 의해 촉발되는 과정이며 따라서 호르몬 신호를 저해하는 합성 화학물질에 취약하게 된다. 그들의 본성 때문에 개구리들은 호르몬 대참사의 첫번째 희생자이다.

그리고 다른 많은 생물들도 마찬가지다. 과학자들은 이제 막 철새들의 이동에 대한 살충제와 다른 합성 화학물질들의 가능한 영향을 탐구하기 시작했다. 이는 아직도 완전히 이해되지 않은 복잡하고 경이로운 현상이다. 어떤 작은 새들은 비행기만큼 높이 난다. 어떤 놈들은 매사추세츠에서 남미까지 90시간의 논스톱 비행을 한다. 북미에 사는 새들 중 2/3는 이동을 하는데 많은 장거리 철새들이 심각한 수의 감소를 보이고 있다.

1980년대 중반 도요새를 연구하는 젊은 과학자 페트 마이어는 그 새들이 갑자기 사라진 이유에 대해 생각하다가 살충제의 가능한 영향을 의심하기 시작했다. 이는 삑삑도요, 물떼새 등의 종을 포함하는 과(科)이다. 도요새는 조류 가운데 가장 멀리 이주하는 놈들 중 하나이며 어떤 종들은 북극의 번식지에서 남미 끝의 겨울나기 장소까지 1년에 1만 5천 마일 이상 여행한다. 매사추세츠 플리머스에 있는 마노메 조류 관찰소의 자료는 가을에 미국의 동해안을 따라 남쪽으로 이주하는 도요새의 수가 15년에 걸쳐 80% 감소했음을 보여준다. 마이어가 최근의 연구에서 발견한 바로는 이 집단의 대부분이 그가 연구했던 페루와 칠레의 남미 서해안에서 겨울을 보냈다.

그들에게 무슨 일이 일어났으며 왜 그랬을까? 이 새들은 번식과 겨울나기 장소뿐 아니라 먹이를 찾고 다음 여행을 위해 에너지를 모아두는, 그 이동경로를 따라 있는 중간 경유 지점들에 의존하여 한 해의 여정 동안 적도를 왔다갔다 하면서 아주 넓은 영역을 지난다. 새들의 진로를 따라 있는 이 핵심 먹이공급장소 중 한 곳만을 파괴해도 그들의 마라톤 같은 이주를 왜곡시키고 새들을 파멸시킬 수 있다.

도요새의 감소는 겨울 서식지의 소실에서 기인한 것처럼 보이지는 않는데 왜냐하면 아직도 새들이 먹이를 먹고 쉴 만한 모래 해변은 풍부하게 있기 때문이다. 아마도 알래스카와 캐나다 극지에 있는 번식지, 아니면 델라웨어 만이나 매사추세츠 해안과 같은 핵심 먹이공급장소 중 한 곳에서 무언가 잘못되었을 것이다. 마이어와 동료들은 새들이 여행하는 정확한 이주경로와 중요한 휴식처들을 확인하면서 이런 서식지 문제를 공략하기 시작했다.

그러나 마이어는 고려해야 할 다른 요소가 있다고 의심했다. 그는 매일 거친 페루의 사막 사이의 잘 경작된 계곡을 향해 흘러드는 강과 개울 어귀에 먹이를 먹고 목욕을 하기 위해 모여드는 새들을 바라보았다. 거의 모든 강과 개울이 파릇파릇한 계곡에 빽빽하게 밀집한 목화와 쌀 경작지에서 사용된 살충제의 냄새를 풍기고 있었다. 새들이 다시 북쪽을 향한 여행을 준비하며 살을 찌우고 있을 때 그들은 먹이에 든 한 무더기의 오염물질을 섭취하는 것처럼 보였다. 새들이 남미에서 케이프코드로 가는 긴 여행 도중 이 지방을 연소시킬 때 살충제들은 어디로 갈까? 저장된 지방이 비행 도중 에너지로 전환될 때 오염물질은 핏속으로 흘러나와 생식기나 뇌로 이동할 것이다. 이 두 기관은 주된 지방 저장고이다. 그런 일이 일어나면 살충제는 이주를 간섭하고 생식을 저해하며 심지어 새를 죽일 수도 있다. 오염된 뇌가 진로에서 이탈하게 할까? 번식지에 도달했을 때 생식을 할 수 있을까? 오염된 어미로부터 태어난 새끼들에게 무슨 일이 일어날까? 이주하는 동안 방향을 잡는 그들의 능력과 행동이 손상을 입지는 않을까? 과학은 대답을 할 수 없었으며 오늘날에도 그러하다. 지난 40년 동안의 도요새와 다른 철새들의 감소에 살충제가 어떤 역할을 했는지의 여부는 알려져 있지 않다.

야생동물의 문제를 호르몬 저해와 연관짓는 늘어나는 증거와 이론들을 고려한다면, 내분비 저해 화학물질들을 세계의 생물 다양성에 대한 주요한 장기간의 위협이자 세인트로렌스의 철갑상어와 플로리다 표범 등 위기에 처한 특정 종에 대한 급박한 위협으로 여기는 데는 이제 충분한 이유가 있다. 그 손실의 원인을 찾는 데 있어 과학자들은 줄어드는 서식지와 기후 변화 같은 보다 명확한 저해인자들과 더불어 생식력 손상이나 행동의 이상 같은 기능적인 변화들도 찾아보아야 한다. 이 장에서 논의된 다른 많은 사례들처럼 외양을 넘어서 살펴보는 일이 중요하다. 정상적이고 건강하게 보이는 동물조차도 사실 변형된 호르몬 비율, 혼란스런 생식기관, 혹은 좀더 가까이 들여다보면 뇌의 생리적 변화 등을 보일 수 있다. 보이지 않는 손상에 의해 수가 줄어들고 기형이 된 그런 동물들은 수백만 년 동안의 자연선택을 통해 얻은 잘 닦인

무기를 잃어버린다. 그들은 자연의 재앙 뒤에 다시 번식할 능력이나 그렇지 않다면 견딜 수 있는 스트레스에 저항할 능력을 잃을 수도 있다. 어떤 뚜렷한 이유없이 갑자기 사라질 수도, 혹은 천천히 눈에 띄지 않게 멸종되는 중일 수도 있다.

10 달라진 운명

30년도 전에 레이첼 카슨은 『침묵의 봄』에서 〈우리의 운명은 동물들과 연결되어 있다〉고 썼다. 이제 그 책은 현대의 환경운동을 출범시키는 데 기여한, 합성 살충제와 인간의 오만에 대한 고전이 되었다. 이는 오랫동안 환경보호론자들과 야생동물학자, 그리고 두 본질적인 현실 —— 즉 우리가 공유하는 진화론적 유산과 환경을 인식하는 이들에게 지배적인 믿음이었다. 플로리다, 영국의 강, 발트 해, 북극권, 오대호, 그리고 시베리아의 바이칼 호에서 동물들에게 일어난 일들은 인간과 직접적인 관련을 맺고 있다. 실험동물과 야생동물에서 보이는 손상들은 인간 집단에서도 증가하는 것처럼 보이는 불길한 그림자의 징후이다.

이미 언급했던 것처럼 내분비계에 의해 지배되는 기초 생리 과정은 수억 년에 이르는 진화 기간 동안 상대적으로 변화없이 유지되어 왔다. 진화론은 지구 위 생물의 역사를 특징짓는 완고한 보수의 흐름을 무시하고 자연선택의 고안물에만 조명을 비추는 경향이 있다. 진화는 다양하고 놀라운 방식으로 가지를 치며 주로 형태를 가지고 실험을 한 동시에 생물의 생화학적 양조법에 대한 고대의 처방에서 놀라우리만치 조금만 벗어나 있다. 진화론적 계열에서 우리의 위치를 살펴볼 때면 인간은 우리를 독특하게 만드는 특징에만 초점을 맞추는 경향이 있다. 그러나 이런 차이들은 우리가 침팬지나 고릴라 같은 영장류뿐 아니라 쥐, 악어, 거북이, 그리고 다른 척추동물들과 공유하고 있는 많은 것들과 비교하여 보면 사실 작은 것이다. 거북이와 인간이 외형적으로 유사한 것은 거의 없지만 우리가 친족관계인 것은 분명하다. 지루한 여름 오후 내내 통나무 위에 누워 햇볕을 쬐는 거북이의 몸에 도는 에스트로겐은 인간의 핏속에 돌고 있는 에스트로겐과 정확히 일치한다.

인간과 동물들은 공통적인 진화의 유산뿐 아니라 공통적인 환경을 공유한다. 인간이 만든 환경 속에 살며 우리는 우리의 복지가 자연계에 뿌리를 두고 있음을 쉽게 잊어버린다. 그러나 모든 인간의 성취는 눈에 보이지 않는 수많은 생명 유지 서비스를 제공하는 자연계에 근거를 둔다. 자연계에 대한 우리의 연관은 독수리나 수달에 비해 덜 직접적이고 덜 심각할지는 모르나 우리는 생명의 그물망에 결코 덜 개입되어 있지 않다. 20세기 초의 미국 환경철학자인 존 뮈르보다 이 기본적인 생태학적 원리를 단순하게 이야기한 사람은 없다. 〈우리가 무엇인가 독자적인 것의 예를 들려고 할 때마다 우리는 그것이 …… 우주의 모든 것과 수천의 보이지 않는 끈으로 연결되어 있음을 발견한다.〉

지난 반세기 동안 잔류 화학물질을 가지고 한 우리의 후회스러운 실험은 이 깊고 복잡한 상호 관계의 실체를 보여준다. 도쿄나 뉴욕, 아니면 농장이나 산업오염 지대로부터 수천 마일 떨어진 북극의 이누이트 마을에 살든지 간에 우리 모두는 우리의 체지방에 잔류 합성 화학물질을 축적하고 있다. 피할 수 없이 연관된 이 그물을 통해 화학물질들은 새나 바다표범, 악어, 표범, 고래, 그리고 북극곰에서와 마찬가지로 우리 각자에게서도 자신들의 자리를 찾아간다. 이 생물학과 환경의 공유를 고려한다면 인간만이 오랫동안 별도의 운명을 가질 것이라 기대할 만한 어떤 근거도 없다.

그러나 어떤 회의론자들은 동물 연구가 인간에 대한 위협을 전망하는데 유용한 도구를 제공할 것이라는 사실에 의문을 표시한다. 〈쥐는 작은 사람이 아니다〉란 상투적인 격언은 동물 실험을 통해 화학물질이 인간에게 발암 위험이 있는가를 정확하게 예측할 수 있는지에 대한 지속되는 논쟁에서 종종 들었던 말이다. 또한 비판가들은 비정상적으로 높은 용량을 사용하는 실험 과정, 즉 예를 들면 인간이 보통 식사에서 섭취하는 평균 양의 800배에 달하는 양을 먹여 DDT가 암을 유발하는지 여부를 가리는 생쥐를 이용한 실험도 공격한다.

발암실험과 관련하여 이런 비판의 이점이 무엇인지는 몰라도 그것들은 호르몬 교란 화학물질의 효과를 예측하기 위한 동물의 사용과는 별 상관이 없다. 암을 유발하는 기본 메커니즘에 관하여는 단지 불완전한 이해밖에 없기에 과학자들은 한 종에서 다른 종으로의 외삽에 불확실성을 인정해 왔다. 이와 대조적으로 과학자들은 호르몬의 메커니즘과 기능에 대한 상당한 이해를 가지고 있다. 그들은 화학적 메시지를 어떻게 주고 받으며 합성 화학물질이 이 의사 전달 과정을 어떻게 저해하는지를 이해하고 있다. 그들은 호르몬이 유도하는 발생 과정이 기본적으로 모든 포유류에서는 동일하며 혹시 의문이 있더라도 DES 노출 경험이 인간을 포함한 많은 종에서 유사한 저해 작용을 확증했음을 알고 있다. 시간이 흐를수록 DES를 사용한 실험실 연구에서 처음으로 보였던 기형들이 임신중 이 약을 복용한 여성들의 아이들에게서 나타났다.

DES 경험을 환경내 호르몬 교란물질의 위협과 관련시키는 것은 매우 많은 용량이 약을 복용한 여성들과 실험 동물에게 주어졌기 때문에 의문시되어 왔다. 사실 초창기에 대부분의 실험들은 많은 용량을 사용했지만 상당히 적은 용량을 사용하는 최근의 실험들이라고 덜 위협적인 결과가 나오는 것은 아니다. 사실 어떤 경우에는 많은 용량이 역설적으로 적은 용량보다 피해를 덜 입힌다. 매우 적은 용량의 DES 효과를 연구하면서 프레드 폼 살은 일정한 수준까지는 용량에 따라 반응이 증가하다가 어떤 용량부터는 감소함을 발견했다.

폼 살의 용량 반응 곡선은 거꾸로 된 U자형을 닮았다. 그 형태에는 내분비계와 합성 오염물질 간의 상호관계에 대한 심오한 중요성이 있다. 직선형도, 늘 한 방향으로만 움직이는 것도 아닌 거꾸로 된 U자형은 호르몬계의 특성처럼 보이며 고전적인 독물학의 밑에 깔린 전제 ── 생물학적 반응은 용량에 따라 늘 증가한다 ── 를 확증해 주지 않음을 의미한다. 그것은 매우 많은 용량을 가지고 한 실험이 만약 적은 용량을 준 동물에서라면 보일 수도 있는 효과들을 놓칠 수 있음을 의미한다. 거꾸로 된 U는 내분비 저해물질의 기능이 독성물질들에 대하여 널리 퍼진 상식들을 어떻게 위반하는지를 보여준 또 다른 예이다. 많은 용량의 실험으로부터 적은 용량의 효과를 외삽하는 것은 어떤 경우 위험을 과장하기보다는 심각할 만큼 낮게 평가할 수도 있다.

내분비 저해물질의 문제는 아주 최근에야 표면에 떠올랐기 때문에 이 위험의 정도에 대한 과학적인 평가는 아직 완성과는 거리가 멀다. 그럼에도 불구하고 다양한 분과의 과학과 의학 분야에서 나온 현존하는 연구들을 넓은 시각에서 바라본다면 그 증거의 무게는 인간이 위험에 처해 있으며 아마도 주요한 방식들로 영향을 받았음을 시사하고 있다. 통틀어 이 과학적 조각이불 짜기는 틈이 있음을 인정해야 하지만 그럼에도 불구하고 강력하고 다급한 축적된 설득력을 가지고 있다.

이는 위스콘신 주 러신의 윙스프레드 컨퍼런스 센터에서 1991년 7월에 열린 내분비 저해에 관한 역사적인 회합에서 나온 교훈이다. 여러 해 동안 수십 명의 과학자들은 호르몬 저해라는 퍼즐의 독립된 조각을 탐구해 왔으나 테오 콜본과 페트 마이어가 최종적으로 21명의 핵심 연구자들을 한자리에 모았을 때에서야 전체 그림이 떠올랐다. 이 독특한 모임에서 인류학부터 동물학까지 다양한 분야의 전문가들은 정상적인 발생 과정에서의 호르몬의 기능과 야생동물, 실험실 동물, 그리고 인간에 대한 호르몬 유사 화학물질의 참혹한 영향에 대하여 그들이 알고 있는 것들을 공유했다. 처음으로 아나 소토, 프레더릭 폼 살, 마이클 프라이, 하워드 번, 존 맥래츨런, 얼 그레이, 리처드 피터슨, 페터 라인데르스, 팻 휘튼, 멜리사 하인즈, 그리고 다른 이들이 그들의 연구 분야와 이 모임에서 도출된 불길한 함축 사이에 있는 자극적인 관련성을 탐구했다. 증거가 제시됨에 따라 그 관련성은 명백하고 매우 두려운 것임이 드러났다. 결론은 피할 수 없었다. 동물들의 생존을 위협하는 호르몬 저해 화학물질들은 인간의 미래도 위험에 빠뜨리고 있다.

그 회합을 마칠 무렵 과학자들은, 세계의 대부분 지역 사람들이 야생동물들과 실험실 동물들의 발달을 저해하는 화학물질들에 노출되어 있으며 이 화학물질이 규제되지 않는 한 우리는 인간 배아의 발달에 대한 광범위한 장애의 위험 내지 평생 지속되는 손상과 마주치게 될 것이라는 사실을 경고하는 〈윙스프레드 선언〉을 발표했다.

시급한 문제는 인간이 이미 지난 반세기 동안의 호르몬 교란 합성 화학물질들에 대한 노출로 해를 입고 있느냐 여부이다. 이 인공 화학물질들은 이미 발생을 유도하는 화학적 메시지들을 혼동시켜 개인의 운명을 바꾸어 놓았는가?

과학적인 사례에 친숙한 많은 이들은 그 대답이 〈그렇다〉라고 믿는다. 예를 들어 다이옥신 유사 화학물질에 대한 인간의 노출을 고려하면 특히 민감한 사람들은 특정한 영향들로 고통을 받고 있을 가능성이 있다. 그러나 호르몬 교란 화학물질이 현재 전체 인류 집단에 광범위한 영향을 주었는지는 평가하기 어려우며 증명하기는 더욱 어렵다. 이는 오염의 특성에 비추어 볼 때 피할 수 없는 일인데 세대를 건너 전달되는 영향은 종종 피해가 나타날 때까지 오랜 시간이 걸리는데다 대부분의 피해가 눈에 보이지 않기 때문이다. 이미 알려진 특정한 문제들이 인간의 건강 문제에 대한 현존하는 흐름을 반영하고 있는지의 여부를 조사하는 이들은 믿을 만한 의학 자료의 부족으로 곤란을 겪고 있다. 암을 제외하고 질병 등록 자료는 거의 없다. 미국 각지의 소아과 의사들이 정류고환, 매우 작은 음경, 요도하열(요도가 음경의 끝까지 못 가고 중간에서 아래로 열린 기형) 등 소아 생식기 이상의 빈도가 늘어나는 데 대한 우려를 표시하고 있지만 이 단발적인 보고들을 전부 기록하기란 불가능하다. 불행히도 호르몬 저해로 유발되는 문제들은 우리가 뭔가 심각하게 잘못되었음을 분명히 알아차리기 전에 위기 수준에 도달할 수 있다.

이런 어려움들과 마주쳤을 때, 동물 연구는 인간에게 무엇이 일어날 수 있는지를 확인하고 조사하기 위한 이정표를 제공한다. 그들은 우리에게 일어날 수 있는 저해들을 경고해 줄 수 있으며 연구의 초점을 맞추도록 도울 수 있다. 또한 그들은 현재 오염 수준의 위험에 대한 조기 경보를 제공해 줄 수도 있다. 생활 환경이 다양하기 때문에 어떤 동물들은 인간보다 더욱 쉽게 오염물질에 노출된다. 또한 대부분의 동물이 인간보다 빨리 성숙하고 생식을 하기 때문에 행동의 변화나 생식력 감소와 같은 세대를 넘어 전해지는 영향은 야생동물들에서 더 빨리 나타나게 마련이다. 동물들을 가지고 하는 실험적인 연구는 또 다른 귀중한 차원을 더해준다. DES의 역사가 보여준 것처럼 흰쥐와 생쥐를 가지고 한 실험실 연구는 나중에 인간에게서 나타난 손상들을 정확하게 예언했다. 비극은 우리가 그 경고를 무시한 것이었다.

야생동물과 실험실 동물들의 경고로부터 우리는 어떤 문제들을 예상할 수 있을까? 앞에서는 호르몬 활성 합성 화학물질들이 어떻게 생식계통에 손상을 입히고, 신경계와 뇌를 변화시키며, 면역계통을 약화시키는지를 탐구했다. 이 화학물질들에 오염된 동물들은 괴상한 짝짓기 행동이나 둥지의 방치 같은 다양한 행동이상을 보인다. 합성 화학물질들은 동물의 정상적인 성적 특질의 발현을 빗나가게 할 수 있으며 어떤 경우에는 남성화된 암컷과 여성화된 수컷을 만든다. 어떤 동물 연구들은 출생 전이나 성인기에 호르몬 활성 화학물질에의 노출이 유방, 전립선, 난소, 그리고 자궁암과 같은 호르몬에 반응하는 암들에 대한 취약성을 증가시킨다는 사실을 시사하고 있다.

인간에게도 이런 문제들에 대한 증거가 있는가? 이 문제들이 늘어나고 있는가? 일부의 경우 이는 사실인 것처럼 보인다.

실험실 연구, 야생동물 연구, 그리고 인간의 DES 경험은 일반 인간 집단에서 늘어나는 것처럼 보이는 남성과 여성의 다양한 생식계통 질환들과 호르몬 교란를 연결시켜준다. 여기에는 고환암으로부터 정상적인 자궁 내막이 복강, 난소, 방광, 혹은 장으로까지 따라들어가 통증, 심한 출혈, 불임과 여타 문제들을 일으키는 자궁내막증까지가 포함된다.

호르몬 교란물질이 이미 중요한 문제가 되었다는 가장 극적인 우려의 징후는 인류의 역사에서는 단지 눈깜빡할 사이인 지난 반세기 동안 인간의 정자수가 꾸준히 줄어들고 있다는 보고로부터 왔다. 닐스 스카케벡 박사가 이끄는 덴마크 팀이 수행한 초기의 연구는 1992년 9월《브리티시 메디컬 저널》에 실렸다. 이 연구는 1938년 이후 발표된 정상 남성들의 정액 분석에 관한 국제적인 과학 문헌들을 체계적으로 고찰했고, 그 결과는 북미, 유럽, 남미, 아시아, 아프리카, 그리고 오스트레일리아의 20개국, 통틀어 거의 15,000명에 달하는 남성을 대상으로 한 61종의 연구에 근거를 두고 있다. 이 연구는 특히 적은 정자수를 보일 가능성이 있는 불임 병원에서 채취한 표본이나 병이 있는 남성의 것은 제외했고 광학 현미경을 사용한, 즉 동일한 방식으로 정자수를 센 연구만을 대상으로 하였다.

덴마크의 연구자들은 정액 1밀리리터당 평균 정자수가 1940년의 1억 1천3백만 마리에서 1990년의 6천6백만 마리로 45% 감소했음을 발견했다. 동시에 사정된 정액량도 25% 적어져서 유효 정자수는 50%나 감소했다. 이 시기에 밀리리터당 2천만 마리 이하의 매우 낮은 정자수를 가진 남성은 6%에서 18%로 세 배 늘어난 반면 일억 마리 이상의 높은 정자수를 가진 남성의 비율은 감소했다.

아직도 의학계 대부분에서는 이 연구에 대해 냉소적으로 반응하고 있다. 이런 냉소는 지구를 보호하는 남극의 오존층에 엄청난 구멍이 뚫리고 있다는 1985년의 첫 뉴스에 대한 비슷한 불신감을 상기시킨다. 그때도 어떤 과학자들은 그 보고 자체를 의심했으며, CFC로 알려진 염화불화탄소가 원인이라는 사실에 대해서도 불신을 나타냈다. NASA의 인공위성 감시망은 영국의 과학자들이 지상에서 측정하여 발견한 오존층 소실을 잡아내는 데 실패했다. 그 이유는 인공위성의 자료를 수신하는 컴퓨터의 프로그램을 만든 사람이 그런 거대한 오존층 소실은 불가능하다고 생각했기 때문이다. 이와 유사하게도 많은 의학자들은 전체 인간 집단에서의 그런 엄청난 정자수 감소는 불가능하다고 여겨 정자수가 줄어들고 있다는 최초의 보고를 믿지 않았다.

남성 생식전문가이자 코펜하겐 대학 발달 및 생식의학 책임자인 스카케벡은 그 자신조차 회의적이었다. 비록 그는 청년의 고환암 같은 남성의 생식기관이상이 증가하는 것을 알고 있었지만 지난 20년 동안 인간의 정자수가 감소했다는 이전의 보고는 의심했다. 차라리 그는 그 결과가 불임병원의 남성 등 표본의 왜곡에서 기인한 것이라고 여겼고, 따라서 정상 남성의 정자수를 진정으로 반영하지는 않는다고 믿었다.

하지만 그는 그의 팀이 전세계로부터 모아온 수십 종의 정자수 연구를 광범위하게 검토한 후 지난 2세대 동안 정자수의 급격한 감소가 실제로 일어났음을 확신하게 되었다. 그의 관점에 따르면 이는 〈남성 생식력에 부정적인 영향〉을 끼치는 중요한 변화였다. 그런 급격한 감소는 유전적 변화의 결과일 수는 없기 때문에 원인은 생활 습관의 변화나 환경 요인에 있어야 한다.

정자수에 대한 이 발견들을 엄밀히 검토하면서 비판자들은 자료에 있는 결점들 때문에 확정적인 결론을 이끌어내는 것은 불가능하다고 주장했다. 예를 들어 그들은 스카케벡의 연구팀이 비정상적으로 적은 정자수를 가진 남성들을 배제했다고 잘못 비판했고 더욱이 〈비정상〉의 정의가 시간에 따라 변한다는 사실도 거부했다. 실제로 스카케벡과 동료들은 불임 병원에서 나온 자료들을 배제한 것 외에는 다른 일을 하지 않았다. 동시에 비판자들은 스카케벡의 결론을 반박할 만한 어떤 자료도 내놓지 못했다. 그들은 단지 그가 완벽하게 증명하지 못했음을 주장할 뿐이었다.

이런 논쟁은 다른 연구들을 자극하여 결과적으로 최소한 세 건의 독립된 분석이 정자수가 감소했음을 확인했다. 이 중 하나는 다른 비판자가 수행한 것이었다. 5,440명의 남성들로부터 얻은 표본을 분석한 프랑스와 벨기에, 그리고 스코틀랜드에서 수행된 이들 새로운 연구는 아마도 원인이 환경에 있다는 증거를 추가했다.

새로운 연구 결과는 출생 연도와 정자의 건강도 사이에 충격적인 역상관관계를 드러냈다. 최근에 태어난 남성일수록 평균 정자수는 줄고 정자의 기형은 늘어났다. 예를 들어 에든버러 대학의 의학평의회 생식생물학 분과가 3,729명의 남성을 대상으로 한 스코틀랜드의 연구에서는 밀리리터당 평균 정자수가 1940년에 태어난 정자기증자들은 1억 2천 8백만 마리였는 데 반해 1969년에 태어난 이들은 겨우 7천5백만 마리에 불과했다.

1990년에서 1993년 사이에 360명의 남성들로부터 얻은 정자표본을 1977년에서 1980년 사이에 얻은 표본과 비교한 벨기에의 연구는 이 16년 동안 건강하지 않은 정자의 우려할 만한 증가를 발견했다. 제대로 형성된 정자의 비율은 39.6%에서 27.8%로 줄었고 반면 정상적인 운동능력을 가진 정자는 53.4%에서 32.8%로 떨어졌다. 저자들의 결론은 확증을 지향하며 말을 삼가는 과학자치고는 지나칠 정도로 직설적이었다. 그들은 〈이 감소는 남성의 생식 능력을 위협한다〉고 경고했다.

보다 최근에 자크 아우거가 이끄는 프랑스의 과학자들이 1973년부터

1992년까지 파리의 정자수 경향을 조사한 연구를 출간했다. 아우거는 단지 덴마크의 연구 결과를 믿지 않았기 때문에 이 분석을 시작했다. 놀랍게도 이 팀의 분석은 남성 정자수가 지난 20년 동안 꾸준히 감소하고 있다는 결론을 강력하게 지지하는 것으로 나왔다.

프랑스의 연구 결과는 그 자료들이 정자수에 의문을 남길 수 있는 중요한 두 교란 변수──나이와 금욕 여부──를 제거했기 때문에 연구자들에게 특히 설득력이 있었다. 남성의 정자수는 나이가 들면서 줄어들며 성교 직후에는 떨어졌다가 며칠 지나면 회복된다.

그래서 프랑스 팀은 1945년에 태어난 30세 남성의 정자수를 17년 뒤인 1962년에 태어난 30세 남성의 정자수와 비교했다. 1975년에 측정된 1945년생 남성의 정자수는 정액 1밀리리터당 평균 1억2백만 마리였다. 1962년에 태어나 1992년에 측정된 남성은 거의 절반에 불과한 밀리리터당 평균 5천1백만 마리의 정자수를 보이고 있었다.

이 추세가 지속된다면 2005년에 30세가 될 1975년생 남성은 대략 밀리리터당 3천2백만 마리의 정자를 가질 텐데 이는 1925년에 태어난 남성의 1/4 수준이다.

감소하는 정자수는 여러 징후 중 하나에 불과하다. 지난 반세기 동안 남성의 고환암과 다른 생식기 질환이 급격히 증가했다고 스카케벡은 적고 있다. 덴마크에서는 젊은 남성의 질환인 고환암이 세 배로 늘었으며, 다른 산업화된 국가에서도 비슷한 경향을 보이고 있다. 스카케벡은 말한다. 〈무서운 일은 덴마크에서 발생률이 계속 늘고 있다는 사실입니다.〉

영국의 연구자들은 1962년에서 1981년 사이에 잉글랜드와 웨일즈의 정류고환 증례가 두 배로 늘었음을 보고한다. 그리고 비슷한 증가는 스웨덴과 헝가리에서도 보고되었다. 정류고환을 가진 남성은 고환암에 걸릴 위험이 높으며 전형적으로 적은 정자수와 비정상적인 정자를 가지고 있다. 또한 생식기 결함인 요도하열의 증가를 보인다.

스카케벡은 초기 연구에서 이런 모든 기형들이 자궁 내에서 일어난 발달 과정의 실수에서 기인한다는 증거를 천천히 모아나갔는데 이는 그로 하여금 공통적인 원인이 있을 것이라는 의심을 하게 했다. 처음에 그는 남성 불임의 원인에 대한 연구를 하다가 출생 전 사건이 고환암 발생에 어떤 역할을 하리라는 징후를 발견했다. 불임 환자의 고환에서 얻은 조직 표본을 조사하던 그는 정상적인 발달 과정에서라면 고환 세포로 분화하여 성인 남성에서 정자를 형성하고 영양을 공급할 태아모세포와 닮은 이상한 세포를 발견했다. 다음 실마리는 이상한 세포들이 있는 남성들 중 일부가 후에 고환암을 일으켰을 때 얻었다. 그리고 그는 정류고환이 있는 소년에서 동일한 비정상적인 세포를 발견했는데 이 소년은 10년 후에 고환암에 걸렸다. 그 이상한 세포가 고환암을 발생시키며, 불임이나 어떤 생식계 결함으로 고통받는 남성들은 그런 세포를 가지고 있을 확률이 더 높은 것처럼 보였다.

스카케벡이 정자수에 관한 연구를 하고 있을 때 스코틀랜드 에든버러에서는 한 과학자가 늘어나는 남성 생식 문제들에 흥미를 갖고 있었다. 의학연구평의회 생식생물학 분과의 리처드 샤프는 정류고환과 인간 정자수 감소에 대한 가능한 이론들을 탐구하고 있었다. 그도 역시 출생 전 사건에 원인이 있다는 의심을 하고 있었다.

한 학회에서 만나게 된 샤프와 스카케벡은 서로가 비슷한 방향으로 생각 함을 알고 공동 연구를 시작하였다. 1993년 5월 그들은 유명한 영국의 의학 잡지인 《란세트》지에 남성의 줄어드는 정자수와 늘어나는 생식계 이상의 원인이 자궁 내에서 에스트로겐에의 노출 때문이라는 가설을 세운 논문을 발표했다. 그들은 이 가설에 대한 근거로 DES 경험과 실험실 연구들을 들었으며, 합성 혹은 천연 에스트로겐의 높은 출생 전 노출이 그 아들에게 정자수의 감소와 정류고환, 요도하열, 그리고 고환암 같은 질환을 일으킨다고 했다.

또한 동물실험은 자궁 안에서 어느 정도의 에스트로겐 수준이 고환에서 세르톨리 세포로 알려진 핵심 세포의 증식을 억제함으로써 성인이 되었을 때 남성이 만들어내는 정자수를 줄일 수 있는지에 대한 단서를 제공해 주었다. 세르톨리 세포는 정자의 생산을 지휘하고 조절한다. 각 세르톨리 세포는 한정된 양의 정자들만을 유지하기 때문에 어렸을 때 남성에게 생기는 이 세포의 수는 성인이 되었을 때 그가 만들어낼 수 있는 정자의 수를 결정한다. 남성의 발생 과정에서 뇌하수체는 세르톨리 세포의 증식을 자극하는 여포자극 호르몬을 분비한다. 샤프와 스카케벡은 에스트로겐 수준의 상승이 여포자극 호르몬을 억제하며 따라서 세르톨리 세포의 수를 제한한다는 사실을 여러 연구들이 보여주었다고 적고 있다.

물론 많은 화학물질이 출생 전뿐 아니라 아동이나 성인에서조차 남성의 생식력을 손상시킬 수 있음을 염두에 두어야 한다. 합성 에스트로겐의 출생 전 노출은 남성의 생식 능력에 대한 여러 공격 중 하나이다. 우리가 본 것처럼 미국 EPA의 생식독물학자 얼 그레이는 어떤 합성 화학물질이 강력한 안드로겐 저해물질로 작용하며 많은 것들이 에스트로겐 유사물질보다 남성에게 더 큰 위협을 가하고 있음을 발견했다. 그럼에도 샤프와 스카케벡의 이론은 어떻게 에스트로겐이 발달 과정을 저해함으로써 남성의 생식력에 영향을 주는 주된 인자가 되는지에 대한 특출하고 수긍이 가는 설명이다.

어떤 생식 과학자들은 정자수의 감소를 담배와 술, 그리고 지난 수십 년 동안 엄청나게 바뀐 성 행동 등을 지목하며 생활양식의 변화 탓으로 돌리고 있다. 여러 연구들은 지나친 흡연과 음주가 정자의 생산을 저해하며 성교 상대의 수가 늘어나면 남성들이 정자수 감소의 원인이 되는 성병과 생식기 감염증에 더 많이 노출될 것이라는 사실을 보여주었다.

그러나 최근의 정자수 연구들은 급격한 정자수 감소의 원인이 화학적 오염물이나 나쁜 버릇 같은 후기의 손상보다는 어떤 출생 전 사건 때문이라는 데 무게를 두고 있다. 만약 정자수가 어른이 되었을 때 노출된 늘어난 오염물질이나 담배, 술, 혹은 성병 때문이라면 젊은이뿐 아니라 노인에서도 감소해야 한다. 정자수가 젊은 사람일수록 더 낮고 출생 연도와 역으로 비례한다는 사실은 그 손상이 자궁 안에서 일어났음을 증거한다.

비록 동물실험과 DES 경험이 정자수의 감소와 기형정자의 증가 같은 문제들을 정확히 예측했지만 호르몬 활성 합성 화학물질들에 대한 출생 전 노출이 실제로 인간에게서 이 두려운 변이들을 일으킨다는 것을 증명할 방법은 불행히도 없다. 이를 위해서는 손상을 입은 남자의 어머니가 그를 임신했을 때의 체내 오염물질 농도를 알아야 한다고 샤프는 설명한다. 우연히 이 여성들이 임신했을 때의 혈액이나 조직 표본을 얻을 수 있다 하더라도 연구자들은 어떤 화학물질을 측정해야만 하느냐는 더 불확실한 문제에 직면하게 된다. 아나 소토의 연구가 시사하는 것처럼 저해 효과는 여러 화학물질들이 함께 작용한 결과이며 현존하는 환경내 에스트로겐 유사물질의 목록은 아주 불완전하다. 모든 호르몬 저해물질이 확인될 때까지 개인의 노출을 정확히 평가할 어떤 방법도 없다.

합성 화학물질은 특히 어린 시절에 노출된 남성들에게 정자수의 감소 같은 분명한 징후 없이도 생식력을 약화시키는 것처럼 보였다. 그린 베이 소재 위스콘신 대학의 도로시 세이저는 갓 태어난 흰쥐들을 모유를 통해 PCB에 노출시켜 보았다. 수컷 흰쥐가 성숙했을 때 그들의 정자는 눈에 띄는 이상을 보이지 않았지만 교미시켰을 때 그들은 수정에 실패하거나 수정을 하더라도 수정란이 정상적으로 발달하지 못했다. 다른 동물들처럼 인간의 아기는 모유를 통해 PCB와 다른 오염물질들을 성인이 일상적으로 섭취하는 양보다 10배에서 40배 가량 다량으로 섭취한다. 몇몇 연구들은 불임인 남성의 혈액과 정액 내에 고농도의 PCB와 다른 화학물질들이 있음을 보고했으며 한 분석은 인간 정자의 운동능력과 정액 내에서 발견되는 PCB 농도 간에 연관성이 있음을 발견했다.

생물학적인 연구가 우리에게 생식과 관계된 복잡한 사태를 이해시켜 주기 전에는 불임이 수태에 실패한 여성 탓으로 돌려졌다. 오늘날 미국 생식의학회의 불임전문가들은 불임 중 약 40%가 적은 정자수나 운동성 등 남성의 문제에 기인한다고 보고한다. 미국에서는 5백30만 명으로 추정되는 사람들이 불임으로 고통받고 있으며 그 중 많은 이들이 아이를 갖기 위하여 침습적이고 복잡한 고도의 의학기술에 의존하고 있다. 남성의 정자가 난자를 뚫고 들어가기에 너무 약한 경우 일부 전문의들은 수정을 위해 정자를 밀어넣는 실험실적인 기술을 쓰고 있다. 정자의 질이 좋지 않으면 의료계는 비싼 기술적인 수리를 해서 대응한다. 1987년에 나온 공식적인 통계에 따르면 미국은 불임 치료를 위해 연 10억 달러를 지불했다. 이 분야의 전문가들은 그때 이후로 비용이 상당히 올라 현재는 거의 20억 달러에 육박할 것이라고 말한다.

호르몬 유사물질에 대한 출생 전 노출은 나이든 남성들에게 흔한 의학적 문제인 전립선 비대증을 악화시킬 수 있다. 통증을 일으킬 만큼 커진 전립선은 배뇨를 방해하며 때로는 수술을 필요로 한다. 출생 전 높은 농도의 에스트로겐에 노출된 남성은 인생의 후반기에 전립선 비대증에 걸릴 확률이 높아진다. 서구에서는 80%의 남성이 70대가 되면 이 질환의 징후를 나타내며 40-50%는 매우 커진 전립선 때문에 고통을 겪는다.

호르몬 수준이 어떻게 전립선의 발달에 영향을 주는가를 묻는 생쥐를 대상으로 한 진행중인 연구에서 프레더릭 폼 살은 출생 전 높은 농도의 에스트로겐에 노출된 수컷이 전립선에 안드로겐 수용기를 더 많이 발달시켜 영구적으로 테스토스테론에 민감하게 된다는 사실을 발견했다. 성체에서의 조그만 에스트로겐 상승만으로도 그들의 전립선에 있는 안드로겐 수용기의 수는 50% 가까이 증가한다. 여분의 에스트로겐에 의해 유발된 이 수용기 과잉 상태는 이 수컷들의 전립선을 영구적으로 테스토스테론에 민감한 상태로 만들고 전립선 비대증에 취약하게 한다. 이 치명적이지 않지만 사람의 진을 빼는 질환의 약물 및 수술적 치료에 미국에서만 한 해에 60억 달러에 이르는 비용이 든다.

성숙했을 때만 노출된 수컷들에서조차 만성적인 저농도의 에스트로겐 노출은 전립선의 건강에 심각한 영향을 미친다. 흰쥐 실험에서 터프트 대학의 연구자 숙 메이 호는 장기간의 에스트로겐 노출이 전립선암을 유발함을 발견했다.

지난 20년간 이 병은 급격히 증가했고 미국인 남성들에서 가장 흔한 암이 되었으며 전체 남성 암의 27%를 차지한다. 국립 암연구소는 1973년에서 1991년 사이에 전립선암이 126% 증가했다고 발표했다. 이는 매년 3.9%씩 늘어난 꼴이다. 그런 발생률은 노인 인구의 증가와 같은 인구학적인 변화들의 영향을 제거하고 보정한 숫자이다. 이 치솟는 전립선암 발생률에는 더 나은 진단법의 개발 등도 부분적으로 기여했겠지만 그럼에도 불구하고 이 분야의 전문의들은 이 암이 실제로 우려할 만큼 늘고 있다고 믿는다.

조기진단법과 같은 복잡한 방법에도 불구하고 전립선암으로 인한 사망률은 꾸준히 증가했다. 1980년에서 1988년까지 미국에서 보고된 암 사망률은 백인에서 2.5%, 흑인에서 5.7% 늘었다. 보건 당국은 흑인 사망률의 높은 증가 이유를 그들이 검진기회가 적고 이 병에 대한 보다 최신의 비싼 치료를 받을 수 없어서라고 말하며 의료의 불평등 탓으로 돌린다.

이 단순한 사실들만 해도 매우 강한 설득력이 있다. 동물실험은 높은 에스트로겐 수준과 전립선질환 사이의 연관을 보여준다. 지난 반세기 동안 합성 에스트로겐들에 대한 인간의 노출이 끊임없이 늘면서 전립선질환의 발생률도 늘었다. 이런 호르몬 촉발성 질환들에 대한 호르몬 활성 합성 화학물질의 역할 탐구가 연구의 최우선 순위가 되어야 한다.

또한 DES 경험과 동물실험은 호르몬 저해 화학물질과 여성에서의 많은 생식계통 문제, 특히 유산이나 자궁외 임신, 자궁내막증 사이에 연관이 있음을 시사한다.

자궁외 임신이 되면 수정란이 자궁보다는 난관에서 발달하기 시작하는데 이 경우 목숨을 잃을 수도 있으며 난관 상실의 원인이 된다. 반복적인 자궁외 임신은 불임을 일으킬 수 있다. 어떤 전문의들은 이 질환의 증가를 난관이나 다른 부위의 생식기관에 영구적인 손상을 입히는 성병 탓으로 돌리지만 DES의 역사는 호르몬 저해 화학물질이 그만큼 중요한 요인이 될 수 있음을 시사한다. DES 딸들은 노출되지 않은 여성들보다 세 배에서 다섯 배에 이르는 자궁외 임신으로 고생한다. 그리고 일반 인구 집단에서도 이 비율이 늘고 있다는 증거가 있다. 위스콘신 주의 1990년 연구에 의하면 자궁외 임신이 차지하는 비율이 1970년에서 1987년 사이에 400% 증가했다.

미국과 캐나다에서 5백5십만 명으로 추정되는 여성이 앓고 있는 자궁내막증은 불임의 뚜렷한 원인이며, 점차 늘고 있고, 특히 이전에 비해 젊은 여성들에게서 나타난다.

그러나 이 병에 걸린 여성들의 정확한 수를 결정하거나 장기간에 걸친 경향을 기록하는 일은 어렵다. 많은 증례가 진단이 되지 않고 정확한 진단을 위해서는 복강경이라 불리는 침습적인 시술이 요구된다. 이 분야의 전문의들은 이 질환의 유병률이 제2차 세계대전 이후로 급격히 늘었다고 믿는다. 국립 소아보건 및 인간발달 연구소는 미국 가임 여성의 10-20%가 자궁내막증에 걸려 있다고 추정한다. 1921년 이전에는 전 세계의 의학 문헌을 통해 단지 20건의 증례보고가 있었을 뿐이다.

면역기능의 어떤 변이와 연관 있어 보이는 이 질환의 원인에 대한 수년 간의 논쟁 후에 리서스 원숭이에 대한 최근의 연구가 최초의 확실한 실마리를 제공했다. 한 원숭이 집단에 관한 연구는 오염물인 다이옥신에 노출된 지 10년 후에 이 동물에게 자연적으로 자궁내막증이 생겼음을 발견했다. 암컷 원숭이의 다이옥신 노출 정도가 많을수록 질환은 심각해졌다. 독일의 과학자들은 최근의 연구에서 자궁내막증이 있는 여성의 혈중 PCB 농도가 이 질환이 없는 사람들에 비해 높다고 보고했다. 다이옥신과 다이옥신 유사 PCB는 다른 많은 내분비계통과 마찬가지로 면역계통에도 영향을 준다. 이 발견에 자극을 받아, 자궁내막증에 걸린 여성들의 다이옥신, 퓨란, 그리고 PCB의 혈중 농도를 평가하려는 국립 환경보건연구소의 연구를 위시한 추가적인 연구들이 현재 진행중이다.

또한 동물 연구는 PCB와 같은 특정 화학물질에의 노출이 유산의 위험을 증가시킨다는 명백한 징후를 보여주었고 이는 인간에 대한 연구에서도 마찬가지로 보고되었다. 발생중인 태아를 잃을 위험을 피하기 위해서는 임신기간 동안 임신을 유지하는 데 필요한 호르몬인 프로게스테론이 높은 농도로 유지되어야 한다. 습관성 유산을 하는 여성을 연구한 과학자들은 그녀들이 정상적인 임신을 하는 여성들에 비해 높은 평균 PCB 농도를 보인다고 보고했다. 흰쥐와 생쥐의 실험도 PCB가 간에서의 프로게스테론 분해를 촉진시켜 혈중 농도 감소의 원인이 됨을 알려주었다.

그러나 이제까지 여성들에게 가장 심각한 건강 문제는 여성들에게 가장 흔한 암인 유방암의 급증이다. 최근 대중적인 관심을 끈 〈유방암 유전자〉에 대한 연구에도 불구하고 연구자들은 겨우 5%의 유방암만이 부모에게서 물려받는 유전적 감수성의 결과라고 추정한다. 따라서 대부분은 다른, 비유전적인 요인에 기인한다. 일반적으로 유방암은 여성의 일생을 통한 에스트로겐 노출 총량과 관계가 있다. 예를 들어 이른 초경과 늦은 폐경은 유방암의 위험을 증가시킨다.

에스트로겐이 유방암의 가장 중요한 단일 위험인자이기 때문에 평생 동안의 노출량에 첨가되는 에스트로겐 유사 화학물질은 지난 반세기 동안 유방암이 급증한 원인을 찾으려고 할 때마다 중요한 용의자였다. 화학의 시대가 열린 1940년대 이후 유방암 사망률은 매년 1%씩 증가했으며 비슷한 증가는 다른 산업화된 국가에서도 보고되었다. 그런 증가율은 나이에 따라 보정되어 노령 인구의 증가와 같은 인구학적인 변화로는 설명할 수 없는 실제 추세를 반영하고 있다. 40-45세의 미국 여성들 사이에서 유방암은 현재 사망원인 1위이다.

1980년에서 1987년 사이에 미국에서 보고된 유방암 증례는 32%나 증가하였다. 비록 다른 한 연구는 이 증가의 상당부분이 유방암 진단을 위한 유방 촬영술의 도입에 기인한다는 결론을 내렸지만 이는 유방암 유행에 대한 의심을 불러일으켰다. 이 극적인 증가가 진짜인지 아니면 진단 기술의 발달에 따른 교란인지 간에 지난 두 세대 사이의 유방암 사망률의 꾸준한 증가는 그 자체로 우려할 만한 일이다. 50년 전에는 여성이 유방암에 걸릴 확률이 20명당 한 명꼴이었다. 오늘날 미국에서는 8명의 여성 중 한 명은 일생을 통해 유방암에 걸린다.

가장 눈에 띄게 증가한 유방암은 폐경기 여성들의 에스트로겐 반응성 종양이다. 이 종양에는 에스트로겐 수용기가 풍부하며 에스트로겐에 노출되면 증식한다. 연구자들은 50세 이상의 환자에서 에스트로겐 반응성 종양의 증가와 함께 이 종양에서 에스트로겐 수용기의 밀도 증가를 함께 보고했다. 이 발견은 미국 전역에서 텍사스 대학 의과학 센터로 보내온 1만 1천 개 이상의 유방암 표본에 대한 분석에 근거를 두고 있다. 그 팀은 의학 잡지 《암(*Cancer*)》에 그들의 발견을 보고하면서 이런 증가가 유방암 발달을 촉진하는 호르몬적 사태, 즉 초경이나 임신, 혹은 체내에서 만들어진 것 이상의 에스트로겐 노출 등에서 일어난 변화를 반영할지도 모른다고 시사했다.

1993년, 유방암 발생의 증가에 대해 연구하던 일단의 연구자들은 호르몬 활성 합성 화학물질이 유방암 발생률을 증가시키며 에스트로겐에 대한 평생 노출량을 증가시킴으로써 여성 노인들의 사망률도 증가시킨다는 이론을 제시했다. 미국 내 여러 연구 기관 소속의 다양한 연구자들이 소속된 이 집단은 합성 화학물질이 직접적으로 에스트로겐 유사물질로 작용하든가 에스트로겐을 생산하고 대사시키는 체내 생리 과정을 변화시켜서 간접적으로 이런 결과를 낳는다는 가설을 세웠다. 또한 그들은 출생 전 에스트로겐 노출이 여성으로 하여금 에스트로겐 노출에 대한 감수성을 변화시키는 각인(imprinting) 과정을 통해 삶의 후반기에 유방암에 걸리도록 한다는 이론도 제시했다. 그런 각인은 폼 살이 남성의 전립선에서 발견한 출생 전 감작 과정과 유사한 것이다.

스트랭 코넬 암연구소의 H. 레온 브래들로와 동료들이 한 연구는 합성 화학물질이――자체의 에스트로겐을 처리하는 신체 대사 과정을 변화시켜서――유방암의 위험도를 높인다는 증거를 발견했다.

에스트로겐 대사와 암과의 관련을 연구해 왔던 브래들로는 몸이 에스트라디올로 알려진 에스트로겐의 한 형태를 화학적으로 다른 두 가지 방식으로 처리할 수 있다는 사실을 발견했다. 하나는 약한 형태의 에스트로겐을 만드는 〈좋은〉 에스트로겐 경로이며 다른 하나는 암에 걸릴 위험을 증가시키는 강한 에스트로겐을 만드는 〈나쁜〉 경로이다. 실험을 통해서 그는 두 배타적인 경로 중 신체가 무엇을 사용할지 결정하는 데 다양한 요소가 관여함을 발견했다. 예를 들어 브래들로와 동료들의 연구는 브로콜리, 컬리플라워, 싹양배추, 그리고 다른 양상추류에 들어 있는 인돌-3-카르비놀이란 물질이 에스트로겐 대사를 좋은 경로 쪽으로 돌려 암의 위험을 줄임을 발견했다.

그러나 최근의 연구에서 코넬 연구소의 연구자들은 호르몬 활성 화학물질이 반대의 효과를 보인다고, 즉 나쁜 경로 쪽으로 대사를 돌려 암발생 위험을 높인다고 보고했다. 유방암 세포주를 시험관 속에서

PCB, DDT, 엔도술폰, 케폰, 아트라진 등의 합성 화학물질에 노출시킨 실험은 이 화학물질들이 〈심각한 영향〉을 가지고 있으며 나쁜 형태의 에스트로겐 생산을 대단히 증가시킴을 발견했다.

〈우리가 얻은 결과는 다양한 살충제와 그 유사 화합물들이 에스트로겐 대사에 영향을 미쳐 유방암과 자궁암을 증가시키는 방향으로 기능함을 보여줍니다〉라고 브래들로는 말한다.

연구자들은 또한 유방암에 걸린 여성의 체내 합성 화학물질 농도를 측정하는 등 가능한 다른 방식으로도 연관성을 살펴보았다. 여성들에 대한 캐나다의 한 연구는 에스트로겐 반응성 종양을 가진 여성들에게서 DDT의 분해산물인 DDE가 상당히 높은 수준임을 발견했다.

다른 두 연구는 암의 징후가 없는 많은 건강한 여성들에게서 혈액 표본을 채취하여 저장해 두었다. 나중에 이들 중의 일부가 암에 걸렸을 때 연구자들은 혈액을 분석하여 암에 걸린 사람들과 그렇지 않은 사람들 간에 DDT와 PCB 노출 정도의 차이를 찾아보았다. 대상자들이 주로 코카서스 인종으로 구성된 뉴욕 대학 여성건강 연구에서는 가장 높은 DDE 수준의 여성들이 가장 낮은 수준의 이들과 비교할 때 4배의 발암 위험을 가지고 있음이 발견되었다. 그러나 코카서스 인종과 흑인종, 황인종을 포함한 더 큰 규모의 집단을 대상으로 한 캘리포니아의 두번째 연구에서는 전체적인 DDE 수준과 유방암 사이에 어떤 연관도 발견할 수 없었다.

실험구상이 어떻든 간에 현재까지의 연구들은 그런 불일치들이 결코 놀라운 일은 아닌 몇몇 한계들을 가지고 있다. 에스트로겐 노출에 대한 합성 화학물질의 기여는 서로 다른 많은 화학물질로부터 온다. 일부는 PCB처럼 매우 지속적이지만 다른 것들은 그렇게 지속적이지 않아 혈액이나 체지방에 어떤 흔적도 남기지 않는다. 오늘날까지의 연구는 DDE나 PCB 같은 잘 알려진 한 줌의 잔류 화학물질들에만 초점을 맞추고 있다.

또한 그 연구들은 대개 PCB 족에 속하는 209종의 화학물질들을 하나로 다루고 있다. 그러나 이 화학족의 다양한 구성원들은 전적으로 다르며 어떤 경우는 정반대의 생물학적 효과를 일으키기도 한다. 어떤 것은 에스트로겐 유사물질인 반면 다이옥신 유사 화합물은 에스트로겐 차단제로 작용한다. 더욱이 사람에서 발견되는 PCB 혼합체는 사람들의 식습관과 노출 정도에 따라 제각각이다. PCB와 유방암 간의 관련을 발견하기 위해서는 PCB를 각각 독립된 화학물질로 취급해야 한다.

또한 플라스틱과 캔, 세제에 숨어 있는 에스트로겐 유사 화학물질의 발견은 상당한 수준의 노출이 보통 의심하는 것 이외의 화학물질 때문에 유발될 수 있음을 시사한다. 비스페놀-A나 노닐페놀처럼 덜 알려진 에스트로겐 유사물질에 대해 인간의 조직을 검사한 연구는 아직 없지만 그들도 합성 화학물질에 의한 에스트로겐성 노출에 중요한 기여를 할 것이다. 아나 소토와 카를로스 손넨샤인과 같은 몇몇 연구자들은 전체 에스트로겐 노출 중 얼마나 많은 부분이 합성 화학물질에서 기인하는지를 결정하기 위해 여성의 혈액에서 자연 에스트로겐을 분리하는 방법을 탐구하고 있다.

유방암의 원인에 대한 불충분한 이해와 노출의 엄청난 불확실성 때문에 그 가설을 충분히 시험해 보고 합성 화학물질이 유방암 발생 증가의 한 원인인지 여부를 알아내기까지는 시간이 걸릴 것이다. 부분적으로는 현재 의회 내의 유방암 문제 고취집단의 정치적 압력 때문에 연방 연구 기금이 이 중요한 문제로 더 많은 자금을 돌리고 있다. 국립 암연구소는 현재 유방암과 몇몇 호르몬 활성 합성 화학물질에 대한 환경적 노출과의 관계를 조사하는 4년간의 연구에 6백만 달러를 대고 있다. 〈북동-중대서양 연구〉로 알려진 이 계획은 특히 합성 화학물질과 이 지역에 사는 여성들 사이에서 증가한 유방암 발생률 사이의 가능한 관계에 초점을 맞추고 있다.

미국의 암환자 중에 유방암과 전립선암은 네 가지 주요 사망원인 중

두 가지이다. 호르몬은 이 두 암발생에 있어 주요한 역할을 수행하며 이 두 암의 발생률은 미국뿐 아니라 대부분의 국가에서도 꾸준히 상승하고 있다. 유방암 사망률은 서유럽에서 가장 높고 미국이 뒤를 따르고 있다. 하지만 이 병으로 인한 사망률의 빠른 증가는 동유럽과 동아시아에서도 나타나고 있다. 전립선암으로 인한 가장 높은 사망률은 북구에서 볼 수 있지만 매우 낮은 발생률을 보였던 동아시아에서도 엄청나게 증가하고 있다. 이 암들에서 호르몬 교란 화학물질의 역할을 발견하기 위한 연구는 유방암과 전립선암 유전자를 찾는 연구보다 우선순위에 올라야 한다. 왜냐하면 환경 인자를 겨냥하는 연구는 대다수의 희생자들에게 치명적인 이 질환들을 예방할 방법을 찾을 수 있다는 희망을 주기 때문이다.

독성 화학물질에 대한 우리의 두려움은 전형적으로 암과 다른 신체적인 질환에만 집중되어 있다. 그러나 과학 문헌들을 살펴본다면 신체적인 질환이나 가시적인 선천성 기형은 가장 시급한 위험이 아님이 분명해진다. 합성 화학물질의 농도가 심각한 신체의 질환이나 기형을 일으킬 만큼 충분히 올라가기 훨씬 전에도 학습 능력에 손상을 줄 수 있고 과잉운동증 같은 행동의 극적이고 영구적인 변화를 가져올 수 있다. 사실 우리는 PCB와 같은 소수의 화합물들을 제외하면 시판되는 수천의 합성 화학물질들이 일으키는 정신적, 행동적 장애에 관해서 거의 아는 것이 없다.

연구된 소수의 화학물질에 대해서 우리가 그나마 알고 있는 것들은 경계해야 할 의미를 내포하고 있다. 동물실험과 인간 연구는 전국의 학교 어린이들 사이에서 빈도가 늘어가고 있는 것과 비슷한 행동장애와 학습장애를 보고한다. 미국에서는 학교에 다니는 어린이들의 대략 5-10%가 집중과 학습을 방해하는 과잉운동증과 집중력 장애에 시달리고 있다. 셀 수 없는 다른 아이들이 기억력 저하로부터 펜을 쥐고 글씨를 쓰는 것을 어렵게 만드는 섬세한 운동신경의 장애에 이르기까지 학습 장애를 경험하고 있다.

과학자들은 아직도 PCB가 어떻게 자궁 안에서와 갓난아기 때에 신경 발달을 저해하는지 완전히 이해하지 못하고 있다. 그러나 드러나는 증거들은 뇌손상을 일으키는 PCB의 효력이 부분적으로 내분비계의 또 다른 요소인 갑상선 호르몬의 저해에서 기인한다는 사실을 시사하고 있다.

발달중인 뇌와 신경계에 대한 광범위한 연구를 통해 갑상선 호르몬이 정상적인 뇌발달을 위해 요구되는 단계적 과정을 지휘한다는 사실이 알려졌다. 3장에서 잠깐 언급한 것처럼, 이 호르몬들은 신경 세포의 증식을 자극하고 후에 이들이 뇌의 적절한 부위로 질서정연하게 이주하도록 유도한다. 뇌와 신경계는 신체의 다른 부분처럼 자궁 내에서와 생후 2년 내에 발달의 핵심적인 시기를 겪는다. 갑상선 호르몬이 너무 낮거나 높으면 이 발달 과정은 어긋나고 영구적인 손상이 남는다. 이는 지능저하로부터 좀더 미묘한 행동장애나 학습장애까지의 전 범위에 걸쳐 있다. 비정상적 갑상선 호르몬 수준에 의한 손상의 정확한 성격은 그 저해의 시점과 정도에 달려 있다.

임신중의 급성 갑상선저하증이 심각한 지능저하를 일으킨다는 사실은 오래전부터 알려져 있었지만 조지아 의과대학의 내분비학자 수잔 포터필드는 뇌와 신경계가 발달하는 동안 정도가 덜한 갑상선 저해가 유발하는 좀더 미묘한 영향에 대해 생각한 이들은 거의 없다고 지적한다. 이 저해는 자연적으로나 혹은 환경 내의 호르몬 저해 화학물질에 의해 일어날 수 있다.

PCB와 다이옥신은 아직 완전히 이해되지 않은 다양하고 복잡한 방식으로 갑상선계에 영향을 미친다. 어떤 분석들은 아마도 그들이 갑상선 호르몬 수용기와 결합함으로써 정상적인 호르몬을 차단하든가 그 유사 효과를 일으키리라고 시사한다. 다른 자료들은 그들이 호르몬 신호를 받아들이는 수용기의 수를 늘리기조차 한다고 한다. 또 그들은 특히 출생 전 뇌의 발달에 중요한 갑상선 호르몬인 T4에 영향을 주는 것처럼 보인다. 일리노이 대학의 다니엘 네스와 수잔 샨츠는 인체 조직과 모유에서 흔히 발견되는 두 PCB——PCB-118, PCB-153——가 출생 전에 노출된 흰쥐에서 T4 수준을 줄인다는 사실을 확증했다. 이 화합물들은 T4를 뇌에 날라주는 수송 단백질인 트랜스사이레틴과 결합하는 데 있어 자연 호르몬과 강력하게 경쟁했다.

1994년 6월《환경보건전망(*Environmental Health Persfectives*)》지에 실린 논문에서 포터필드는 일반적으로 독성이 있다고 알려진 것보다 〈매우 낮은〉 PCB나 다이옥신이 어머니와 태어나지 않은 아기에서 갑상선 기능을 변화시키며 따라서 신경계의 발달을 저해한다는 자신의 이론을 제시했다. 샤프와 스카케벡처럼 포터필드는 왜곡된 자궁내 호르몬 수준이 영구적인 손상——이 경우에는 학습능력, 집중력, 그리고 과잉운동증——을 일으킬 수 있음을 보여주는 증거를 열거했다.

PCB와 갑상선 호르몬 및 신경 손상을 연관시키는 증거들은 PCB가 대부분의 선진국에서 10여 년 전에 생산을 금지하여도 그 수준이 떨어지기는 했지만 인체 조직 내에 꾸준히 남아 있는, 분해가 어렵고 사방에 널린 오염물질이기 때문에 더욱 걱정스럽다. 구 소련에서는 PCB의 생산이 1990년까지 중단되지 않았다.

모유에 있는 PCB의 농도에 근거하여 어떤 이들은 미국에서 태어난 아기의 최소한 5%가 신경 손상을 일으키기에 충분한 PCB에 노출되었다고 추정한다. 그러나 신경 손상에 관한 가장 광범위한 자료가 PCB를 우려하고 있기는 하지만 PCB가 결코 유일한 범인이 아님을 강조해야만 할 것이다. 또한 많은 다른 합성 화학물질들이 갑상선 호르몬에 작용하므로 우려를 가중시킨다. EPA의 보건영향 연구 실험실에서 환경독물학 부문을 맡고 있는 린다 번바움에 의하면 갑상선계는 합성 화학물질의 가장 빈번한 목표물 중 하나이다. 갑상선계에 대한 복합적인 공격을 고려하면 발달 중인 뇌에 대한 피해는 상당할 것이다.

자궁 안에서와 출생 초기에 PCB에 노출된 실험동물들은 성체가 되었을 때 일반적으로 행동장애를 보인다. 상대적으로 낮은 용량의 PCB를 먹인 어떤 생쥐의 새끼는 우리 안에서 빙빙 돌기만 하는 〈스피닝 신드롬〉을 나타냈다. 다른 생쥐는 심한 행동장애를 보이지는 않았지만 반사능이 떨어졌고 학습장애가 나타났다. 자궁 내에서 노출된 흰쥐는 미로실험에서 더 많은 실수를 보였고 헤엄치는 것을 배우기 어려워했다. 이는 운동기능의 손상을 반영한다. 리서스원숭이에서 연구자들은 자궁 내에서와 모유를 통한 PCB 노출이 기억과 학습능력의 장애뿐 아니라 운동기능이상도 일으킴을 발견했다. PCB 노출의 정도가 심할수록 인지능력을 검사하기 위해 개발된 학습 임무를 수행하는 데서 원숭이들은 더 많은 실수들을 저질렀다.

그러나 자궁 내에서와 출생 초기에 PCB에 노출된 실험동물에서 발견되는 가장 심각하고 빈번히 보고된 행동에서 나타나는 신경 손상의 징후는 과잉운동성이며 이는 흰쥐와 생쥐, 그리고 원숭이들에게서 보인다. 비록 행동과 인식의 문제를 고려한다면 동물 연구를 인간에게 외삽하는 것이 별로 믿음이 가지 않는다고 생각할 수도 있지만 인간과 동물에 미치는 영향 사이의 놀랄 만한 유사성이 이 신경학적 연구에서도 드러난다. 포터필드는 이 문제가 임신중 비정상적으로 갑상선 호르몬 수준이 낮았던 여성의 자녀들에게서 빈번히 나타남을 그의 논문에서 지적한다.

인간에 미치는 영향에 대한 우리들의 지식 대부분은 사고로 노출된 사람들에 대한 연구로부터 왔다. 한 주요한 장기간의 연구는 1979년 사고로 높은 농도의 PCB와 퓨란에 오염된 식용유를 먹은 대만 여성들의 자식들에 대한 것이다. 연구 대상인 128명의 어린이들 중 일부는 어머니가 오염된 기름을 먹었을 때에 자궁 안에 있었다. 다른 아이들은 오염이 종식된 이후에 수태되거나 태어났다. 따라서 그들은 어머니의 몸에 남아 있는 오염물질에 노출되었다. 1985년에서 1992년 사이에 이 어린이들을 대상으로 수행된 일련의 검사와 실험에서 대만 직업 환경 보건국의 유 리앙 L. 구오가 이끄는 팀은 이 어린이들이 동물실험에서 예상된 여러 신체적, 신경학적 문제들로 고통을 겪고 있음을 발견했다.

이 어린이들이 사춘기가 되어감에 따라 연구자들은 소년들에게서 비정상적인 성적 발달을 알아차렸는데 이는 야생동물들에게서 기록된 가장 놀랄 만한 영향 중의 하나와 일치하는 것이었다. 아포프카 호의 악어들처럼 이 소년들은 동년배의 노출력이 없는 다른 소년들에 비해 상당히 작은 음경을 가지고 있었다.

또한 이 대만 어린이들은 영구적인 운동장애와 지능장애를 보였고 정상적인 수준 이상의 활동성을 포함한 행동 문제들도 보였다. 반복적인 검사에서는 발달지체의 징후가 나타났고 같은 나이의 어린이들보다 지능 검사에서 5점이 낮았다. 구오와 동료들은 이 어린이들이 주의력이 부족하고 동기간들만큼 빨리 생각할 수 없기 때문에 지능검사 점수가 낮다고 믿는다.

다행히도 이 대만의 희생자들처럼 강한 오염에 노출된 사람은 거의 없다. 미국에서 수행된 두 연구는 어머니를 통해서 보통 수준의 오염에 노출된 어린이들이 신경학적 손상을 입는지 여부를 발견하려는 시도를 했다. 두 보고서가 모두 신경학적 발달의 손상 징후를 보고했는데 이는 부모들에게는 뚜렷하지 않아도 특별한 검사를 통해 알아낼 수 있는 것이었다.

1980년대 초 웨인 주립대학의 심리학자 산드라와 조셉 제이콥슨이 수행한 최초의 연구는 오대호의 생선을 먹은 초산부들을 기록하고 있었다. 그 물고기들은 상당한 양의 PCB와 다른 여러 오염물질들을 함유하고 있었다. 그 오염에도 불구하고 오대호의 낚시터들은 연어와 호수 송어, 그리고 다른 물고기들을 방류했고 낚시는 30-40억 달러의 산업으로 남아 있었다. 어떤 낚시터에는 연어와 호수 송어를 먹으면 건강에 해로울 수 있다는 표지판이 주 보건관리들에 의해 세워지기도 했다. 이 연구에서 〈물고기 식용 집단〉에 속한 여성들은 모두 임신하기 6년 전부터 한 달에 두세 차례의 생선 요리를 먹었다. PCB는 분해가 되지 않기 때문에 이 여성들은 그것을 체지방 내에 축적했을 것이며 태반과 모유를 통하여 그들의 아이들에게 전해주었을 것이다.

물고기 식용 집단과 비식용 집단의 자녀들 간의 차이는 태어날 때부터 뚜렷했다. 어머니가 미시간 호의 물고기들을 더 많이 먹을수록 아기의 체중은 작았고 머리둘레도 작았다. 또한 태어날 때와 그 후에 사이를 두고 한 일련의 검사는 분명한 신경학적 손상의 증거를 발견했다. 그러나 제이콥슨 부부는 이 여성들에게서 태어난 아이들의 문제에 PCB만 책임이 있다고는 확신할 수 없었는데 이는 어머니들이 또 다른 많은 화학물질에 노출되었기 때문이다.

이 연구의 대상이 된 삼백 명 이상의 어린이들 중에 어머니가 많은 양의 물고기를 먹은 아이들은 반사기능 저하, 신생아 때의 비대칭적 운동 등 미묘한 손상의 징후를 보였다. 7개월이 되었을 때 한 검사에서 제이콥슨 부부는 칠판 위에 같은 사람의 그림을 두 번 보여주는 방법을 통해 인지능력 장애의 징후를 발견했다. 시간이 조금 지난 후 그림 하나를 새 것으로 갈고 아이에게 보여준다. 정상적인 아이는 새 얼굴을 알아보며 이미 본 얼굴보다 더 많은 시간을 들여다본다. 어머니의 PCB 수준이 높을수록 아기가 새로운 얼굴을 들여다보는 시간은 짧았다. 이 검사에서 낮은 점수를 받은 아기들은 어린 시절 동안 낮은 지적 능력을 보이는 경향이 있다. 4년 뒤 이 어린이들이 다시 검사를 받았을 때 최고 수준의 PCB 어머니의 아이들은 언어와 기억능력 검사에서 낮은 점수를 받았다.

노스캐롤라이나에서 수행한 두번째 연구는 866명의 아기들을 대상으로 신경학적 검사를 하고 그들의 성적을 어머니 모유 속의 PCB 수준——이는 생후의 노출뿐 아니라 출생 전 노출의 지표도 된다——과 비교한 것이다. 더 많이 노출된 아기일수록 반사기능이 약했고 6개월과 12개월에 한 추적 조사에서 운동 조화능력을 검사했을 때 낮은 성적을 보였다. 이 연구에는 사고와 기억능력에 대한 검사가 포함되지 않았다.

온타리오 호를 굽어보는 해안에 위치한 오스웨고 소재 뉴욕 주립대학에서는 심리학자들과 의사들로 구성된 팀이 현재 제이콥슨 부부의 기초 연구를 온타리오 호의 물고기를 먹은 여성들의 어린이들과 그렇지 않은 집단 간의 차이로 확장하고 있다. 이 연구에는 물고기를 먹은 여성들의 아이들에 대한 인간 대상 연구와 온타리오 호의 물고기를 먹인 흰쥐에 대한 실험실 연구가 포함되어 있다. 만약 인간과 흰쥐가 같은 행동학적 변화를 보인다면 그것은 흰쥐 연구의 결과들이 인간에게 일반화될 수 있음을 시사한다. 심리학자 헬렌 달리의 흰쥐 연구가 성체 흰쥐에서의 행동 변화에 대한 증거를 보여주었기 때문에 에드워드 롱키, 토머스 다빌, 재클린 라이만, 그리고 조셉 마더가 포함된 연구팀은 인간 대상 연구에서 어린이뿐 아니라 부모들도 검사하고 있다. 이와 유사한 역학적 조사가 네덜란드에서도 진행중인데 여기서는 연구자들이 PCB 노출과 출생시 갑상선 호르몬 수준, 그리고 높은 PCB 수준을 보이는 어머니들로부터 태어난 아이들의 행동과 인지 장애와의 관련을 탐구한다.

온타리오 호의 연어를 먹인 흰쥐에 대한 달리의 연구는 사고와 행동에 대한 합성 화학물질의 효과와 인간에 미칠 수 있는 영향에 대한 새로운 문제를 다룬 늘어나는 문헌들에 새로운 차원을 추가한다. 그녀의 초기 연구는 정상적인 흰쥐의 학습 능력, 특히 학습 과정에서의 두려움의 역할에 초점을 맞추고 있었다. 그러나 1980년대 초에 그녀와 동료들은 오염된 물고기를 먹인 효과에 대한 의문을 품기 시작했다. 그 문제는 오스웨고에서는 글자 그대로 피할 수 없는 것이었는데 왜냐하면 그 주가 낚시용 물고기들을 방류함에 따라 온타리오 호 연안 오스웨고 강어귀에 자리한 도시는 스포츠 낚시의 중심지가 되었기 때문이다. 가을에는 상당히 멀리서 오는 낚시꾼들이 강둑에 어깨를 나란히 하고 앉아 알을 까기 위해 상류로 올라오는 커다란 연어들을 낚아올렸다. 그 도시는 낚시꾼들이 적은 요금을 내고 물고기를 다듬을 수 있도록 청소용 건물들을 세우기도 했다. 낚시꾼들과 그 아내들과의 대화를 통해 달리와 동료들은 많은 가정이 냉장고를 물고기로 채우고 겨울 동안 상당한 양을 먹는다는 사실을 알았다.

대학의 많은 연구자들이 그것이 영향을 미치는지 여부를 보기 위해 실험실 흰쥐에게 온타리오 호의 물고기들을 먹이기 시작했다. 달리의 동료 중 하나였던 데이비드 헤르츨러는 30%가 연어로 된 사료를 먹인 지 20일이 지나 흰쥐에게서 행동 변화의 징후를 발견했다. 한 표준적인 검사를 하자 흰쥐는 활동성 감소를 보였다. 이 발견은 고무적이었지만 많은 요소들이 행동 저하를 일으킬 수 있기 때문에 어떻게 오염물질이 동물에 영향을 미치는가에는 많은 시사를 주지 못했다. 그때 달리는 그들이 왜 덜 활동적이 되었는지를 발견하기 위해 일련의 학습실험들을 시작했다.

〈우리는 독성 화학물질이 그놈들을 바보로 만들었다고 생각했지요.〉 그녀는 회상한다. 〈예상된 일이었으니까요.〉

그녀가 발견한 것은 예상과는 정반대의 것이었다. 심각한 학습능력 저하의 증거는 전혀 없었다. 그러나 행동에 극적인 변화가 일어났다. 그 이후 몇 년간 달리는 이 변화의 본질을 찾아내기 위한 일련의 다른 실험들을 수행했다. 이 연구는 모두 온타리오 호의 연어를 먹인 흰쥐들을 훨씬 덜 오염된 태평양의 연어들을 먹인 흰쥐, 혹은 연어를 먹이지 않은 흰쥐들과 비교한 것이었다. 자꾸만 반복해서 그녀는 일관된 유형의 결과들을 보았다.

이 두 흰쥐 집단은 생활이 쾌적하고 특별한 사건이 없는 한 행동에 어떤 차이도 보이지 않았다. 그러나 그들이 어떤 식으로든 부정적인 사건에 마주치면 큰 차이가 났다. 모든 경우 온타리오 호의 연어를 먹은 흰쥐들은 태평양 연어를 먹은 쥐들이나 연어를 먹지 않은 쥐들에 비해 훨씬 커다란 반응을 보였다. 달리는 그들을 비교적 나쁘지 않은 상황에도 반응을 보이는 과잉-반응성(hyper-reactive)이라 묘사했다.

만약 오염물질이 흰쥐뿐 아니라 인간에게도 같은 영향을 미친다면 〈아주 작은 스트레스도 증폭될 것입니다〉라고 달리는 말한다. 그녀는 제이콥슨 부부의 연구 대상이었던 어린이들 일부가 그녀가 흰쥐에서 보았던 것과 유사한 반응을 보였다고 생각한다. 그 어린이들이 네 살 때 한 검사에서 그들 중 열일곱 명이 최소한 한 개 이상의 검사를 거부하였는데, 그들 모두는 모유의 PCB 농도가 최고수준이었던 어머니를 두고 있었다. 그녀는 이것이 검사와 같은 어느 정도 두려운 경험에 대한 과잉반응이라고 생각한다.

달리의 발견은 다른 면에서는 특이한데 왜냐하면 그녀는 이 행동의 변화를 자궁 속에서의 중요한 발달 과정에서 노출된 놈들뿐 아니라 온타리오 호의 연어를 먹은 성체 흰쥐들에서도 보았기 때문이다. 또한 그녀는 이런 변화를 이들 성체들의 자식들과 그 2세들에서도 발견했다. 이 대를 이어 전해지는 영향을 연구하면서 달리는 임신 전후와 수유시기에 할머니뻘 되는 흰쥐들에게만 이들 물고기를 먹였다. 자손들은 어미의 태반과 모유를 통해서만 오염물질을 섭취했다. 달리는 이 할머니들의 암컷 새끼들에게는 전혀 물고기를 먹이지 않았지만 그 새끼들에서도 여전히 행동의 변화를 보았다. 그녀의 연구는 한 어미가 섭취한 오염물질이 두 세대를 가로질러 자신의 새끼뿐 아니라 손자들에게도 전해짐을 시사한다. 다른 연구자들도 같은 결과를 얻을 수 있는지 보기 위해 동일한 실험 과정을 주의깊게 반복하기 시작했다.

1995년 5월 오스웨고 팀은 온타리오 호 물고기를 먹은 여성들의 아이들에서 행동과 신경학적 차이가 나타남을 보고하며 진행중인 인간 대상 연구의 초기 결과를 발표했다. 이 새로운 연구에서 아주 소량의 온타리오 호 연어를 먹은, 즉 임신중이 아닌 평생에 걸쳐 40파운드 정도의 연어를 먹은 어머니들의 아기도 상당한 수의 비정상적 반사, 자율신경 반응의 커다란 미성숙, 그리고 반복되는 자극에 대한 낮은 적응성을 보였다.

제이콥슨 연구에는 없었던 이 적응 평가는 종이나 딸랑이, 혹은 빛을 비추어 잠든 아기를 깨울 때의 반응을 보는 것이다. 처음에는 그런 자극이 아기를 놀라게 하지만 자꾸만 되풀이하면 놀라는 반응이 줄어들고 마침내는 사라진다. 온타리오 호의 물고기를 먹지 않은 어머니들의 아기는 재빨리 적응했다. 대조적으로 물고기를 많이 먹은 이들의 아기는 덜 적응했고 반복되는 자극에 더욱 부정적으로 반응했다.

〈이는 보기 좋게 일치합니다〉라고 달리는 이 인간 연구와 흰쥐를 가지고 한 초기의 연구와의 유사성을 설명하면서 말한다. 〈인간의 아기들처럼 내 흰쥐(온타리오 호 연어를 먹인)들은 불쾌한 사태에 더욱 격렬한 반응을 보였습니다〉라고 달리는 지적한다. 비록 이 연구에서 물고기를 먹은 어머니의 아이들에게 제이콥슨 부부가 발견한 것 같은 작은 머리둘레나 저체중과 같은 신체적인 차이는 발견할 수 없었지만 제이콥슨 연구에 따른 최초의 대규모 연구들은 초창기 연구에서 기록되었던 행동의 변화와도 일치한다. 달리와 동료들은 오염물질들이 아기에서 신체적인 영향을 줄 만큼 충분한 농도에 도달하기 전에 행동에 영향을 미친다고 믿는다. 달리는 설치류 연구가 인간에게도 가능한 행동영향을 조기에 경고할 수 있다는 증거에 고무되었다.

제이콥슨 연구가 신경학적 징후와 PCB 사이에 연관성을 발견했지만 달리는 그것이 오스웨고 팀이 관찰한 변화들에 관련된 유일한 화학물질이라는 데 의심을 품고 있다. 오대호에 방류된 독성 오염물질의 수만해도 2천8백 종이나 된다. 그들 중 얼마나 많은 수가 연어로 들어갔고 얼마나 많은 사람이 그것을 먹었는지는 아무도 모른다. 그런 독성국물에서는 상당한 수의 화학물질이 첨가, 혹은 공조 형식으로 작용할 수도 있다는 사실이 결코 놀라운 일은 아니라고 그녀는 말한다.

둥지를 함께 트는 암컷, 혹은 여성화된 수컷과 같은 예기치 못한 행동과 야생동물들의 오염을 관련짓는 보고들은 불가피하게 인간의 육아와 배우자 선택에 관한 의문을 불러일으킨다. 호르몬 저해가 이런 인간의 속성을 변화시키는가? 이 문제에 대한 과학의 성과는 사실 보잘것없다. 여러 증거가 성적 선호도의 다양성이 생물학적인 기반을 가지고 있음을 시사하지만 이와 관련된 요인에 관해서 과학자들은 희미한 이해만을 하고 있을 뿐이다.

1991년 닥터 사이먼 르베이는 《사이언스》지에 동성애자와 이성애자의 두뇌 구조 차이에 관한 그의 발견을 실었다. 최근에 나온 그의 책 『성적 두뇌 (*The Sexual Brain)*』를 포함하여 그의 연구는 성적 행동이 생물학적 뿌리를 가지고 있으며 태아의 뇌가 성분화를 할 때 호르몬에 의해 강한 영향을 받는다는 이론을 지지한다.

다른 과학자들의 연구도 이 이론을 지지한다. 예를 들어 DES 딸들에 대한 몇몇 연구는 그들에게서 출생 전 이 합성 호르몬에 노출되지 않은 자매들에 비해 높은 동성애율과 양성애율을 발견했다. 불행히도 DES 아들들에 관한 영향에 대해서는 믿을 만한 연구가 없다.

원칙적으로 이런 연구들은 태아의 발달이라는 중요한 시기에 호르몬 신호를 간섭하는 화학물질이 성적 선택을 변화시킬 수 있다는 것을 알려준다. 현재의 과학은 더 이상을 말해주지 않는다. 일부 연구들은 호르몬 저해의 결과가 어떤 때는 여성화가 되고, 어떤 때는 남성화가 됨을 보여주었다. 그러므로 내분비 저해가 성적 선택에 영향을 준다면 그것은 두 갈래를 다 막아 본래 동성애자가 될 사람을 이성애자로 만들거나, 본래 이성애자가 될 사람을 동성애자로 만들거나 할 것이다. 성적 선택의 다양성은 화학적 오염물질이 널리 퍼지기 훨씬 전부터 수천 년 동안 인류 경험의 일부임을 기억해야 할 것이다. 인간의 성적 선택의 양상이 내분비 교란 합성 화학물질이 시판된 이후로 변화했다는 어떤 조짐도 없다. 게이와 레즈비언은 그들을 완벽한 사회의 구성원으로 받아들이려는 사회의 풍조에 점점 눈에 띄는 고마움을 표시하고 있지만 이용가능한 최상의 연구들은 동성애자와 이성애자의 비율이 일정했음을 보여준다.

인간의 성적 지향성은 대부분의 인간 행동이 그러하듯이 의심의 여지없이 복잡한 현상이다. 우리는 어떤 단일 요소――본성, 내분비 저해, 혹은 양육――가 유일한 결정인자로 판명될 것이라고는 생각하지 않는다.

* * *

지금 당장은 호르몬 교란 화학물질이 인간에 미치는 영향에 관해서 해답보다는 의문이 더 많이 남아 있다.

어떤 손상이 뚜렷하고 기록되어 있을지라도, 환경 내에 존재하는 오염물들과의 분명한 인과관계를 확립하기란 불가능하다. 지난 반세기 동안 모든 어머니들이 합성 화학물질을 체내에 가졌고 그녀의 아이들은 자궁 속에서 이 물질에 노출되었음을 알고 있다. 하지만 우리는 각각의 어린이들이 어떤 조합의 화학물질에, 어느 정도 수준으로 노출되었는지, 혹은 상대적으로 낮은 용량도 평생 동안 영향을 미칠 수 있는 중요한 발달 시기에 노출되었는지 여부도 알지 못한다. 이는 환경 오염물질의 지연 효과를 평가하는 데 있어 공통적으로 피할 수 없는 딜레마이다. 우리는 또 과학적 비교 연구를 위하여 노출되지 않은 개인으로 구성된 진정한 의미의 대조군을 가질 수 없다는 문제에 봉착한다. 이 오염물질은 어디에나 있다. 모든 이들이 어느 정도로든 노출되었다. 슬픈 아이러니 중의 하나는 덜 노출된 대조군을 찾던 과정에서 외딴 이누이트 마을 주민들로부터 고농도의 오염을 발견했다는 사실이다.

이런 이유들 때문에 결정을 내리기 전에 확실한 증거를 요구하는 이들은 영원히 기다리게 될 것이 확실하다. 인간과 동물들이 때로는 함께, 때로는 상반되게 작용하는 수십 종의 화학물질들에 의한 오염에 노출되어 있고 때로는 시점이 용량만큼 중요할 수 있는 실제의 세계에서 순수한 인과관계란 결코 포착할 수 없는 것으로 남아 있을 것이다.

담배회사들은 인간을 대상으로 실험을 하기 전에는 증거들을 얻을 수 없음을 잘 알면서도 음흉하게도 인간의 폐암과 담배 사이에 증명된 인과관계가 없다는 사실을 논쟁에 이용했다. 그러나 몇 번이나 지연된 끝에 보건 관리들은 담배에 경고문을 붙이고 광고를 규제하며 공공장소에서의 흡연을 금지하는 방향으로 나아가고 있다. 그들은 그런 인과관계를 증명할 수 있는 동물실험에 의해 지지되는, 인간 폐암과 담배 사이의 상관관계에 관한 증거에 의거하여 그렇게 하고 있는 것이다.

호르몬 교란물질 문제를 해결하기 위해서는 비슷한 접근이 필요하다. 그러나 그것은 담배의 인과관계를 푸는 것보다 훨씬 어렵다. 오염물질의 성질을 고려할 때 인간의 건강을 지킬 책임이 있는 이들은 완전하지 못한 정보에 의해서도 행동해야 함을 애초에 인식하는 것이 중요하다.

얼마나 많은 화학 오염물질이 우리가 보고 있는 병적인 경향과 사회적인 문제——유방암, 전립선질환, 불임증, 학습장애——에 한 몫하고 있느냐는 문제와 씨름할 때면 한 가지를 꼭 염두에 두어야 한다. 과학자들은 놀랄 만큼 낮은 농도로도 심각한, 때로는 영구적인 영향이 나타난다는 발견을 하고 있다. 우리가 직면한 위험은 단지 질병과 죽음의 문제가 아니다. 호르몬과 발달을 저해함으로써 이 합성 화학물질은 우리의 존재까지 변화시킬 수 있다. 우리의 운명을 바꿀 수 있는 것이다.

11 암을 넘어서

탐정 작업을 하던 초기에 테오 콜본은 1950년에《실험 의학, 생물학회 회보》에 실린 오랫동안 잊혀졌던 연구를 보고 깜짝 놀랐다. 이는 합성 화학물질에 호르몬 저해라는 부작용이 있을 수 있다는, 과학문헌에 나타난 최초의 경고였다. 시라큐스 대학의 동물학자 베를루스 프랭크린드만과 그의 대학원 학생 하워드 벌링턴은 어린 수탉으로 하여금 정상적인 수컷으로 발달하는 것을 방해하기 위해 필요한 DDT의 용량을 기술했고 이 살충제가 호르몬처럼 작용한다는 것을 시사하였다. 그렇게 괴상하고 무서운 호르몬 대참사의 첫 증거는 제2차 세계대전 말미에 미국을 휩쓴 화학 시대 이후 표면에 떠올랐다. 콜본은 벌링턴과 린드만의 논문을 책상 위에 붙여놓았다. 이는 사람들이 새로운 개념을 얼마나 늦게 받아들이는가를 상기시키는 것이다.

우리는 얼마나 많은 경고의 징후를 얼마나 오랫동안 무시해 왔는가?

오대호 지역에서의 콜본 자신의 경험은 그 답의 일부를 제공했다. 암에 대한 우리의 집착이 우리를 다른 위험에 대해서 장님으로 만들었다. 이 이야기에서 되풀이해 보았듯이, 일이 어떻게 돌아가야 하고 무엇이 중요한지에 대한 지배적인 개념에 맞지 않는다면 사람들은 새로운 중요한 증거들을 경시하거나 무시하려는 강한 경향이 있다. ──이는 귀머거리로 만드는 경향이다.

벌링턴과 린드만의 연구가 망각 속에 가라앉았다면 그것은 그들의 발견이 보잘것없거나 이해하기 어려워서가 아니었다. 시라큐스 팀은 DDT를 두 달에서 석 달간 40마리의 어린 수탉에게 주사하여 이 살충제의 장기 독성을 탐구했다. 이 하얀 레그혼들에게 일어난 일을 보았을 때 그들은 이 특이한 독물에 당황했음이 틀림없다. DDT의 하루 용량은 수탉을 죽이거나 병에 걸리게 하지도 않았다. 그러나 그들은 확실히 이상해졌다. 약을 주사한 닭들은 전혀 수탉처럼 보이지 않았다. 그들은 암탉처럼 보였다.

어린 수탉들이 성숙하면 머리에는 볏이 돋아나고 목 주위에는 체리 빛깔의 살이 늘어진다. 이것이 수탉이 성숙한 표시이다. 그러나 DDT를 주사한 닭들은 예측된 방식으로 발달하는 데 실패했다. 성체가 되어도 그들의 볏은 창백했으며 그나마 비교를 위해 동물학 실험실에서 키운, 약을 주지 않은 닭들에 비해 1/3 크기였다. 이 닭들의 고환을 조사했을 때의 발견은 더욱 놀라운 것이었다. 그 성기관들은 정상 크기의 18%밖에 되지 않았다. 모든 면에서 이 닭들은 화학적으로 거세되었다.

수십 년이 지나서야 과학자들은 DDT가 어린 수탉들의 성적 운명을 어떻게 변화시켰는지를 정확히 이해하기 시작했다. 그러나 시라큐스 팀은 그들 실험의 〈흥미 있는 영향〉을 논의하면서 뚜렷하게 나타난 이 불길한 함의를 파헤쳤다. 그들은──1950년에──DDT가 〈에스트로겐 유사 작용〉을 보인다고, 즉 그것이 호르몬처럼 기능한다고 시사했다.

이 연구는 성적 발달을 탈선시킬 수 있는 합성 화학물질의 힘을 경고하는 증거를 제공했지만 이 경고는 묻혀버렸다. 그런 발견은 단순히 살충제의 유해성에 대한 널리 퍼진 관점, 즉 이전 세대의 독물에 의해 형성된 관념과 맞지 않았을 뿐이다. 이전 세대의 독물들은 주로 급성 독성을 가진 비소화합물이었고 사람을 바로 죽일 수도 있는 위험한 잔류물질들을 과일과 야채에 남겼다. 이 제2차 세계대전 전의 경험을 바탕으로 하여 1950년대의 공중보건 관리들은 농부들처럼 고농도로 노출된 이들에게 죽음이나 심각한 질병을 일으키지 않는다면 화학물질들이 안전하다고 판단했다.

이런 관점에서 볼 때 1946년 미국의 민간 시장에 등장한 DDT는 확실하게 안전한 상품이었다. 1년이 지나 이 〈기적〉의 살충제는 미국에서 광범위하게 사용되는 농업용품이 되었다. 1947년에서 1949년 사이에 화학회사들은 합성 살충제의 거대한 새 시장을 목표로 하여 생산 설비에 38억 달러를 퍼부었다. DDT의 판매액은 1944년에는 전부 일천만 달러였으나 1951년에는 일억 일천만 달러 이상이 되었다. 지금은 상상하기 힘든 무심한 규제하에서 농장과 가정, 정원, 그리고 도시 근교 가로수에 (모기 방제를 위해) DDT가 살포되었다.

1960년대에 살충제가 건강에 미치는 영향에 대한 새로운 공포가 다가왔다. 다음 30년간 독성 화학물질에 대해 논의하는 공중, 과학 연구, 그리고 정부 규제를 지배하게 될 암에 관한 공포였다. 대중의 의식에서 일어난 이 변화를 반영하듯 과학 문헌에 대한 탐구를 통하여 다른 많은 위험들도 충분히 알고 있던 레이첼 카슨도 『침묵의 봄』의 살충제와 인간의 건강에 대한 장에서 암에 초점을 맞추었다. 이 책을 시작하는 〈미래의 우화〉는 생식 실패의 으스스한 그림을 그리고 있다. 〈농장에서는 암탉들이 알을 낳았지만 까지 못했다. 농부들은 그들이 돼지를 키울 수 없다고 불평했다. 한 배의 새끼들은 줄어들고 어린 놈들은 며칠밖에 살지 못했다.〉

그들의 연구 결과를 인용한 것으로 보아 카슨은 벌링턴과 린드만의 연구를 읽었음에 틀림없다. 그러나 그들의 이름을 언급하지는 않았다. DDT의 호르몬 작용에 대한 그들의 가설이 『침묵의 봄』의 처음 장들에 묘사된 야생동물들의 증상 중 일부를 밝혀주었음이 명백하지만 카슨은 더 이상 살충제가 호르몬을 교란함으로써 생식을 저해할 수도 있다는 실마리를 추적하지 않았다. 이것은 특히 흥미로운데 아마도 그녀는 직접적인 독성 이상의 〈뭔가 더 불길한 것〉——〈새의 생식능력을 실제로 파괴하는 것〉——을 확실히 인식했을 것이다. 어떻든 이런 실마리는 사라졌는데 부분적으로는 내분비계에 대한 당시의 과학적 이해의 수준 때문이었고 부분적으로는 카슨 자신이 유방암에 걸려서 그녀의 독자들만큼이나 그 무서운 질환에 사로잡혀 있었기 때문이다. 『침묵의 봄』의 초반부에는 그렇게 뚜렷했던 생식의 주제가 후반부에서는 그녀의 관심이 합성 살충제가 유전자 변이와 암을 일으킬 수 있다는 사실에 전적으로 집중되면서 사라졌다.

카슨이 살충제가 어떻게든 호르몬 수준에 간섭하며 그래서 생식기에 암을 유발한다고 생각한 것은 이런 맥락에서이다. 그녀의 주장에 따르면 이는 합성 염소화합물에 쉽게 손상을 입는 간을 통하여 간접적으로 일어난다. 간은 에스트로겐과 다른 스테로이드 호르몬을 분해하여 배설함으로써 호르몬 균형을 유지하는 데 중심적인 역할을 한다. 손상된 간 기능이 이 분해 과정을 늦춘다면, 그녀의 생각으로는, 〈비정상적으로 높은 에스트로겐 수준〉이 될 수 있다. 오늘날의 의학이 인정하듯이 전체적인 에스트로겐 노출은 이런 암들과 관련이 있으며, 정상적인 간 기능을 저해함으로써 합성 화학물질들이 호르몬 저해를 일으킨다고 인식한 데서 카슨은 정확했다. 이제 30년이 지나 유방암에서의 DDT와 다른 합성 화학물질들의 역할에 대한 탐구는 유방암 종양 조직에서 DDT, 그 분해산물 DDE, PCB, 그리고 다른 합성 화학물질들을 발견하고 실제로 일부 합성 화학물질들은 호르몬 활성을 가지고 있다는 것을 인식함으로써 새로워졌다. 이는 40년 전에 벌링턴과 린드만이 최초로 시사했던 것이다.

암은 우리의 문화에서 특별한 공포의 대상이다. 레이첼 카슨이 늘어나는 암 발생과 합성 살충제의 사용 증가 사이의 의심스런 고리를 대중화했다면 다른 힘들이 이 암 패러다임에 관성을 붙였다. 1969년 6월 국립 암연구소는 『침묵의 봄』에 기술된 동물실험을 완수했고 오랫동안 낮은 수준의 DDT에 장기간 노출된 생쥐에서 간종양이 크게 증가함을 발견했다. 1주일이 지나 리처드 닉슨은 암을 일으킨다는 이유로 인해 DDT의 사용을 규제하라는 하원의원 17명의 청원서를 받았다. 1971년 닉슨 대통령은 암에 대한 전쟁을 선포했다. 당시의 열기와 DDT 같은 살충제가 암을 일으킬 수 있다는 새로운 증거들로 인해 DDT 규제를 위해 노력한 환경론자들은 그 오랜 운동의 초창기에 우선시했던 야생동물과 환경의 관심사보다는 인간의 건강에 대한 위협들 언저리에서 싸움터를 형성하기 시작했다. 미국 환경보호국(EPA)의 장관 윌리엄 럭켈하우스는 대부분의 DDT 사용을 금지하는 1972년의 결정에서 물고기와 야생동물에 미치는 부작용과 인간의 발암위험 가능성을 동등하게 강조했다.

암은, 우리의 공포들 중에서 특별한 자리를 차지하고 있는 것처럼 연방 규제에 있어서도 특별한 자리를 요구했다. 즉 20년 이상이나 EPA의 독성 화학물질에 대한 규제 과정을 지배했는데 이는 주로 EPA가 발암위험을 평가하는 데 있어 다른 위험을 고려할 때와는 다른 전제를 사용했기 때문이다. 생식과 발달손상 같은 암이 아닌 위험들에 대해서 EPA는 한 화학물질이 어떤 역치 아래의 낮은 농도에서는 아무런 위험을 끼치지 않는다고 전제해 왔다. 그러나 그것이 암의 문제가 되면 EPA는 선형 모델을 사용하여 어떤 농도에서도 안전하지 않다고 가정했다. 아무리 적은 양이라도 화학물질은 암을 일으킬 수 있다고 여겼던 것이다.

연방법원은 식품에 DDT의 잔류 허용치를 정한 1970년의 판례로부터 시작하여 1970년대 초반에 일련의 살충제에 대한 판결을 내림으로써 규제들을 강화했다. 소송을 제기한 환경 보호재단은 델라니 조항에 근거를 두었는데, 이는 연방 식품, 의약품, 화장품에 관한 법률의 1958

년도 개정안으로 실험동물에서 암을 일으키는 것으로 나타난 모든 식품첨가물은 사용을 금지한다는 내용이다. 그 판결문에서 법원은 이 법률이 살충제 잔류물에도 적용되며 이 잔류물의 발암성이 어떤 허용치 내에서 고려되어야 한다고 결정했다. 또 법원은 책임 있는 정부 당국자가 식품에서 그 잔류물을 계속 허용하려면 안전한 DDT 잔류물의 수준을 결정하기 위한 근거를 설명해야 한다고 요구했다. 그 판결은 델라니 조항이 요구한 발암물질에 대한 엄격함을 실제로 인정했다. 1970년대 중반까지 대중 문화에서 〈발암성〉은 〈독성 화학물질〉과 떨어질 수 없이 얽혀 있었다.

암을 두려움에 대한 최후의 척도로 여기면서 발암성에 기초하여 허용량을 정하는 것이 인간뿐 아니라 물고기를 비롯한 야생동물들을 모든 다른 위험으로부터 보호해 줄 것이라는 전제가 널리 퍼졌다. 그래서 지난 20년 동안 살충제 제조업자들과 연방 규제당국은 화학물질의 안전성을 평가하기 위해 발암성과 치명적 독성, 가시적인 선천성 기형과 같은 심각한 위해들을 주로 살폈다. 암에 대한 이런 선입견은 다른 위험들을 경고하는 증거들에 대하여 우리를 장님으로 만들었다. 즉 개인의 건강뿐만 아니라 사회의 안녕에도 똑같이 중요하다고 판명된 다른 위험들에 대한 조사를 방해했다.

만약 이 책이 어떤 규범적인 메시지를 담고 있다면 그것은 다음과 같다. 우리는 암 패러다임을 극복해야 한다. 그때까지는 호르몬 저해 화학물질의 도전과 그들이 인간의 미래에 드리우는 위협에 맞서 싸우기가 불가능하다. 이는 덧붙여진 위험들에 대한 인식의 지평을 넓히는 단순한 논쟁이 아니다. 우리는 독성 화학물질에 대한 사고에 새로운 개념들을 도입할 필요가 있다. 지난 30년 동안 우리의 사고틀을 형성했던 독성과 질병에 관한 전제들은 부적당하며 심지어 다른 종류의 피해를 이해하는 데 장애물로 작용한다.

호르몬 저해 화학물질은 고전적인 독물이나 전형적인 발암물질이 아니다. 그들은 다른 방법으로 작용한다. 이 물질들은 용량이 많을수록 더 많은 피해를 입힌다는 전제 위에 세워진 현재의 검사 규범들의 선형 논리를 벗어난다. 따라서 우리의 오랜 전제들과는 대조적으로 화학물질의 발암 위험에 대한 검사가 다른 종류의 위협으로부터 우리를 늘 보호해 주지는 않는다. 어떤 호르몬 활성 화학물질은, 혹시 있다고 해도, 발암성이 거의 없다. 그리고 린드만과 벌링턴이 발견한 것처럼 그런 화학물질들 대부분은 보통의 의미에서 독물이 아니다. 이것을 알기까지 우리는 잘못된 질문을 하며 잘못된 장소를 헤맸고 상반되는 의도로 이야기했다.

이제까지 독성 화학물질의 피해에 대한 우리의 개념은 주로 두 가지에 초점을 맞추었다. 독물이 그런 것처럼 어떤 화학물질이 세포에 손상을 입히거나 죽일 수 있는가와 발암물질이 그러한 것처럼 우리의 유전적 청사진인 DNA를 공격하여 영구적인 돌연변이를 일으킬 수 있느냐였다. 중독의 경우 그 결과는 인간이나 동물들에게 질병이나 죽음을 일으킨다. 돌연변이는 결국 암을 일으킬 수 있다.

환경에서 발견되는 전형적인 수준에서 호르몬 교란 화학물질은 세포를 죽이거나 DNA를 공격하지 않는다. 그들의 목표는 호르몬, 즉 체내의 의사소통망을 꾸준히 순환하는 화학 메신저이다. 호르몬 활성 합성 화학물질은 생물학적 정보고속도로에 달라붙어 필수적인 의사소통을 방해한다. 그들은 호르몬들을 질식시키거나 혼란시킨다. 그들은 신호들을 꼬이게 한다. 메시지들을 뒤섞는다. 모든 종류의 참사를 일으킨다. 호르몬 메시지가 두뇌의 조직화로부터 성적 분화에 이르기까지 발달의 여러 중요한 측면들을 조절하기 때문에 호르몬 교란 화학물질들은 태어나기 전과 생의 초기에 특별히 피해를 미칠 수 있다. 이미 여러 번 설명했던 것처럼 성인에서는 어떤 관찰 가능한 영향도 없는 낮은 수준의 오염물질도 태아에게는 엄청난 영향을 미칠 수 있다. 자궁 안에서 건강하고 정상적인 아기를 만드는 과정은 적절한 시간에 적절한 호르몬 메시지를 받느냐의 여부에 달려 있다. 이런 종류의 독성 공격을 생각하는 데 있어 핵심 개념은 화학 메시지들이다. 독물도 발암물질도 아닌 화학 메시지이다.

인간의 유전자 지도를 만들고 낭포성 섬유증(외분비샘에 영향을 주어 조기 사망을 일으키는 유전 질환——옮긴이)과 같은 유전질환을 일으키는 유전자를 골라내려는 과학적 집착은 우리를 병들게 하는 거의 모든 것의 뿌리가 우리의 유전자에 있다는 대중적인 인상을 창조했다. 그러나 이 책에서 탐구한 과학적인 연구가 명확히 보여주는 것처럼 물려받은 유전적 청사진은 출생 전에 태아를 만드는 한 요소일 뿐이다. 커다란 빌딩을 지을 때 누군가가 의사 전달을 방해했다면 무슨 일이 일어날지 상상해 보라. 그래서 연관공들이 목수가 벽을 덮기 전에 욕실의 절반에 파이프를 넣으라는 지시를 못 받았다면? 온도조절 시스템의 프로그램이 완성되기 전에 잘못된 정보가 도착한 것을 상상해 보라. 그리고 빌딩의 온도가 섭씨 18도 대신에 32도에서 고정되었다면. 만약 의사전달이 잘못되어 전망대가 8개의 엘리베이터 대신에 1개만 갖춘 채 완공되었다면 그것이 무엇을 의미할지 상상해 보라.

빌딩의 건축 과정은 청사진만큼이나 중요하다. 한 아기의 지능은 물려받은 유전자뿐 아니라 발달의 중요한 시점에 뇌에 적당한 양의 갑상선 호르몬이 도달했느냐 여부에 달려 있다. 한 젊은이는 물려받은 발암 유전자보다는 어머니 자궁에서의 비정상적인 호르몬 수준 때문에 고환암에 걸릴 수 있다. 이 책의 과학적인 증거가 시사하는 것처럼 합성 화학물질들은 출생 전 발달 기간 동안에 호르몬 메시지를 방해하여 그 결과를 영구적으로 변화시킬 수 있다.

호르몬 교란 화학물질들이 고전적인 독물이나 발암물질과 같은 규칙하에서 작용하지 않기 때문에 일반적인 독물학적, 역학적 접근방식을 이 문제에 적용하는 것은 더 큰 혼란을 불러일으키기 마련이다.

예를 들어 EPA의 어떤 비판가는 신체가 환경의 공격을 방어하는 메커니즘을 진화시켜 왔기 때문에 적은 양의 오염물질은 견뎌 낼 수 있다는 주장을 해왔다. 암 패러다임의 관점에서 그들은 손상된 DNA를 재생하는 신체의 능력을 이야기한다. 그러나 우리가 아는 한 신체는 화학물질의 호르몬 저해 효과와 마주쳤을 때 이와 유사한 어떤 수리 메커니즘도 가지고 있지 않다. 왜? 세포들은 호르몬 메시지를 받아들이게끔 되어 있기 때문에 우리가 이미 본 바와 같이 자연 호르몬을 모방하는 합성 사기꾼들을 기꺼이 받아들인다. 신체는 그 사기꾼들에 정규 메신저에서처럼 반응하며 호르몬 수용기에 결합하도록 한다. 신체는 그들의 작용을 수리가 필요한 손상으로 인식하지 않는다.

호르몬계는 우리에게 교란에 대한 생물학적 반응의 정보를 알려주는 고전적인 용량-반응 모델에 따라 행동하지 않는다. 독물학과 역학의 실제는 독물학의 아버지라 알려진 스위스의 의사 파라셀수스가 16세기에 처음으로 설정한 원칙에 의거하고 있다. 그는 소량으로는 독이 없는 물질이 다량으로는 치명적일 수 있음을 관찰했고 그래서 그의 공리를 세웠다. 즉 용량이 독을 만든다. 이 공리가 함축한 의미는 고전적인 용량-반응 곡선의 개념으로, 이 곡선에서는 외부 물질의 용량이 증가할수록 생물학적 반응도 증가한다. 이것이 평균치보다 더 많은 오염물질에 노출된 공장 노동자들을 연구함으로써 합성 화학물질의 독성 효과를 확인하려고 하는 역학적 연구의 전제이다.

비록 선형 모델에 대한 전제가 발암물질에도 적용될 수 있느냐에 대한 논란은 있지만 그런 접근은 발암물질이나 고전적 독물처럼 작용하는 독성 물질에 대해서는 생산적임이 판명되었다. 호르몬 활성 화학물질의 경우에는 선형을 전제로 한 모든 연구가 혼란스런 결과를 낳을 수밖에 없는데 왜냐하면 반응이 용량이 증가함에 따라 필연적으로 증가하지는 않기 때문이다. 10장에서 기술한 것처럼 많은 용량은 사실 적은 용량에서보다 덜 영향을 미칠 수도 있다. 그런 용량-반응 곡선은 호르몬계에서는 특이하지 않은 것이다. 거기서는 반응이 처음에는 용량에 따라 증가하다가 꼭대기에 달하면 용량이 늘수록 감소한다.

내분비계를 연구하는 이들은 왜 이런 일이 일어나는지 완전히 이해하지 못한다. 그 이유는 아마도 수용기를 통하여 내분비계의 특징인 복잡한 피드백 고리 속에서 작용하는 호르몬의 기본적인 방식에 있을 것이다. 그러므로 자연 호르몬이나 화학적 모방물은 반응을 일으키기 위해서 매우 적은 양의 수용기만이 필요하기 때문에 낮은 수준에서도 영향을 미칠 수 있다. 에스트로겐의 경우 세포의 증식을 일으키기 위해서는 한 세포에 포함된 수용기의 단지 1%에만 결합하면 된다. 그러나 호르몬이나 호르몬 유사물질의 농도가 올라갈수록 마침내 그 계는 과부하를 받은 것처럼 반응하고 거의 아무런 반응을 보이지 않게 된다. 높은 농도에서 세포들은 수용기를 잃어버리고 호르몬 농도가 수용기들이 회복될 만큼 충분히 낮게 떨어지기 전까지는 더 이상 반응을 보이지 않는다.

EPA의 독물학자 린다 번바움이 지적한 것처럼 대부분의 역학적 연구는 성인, 특히 성인 남성에게 초점을 맞추었다. 이런 교란은 내분비 저해 화학물질과 관련해서 특히 문제가 있다. 의학 연구는 종종 화학 플랜트나 제조공장의 고농도의 독성 화학물질에 노출된 노동자들 사이에서 해로운 영향을 찾아보지만 이런 높은 농도가 자궁 내에서 훨씬 더 낮은 용량에 간접적으로 노출된 태아에서보다 성인에게 덜 영향을 미치기도 한다. 우리가 본 대로 용량보다 시점이 더 중요할 수 있으며 성인기에 노출된 이들을 연구하기보다는 자궁 안에서 노출된 2세들을 연구함으로써 더욱 분명한 결과들을 찾을 수도 있다. 이탈리아 세베소의 화학공장 사고에 따른 한 주요 연구는 고농도의 다이옥신 노출이 사고의 희생자들에게서 암 발생률을 높이는가에 초점을 맞춘 것이었다. 비록 한 조사는 심각한 출생시 기형을 찾아보긴 했지만 내분비, 면역, 신경 계통의 지연된 효과와 같은 태어날 때는 보이지 않는 손상을 고려하지 않았다. 태아에 미치는 다이옥신의 강력한 영향에 대한 증거가 드러나자 연구자들은 세베소 주민들을 다시 조사하여 거의 20년 전에 일어난 그 사고의 다른 가능한 영향을 탐구하고 있다.

또한 암 패러다임은 위협을 질병으로 한정함으로써 내분비 저해의 영향에 대한 인식을 방해한다. 호르몬 교란 화학물질은 병에 걸리게 하지 않고도 개인을 소모시킨다. 이런 이유로 고전적인 질병관에 걸맞는 질환들뿐 아니라 〈기능 저하〉도 찾아보는 것이 시급하다. 예를 들어 PCB 노출로 인한 단기기억력 저하나 주의집중 장애는 뇌종양을 가진 것과는 매우 다르다. 전자는 결손이지 질환이 아니다. 그럼에도 그것은 한 인간의 일생과 사회에 심각한 영향을 미친다. 그들은 인간의 잠재력을 갉아먹고 삶의 질을 파괴한다. 그것들은 인간의 상호작용을 방해하며 따라서 현대 문명의 사회 질서를 위협한다.

출생 전 호르몬 교란 화학물질에의 노출은 단일하고 윤곽이 뚜렷한 영향을 미치지 않는다. 이런 식으로 그 결과는 화학물질 유발 질환에 대한 널리 퍼진 우리의 견해에 도전한다. 용량과 시점에 달린 문제지만 외부의 화학물질은 각기 다른 시기에 뚜렷이 드러나게 될 다양한 방식으로 발달을 어긋나게 한다. 예를 들어 에스트로겐 유사 화학물질에 출생 전 노출된 한 소년은 출생시 정류고환이 있을 수 있고 사춘기에 적은 정자수를 보이며 이 출생 전 호르몬 저해 때문에 중년에 고환암에 걸릴 수도 있다. 이것들은 건강과 질병을 구분짓는 흑백의 뚜렷한 차이보다는 다수의 회색빛 그림자 속에서 자신을 드러내는 효과들이다.

출생 전에 인간의 잠재력을 앗아가는 화학물질들을 조사하기 위해서는 삼 대에 걸친 발달의 영향을 찾아보는 일이 필요하다. 성인기에 노출된 이들과 자식들, 그리고 대물림 독물을 물려받은 손자들 말이다. 비록 이 책은 중간 세대——자궁 안에서 노출된 첫 세대——에 초점을 맞추고 있지만 이들이 경험한 호르몬 저해는 잠재적으로 다음 세대에도 영향을 줄 수 있다. 출생 전 호르몬 교란 화학물질에 노출된 이들은 성인이 되었을 때 호르몬 수준이 비정상적일 수 있으며 그들 자신이 가진 잔류 화학물질을 물려줄 수 있다. 이 양자 모두 자녀들의 발달에 영향을 줄 수 있다. 호르몬 저해의 영향을 더 잘 진단하고 이해하기 위해서는 좀더 많은 학제간 연구가 필요하다. 정자수의 감소와 같은 경고성 징후에도 불구하고 인간 보건에 대해 환경오염이 미치는 영향을 조사하는 연구 자금의 가장 큰 몫은 여전히 암 연구에 배당하고 있다. 호르몬 교란 화학물질의 지도적인 연구자들은 이미 그들이 야생동물과 인간에게 미치는 심각한 위험을 지적하는 지표가 될 만한 연구를 했음에도 불구하고 종종 더 이상 연구를 할 기금을 얻지 못한다.

우리가 이런 위협을 확실히 알게 된다면 환경오염에 대한 판단을 하는 데 다른 방식을 택해야만 한다. 하나나 혹은 한 무리의 호르몬 교란 합성 화학물질들과 우리가 이미 목격한 정자수 감소와 같은 문제들 사이의 단순한 인과관계를 보여주기는 어렵다. 실제 세계에서의 위험 평가는 존재하는 실제의 문제에 응답하여야만 한다.

이런 필요성을 주창하기 위해 환경 분야의 어떤 이들은 환경-역학이라 알려진 평가 방법론을 개발하기 시작했다. 캐나다 야생동물보호국의 글렌 폭스, 미국과 캐나다의 오대호 연안 문제를 다루기 위한 부속기구인 국제 협력 위원회의 마이클 길버트슨이 개척한 이 방법은 야생동물 자료, 실험실 연구, 호르몬 작용이나 독성 메커니즘에 대한 연구를 포함하는 다양한 원천에서 정보를 끌어내고 전체적인 증거에 근거하여 실용적인 판단을 하는 것이다. 이런 접근방식에서 사람들은 노출이 영향에 선행하는지, 오염물질과 손상 사이에 일관된 관련이 있는지, 그 관계가 현재의 생물학적 메커니즘에 관한 이해로 볼 때 수긍할 만한지와 같은 인과성에 대한 역학적 범주의 틀 안에서 전체 정보를 평가한다. 그러나 이 실제의 환경 탐지 연구는 잘 조절된 실험실 연구와 과학작업에 더욱 적합한, 증명에 대한 과학적 이상보다는 〈증거의 비중〉에 판단의 근거를 두고 있다. 누군가가 지적했듯이 이는 맹장염을 진단하기 위해 의사가 사용하는 의사결정 과정과 유사하다. 여기서 조치를 취하지 않는 것은 심각한 결과를 낳을 수도 있다. 축적된 증거와 함께 상식적인 추측이 흡연이 폐암을 일으킨다는 결론을 이끌어낸 것과 같은 방식으로, 증명되진 않더라도 증거의 비중에 근거하여 호르몬 교란 화학물질들이 고환암, 정자수 감소, 어린이에서의 학습장애와 주의력 결핍에 관련되어 있다는 결론을 내릴 수 있다.

암은 그 참담한 영향이 희생자와 가족 모두에 미치는 극적인 질병이지만 그것은 동물과 인간 집단의 생존에는 큰 위협이 되지 않는다. 암은 개인적인 수준에서의 비극이어서 건강한 집단은 질병으로 잃은 개체를 재빨리 대치시킬 수 있다.

호르몬 교란 화학물질들은 광범위하고 은밀하게 생식력과 발달을 손상시키기 때문에 전체 종의 생존——아마도 결국은 인류의 생존——에 위협이 된다. 이는 인구 증가 문제에 직면하고 있는 세계에서는 상상하기 힘들다. 그러나 정자수 연구는 환경 오염물질이 이미 개인이 아닌 인류 전체에 영향을 주고 있음을 시사한다. 태아의 발달 과정을 공격함으로써 이 화학물질은 인간의 잠재력을 훼손시킬 능력이 있다. 즉 생식을 망침으로써 불임으로 고통받는 개인의 행복과 건강을 위협할 뿐 아니라 수십억 년의 진화가 생명으로 하여금 삶을 창조할 수 있게 해준 섬세한 생물계를 공격한다.

12 우리 자신을 보호하기

처음으로 이런 내용을 접한 이들에게는 이 책에서 살펴본 위협이 특히 경악스럽게 보였을지도 모른다. 우리의 경험으로 미루어볼 때 두려움과 무력감을 느꼈을 것이다. 이것은 사실 두려운 문제이다. 비록 인간의 건강과 안녕을 위협하는 이 문제의 크기가 아직은 불확실하지만 아무도 그 심각성을 낮게 평가할 수 없다. 부정으로 도피하는 것도 마찬가지로 위험하다. 그것은 사람을 무력감과 절망감으로 떨게 하는 엄청나고 심각한 문제와 마주쳤을 때 생기는 강력한 유혹이다.

그러나 얼마나 우울하고 불안하건 간에 사실들이 운명은 아니다. 경향은 팔자가 아니다. 30년 전 합성 살충제의 영향에 대한 레이첼 카슨의 예언은 그것의 사용에 중요한 변화를 불러일으켰고 그녀가 예상했던 종말론적인 〈침묵의 봄〉을 상당부분 예방했다. 오늘날 호르몬 교란 화학물질에 대한 늘어나는 과학적 지식은 앞장에서 묘사한 위험들을 돌려놓을 수 있는 그와 흡사한 힘을 우리에게 준다. 이것이 절망보다는 희망에 대한 이유인 것이다.

그러나 불행히도 이 문제의 해결은 신속하지도 쉽지도 않다. 호르몬 활성 합성 화학물질들에 대한 우려의 대부분은 그들 중 다수가 환경 내에 잔류한다는 데서 비롯된다. 많은 것들이 무해한 성분으로 쉽게 분해되지 않는다. 이 잔류 화학물질들 중에서 가장 악명 높은 것들을 생산 규제한 지 한 세대가 지났지만 그 잔여분은 인간과 동물의 몸, 그리고 식품 속에 남아 있다. 어떤 것들은 수십 년 동안 남아 있을 것이며 심지어 수백 년을 갈 것들도 있다. 동시에 다른 호르몬 활성 화학물질은 계속 생산되고 있으며 예기치 않았던 새로운 노출 경로가 속속 드러나고 있다. 무엇보다도 우리 대다수가 우리와 아이들을 위험에 빠뜨릴 수도 있는 수준의 오염물질을 이미 체내에 지니고 있다.

이 위험으로부터 우리를 보호하기 위해 호르몬 교란물질의 새로운 원천을 제거하고 이미 환경 속에 널리 퍼진 호르몬 활성 오염물질에의 노출을 최소화하는 것을 목표로 하는 여러 전선에서의 행동이 요구된다. 이에는 과학적인 연구를 비롯한 화학물질 · 제조공정 · 생산품의 재구성, 새로운 정책, 그리고 스스로와 가족을 보호하려는 개인의 노력이 수반되어야 할 것이다. 안타깝게도 이미 배발생 초기에 화학적으로 일어난 저해에 의해 생긴 손상들로 고통받고 있는 사람들을 치료할 방법은 없다. 그런 손상들은 제거할 길이 없다. 그러나 우리는 정부기관과 과학자, 회사, 개인의 부지런한 노력으로 다음 세대에 미칠 위협을 줄일 수 있다. 시간이 갈수록 현재의 야생동물들과 인간에게 분명한 병적 증상들은 줄어들고 점차 사라질 것이다.

이 걱정스런 전망에 한 가지 좋은 소식이 있다. 호르몬 교란 화학물질은 자궁 내에서 노출되었을 때 심각하고 영구적인 손상을 남기지만 그것들은 유전자를 공격하거나 대를 이어 전해지는 돌연변이는 일으키지 않는다. 우리 인간성의 바탕인 유전자 청사진을 변경시키지는 않는 것이다. 모체와 자궁으로부터 교란 물질을 제거함으로써 발달을 유도하는 화학적 메시지는 다시 한번 방해받지 않고 도달할 수 있다.

이제까지 여성들은 일반적으로 임신중에 먹고 마시는 것, 엑스선 촬영, 살충제, 다른 독성 화학물질들을 조심함으로써 아이의 건강을 지킬 수 있다고 생각해 왔다. 그런 단기간의 절제는 확실히 알코올에 의한 신경 손상 같은 많은 종류의 영구적인 피해로부터 태아를 보호해 준다. 그러나 호르몬 교란물질로부터 다음 세대를 보호하기 위해서는 더 장기간, 즉 수년에서 수십 년의 주의가 필요하다. 왜냐하면 자궁 내의 화학물질 수준은 임신 기간뿐만 아니라 그녀의 전 생애에 걸쳐 체지방 내에 축적한 잔류 화학물질 전체에 달려 있기 때문이다. 이미 논의한 것처럼 여성들은 이 화학물질들을 수십 년 동안 쌓아두었다가 임신과 수유 기간 동안 아이에게 전해준다.

그러므로 개인과 사회 차원에서 세대를 넘어 전해지는 이 화학적 유산을 줄이는 선택을 하는 것이 중요하다. 다음 세대와 또 그 뒤 세대들의 복지를 위해 우리는 아이들이 자라면서 노출되는 양을 규제하고 임신 전에 여성이 체내에 축적하는 독성 물질의 양을 가능한 한 최소로 유지해야 한다. 어린이들은 화학물질이 없는 채로 태어날 권리가 있다.

소비자로서의 매일매일의 선택은 그런 노출에 극적인 영향을 미치며 잠재적으로 세대를 넘어 전해진다. 우리가 먹는 음식이 아이들을 보호할 수 있다. 우리가 딸들을 키우고 먹이는 방식이 우리의 손자들을 보호할 수 있다.

아직 모르는 점과 불확실한 점이 있음은 인정한다. 그러나 확실한 해답이 얻어지기까지 몇 가지 단순한 지침이 불필요한 위험을 막는 데 도움을 줄 수 있다.

당신의 물을 알아보라

당신은 당신이 사용하는 물에 무엇이 있는지 알 권리가 있다. 당신의 수돗물의 질을 생각해 보고 그것이 안전하다는 잘못된 가정에 안심하지 말아야 한다. 우물물을 마신다면 지하수의 오염에 주의해야 하며, 농촌에 살 경우엔 더욱 그렇다. 음용수의 오염은 살충제를 뿌리는 철과 그 직후에 최고조에 달한다.

수돗물을 사용한다면 공인기관의 수질검사를 살펴보고 무엇이 나왔는지 알아보라. 공인기관으로 하여금 최소한 매달 수질검사를 하여 공표하도록 하라. 그들은 물에 무엇이 들어 있는지 알려주고 어떤 위험을 감수할 것이냐는 판단을 하게 하는 데 일차적인 책임이 있다. 수질관리 책임자에게 아트라진이나 댁탈 같은 호르몬 저해 화학물질도 검사하는지 여부에 관심이 있다고 이야기하라. 둘 중 하나가 나왔다면 다른 살충제도 들어 있을 공산이 크며 농부들이 살충제를 뿌리는 작물의 발육기에는 매주 수질검사를 해야 한다.

스스로 검사를 하는 것은 비용이 많이 들며 이용할 수 있는 검사실들 중에서 호르몬 저해 화학물질에 대한 철저한 검사를 할 수 있는 곳은 거의 없다. 그러나 곧 개발 중에 있는 새로운 세대의 검사기구를 개인이 이용할 수 있게 될 것이다. 그때까지 소비자들은 그들의 수도회사가 음용수의 안전성을 위해서 충분한 검사를 하고 있는지 확인해야만 한다. 많은 호르몬 저해 화학물질들이 염소 화합물이지만 음용수의 염소 처리가 호르몬 저해의 위험에 기여하지는 않는다.

세균과 미생물, 불쾌한 맛과 냄새를 없애는 것이 주목적인 필터에 의존하지 말라. 그것들은 호르몬 저해 화학물질들을 제거하지 못한다.

시판 생수가 적절히 규제되었거나 오염되지 않았다고, 특히 그것이 플라스틱병에 들었을 때는, 확신하지 말라.

의심스러운 물 공급 지역의 주민들은 수돗물의 질을 개선시키기 위해 물을 증류하기 원할지도 모른다. 가정용 증류기가 시판되고 있다. 그러나 증류는 단지 과격하고 단기적인 방법이다. 수질오염과 같은 광범위한 문제의 해결에는 비실용적이다.

음식을 현명하게 선택하라

깨끗한 생선은 동물성 단백질의 가장 건강한 원천 중 하나이다. 그러나 우리가 본 바와 같이 물고기는 오염의 원천도 될 수 있다. 이런 이유로 소비자들은 물고기 오염에 대한 모든 경고를 세밀하게 살펴야 한다. 낚시 허가세와 관광 수입의 감소 때문에 공공 관리들은 물고기 오염에 대한 경고를 내리기 주저하고 드물게 그럴 때라도 아주 극단적인 이유가 있어야 한다. 미국에서 주 낚시과는 대개 보건관리들과 협력하여 그런 상황보고를 발간하는 기관들이다. 이런 공식 권고는 전형적으로 임신부는 특정 지역에서 잡은 물고기들을 먹지 말며 다른 이들도 한달에 정해진 수 이하의 물고기를 섭취하라고 권장하고 있다.

뭔가 있다면 이 경고만으로는 불충분하다. 어린이들과 가임연령이 지나지 않은 여성들은 다이옥신, PCB, DDE와 같은 잔류 호르몬 저해 화학물질로 오염된 물고기를 피해야 한다. 그리고 다른 이들도 이를 포기하는 것이 현명하다. 이 경고를 무시하고 싶은 낚시꾼은 그가 잡은 것을 저녁 식탁에 가져가기 전에 이미 말한 연구들을 회상해 보아야 한다. 제이콥슨 부부에 의한 인간에 관한 연구는 오염된 오대호의 물고기를 먹은 어머니들의 아이들이 신경 발달의 지연과 출생시 낮은 머리둘레를 보였다고 보고했다. 헬렌 달리는 온타리오 호의 연어를 먹은 흰쥐의 후손들이 스트레스에 대한 저항력이 약함을 발견했고 그녀의 동료들이 수행한 인간 대상 연구도 온타리오 호의 물고기를 먹은 여성의 아이들에서 스트레스 저항력 감소의 증거를 보여주었다.

가능한 한 동물성 지방을 피하라. 6장에서 PCB 분자의 여행이 보여준 대로 이 화학물질들의 대부분은 먹이사슬을 통해 운반되며 북극곰이나 인간과 같은 상위 포식자로 올라갈수록 농축된다. 1994년의 보고에서 미국 EPA는 고기와 치즈가 오늘날 미국에서 다이옥신에 노출되는 주된 경로임을 발견했다. 따라서 동물성 지방——버터, 치즈, 양고기, 쇠고기, 그리고 다른 고기들——을 덜 먹는 것은 호르몬 교란 화학물질에의 노출을 엄청나게 줄인다. 다시 한번 여성들이 태어날 때부터 가임연령이 지날 때까지 동물성 지방의 소비를 최소화하는 것이 특히 중요하다. 그녀들은 다음 세대를 임신하고 자신들의 아이들을 오염으로부터 보호할 책임이 있다. 더욱이 야채와 곡류, 과일이 풍부한 식단은 여러 세대에게 이점이 있는데 어른에게서는 심장병과 암의 위험을 줄여주고 아이들과 손자들에게서는 출생 전 호르몬 교란 화학물질로부터 보호해 준다.

유기농 야채를 사거나 직접 기르라. 당신의 슈퍼마켓에 없거나 혹은 너무 비싸다면 식료품상에게 검사를 받고 〈어떤 잔류물도 없는〉 상품은 없는지 물어보라. 청과 유통망이 오염물질을 검사하는지, 아니면 그런 일을 하는 공급자로부터 사들이는지를 물어보라. 당신은 당신이 사는 식품에 무엇이 있는지 알 권리가 있다. 식료품상으로 하여금 유기 농산물을 가져다 놓도록 격려하라. 그들에게 이 책 한 권을 주라. 유기농법을 지지하는 것은 살충제 잔류물로부터 당신 가족의 노출을 줄일 뿐 아니라 상수원을 안전하게 한다.

플라스틱과 음식과의 접촉을 최소화하고 플라스틱 용기에 넣든지 플라스틱 랩에 씌워 가열하거나 전자렌지에 넣지 말라. 전자렌지를 쓸 때는 유리나 자기 용기를 사용하라. 어떤 플라스틱은 전혀 해가 없을 수 있다. 그러나 어떤 플라스틱에서 호르몬 교란 화학물질이 녹아나온다는 발견 때문에 최소한 그에 대한 연구가 완성되거나 아니면 플라스틱 판매업자들이 그들의 제품이 음식이나 음료에 화학물질을 녹아들게 하지 않는다는 보증을 할 때까지는 주의가 요구된다.

연구자들은 이제야 모유 수유의 수많은 이점을 인식하기 시작했다. 여기에는 엄마-아기 간의 유대관계를 돕는 것뿐 아니라 중요한 면역물질과 성장을 촉진하는 물질들을 아기에게 제공하는 것이 포함된다. 하지만 동시에 모유 수유는 아기로 하여금 호르몬 교란 화학물질들을 포함하는 화학 오염물들에 노출되게끔 한다. 모유 오염에 관한 다양한 연구에 따르면 모유를 먹는 아기는 평생을 통해 경험하는 최고 용량——성인의 일상 노출량의 10-40배 정도——을 섭취하게 된다. 모유 수유가 어머니의 체내에서 이 잔류 화학물질을 효과적으로 제거하는 유일한 수단이라는 것은 정말 비극이다.

모유 수유의 이점이 호르몬 교란 화학물질을 전해주는 위험에 비해 어느 정도인지를 판단하기에는 아는 것이 거의 없다. 많은 우려가 있기는 하나 여성에게 모유 수유를 하지 말라는 것은 성급한 일이다. 더욱이 어떤 연구는 출생 전 자궁에서의 오염물 전달이 수유기에 일어나는 전이보다는 훨씬 더 큰 영향을 미친다고 시사한다. 그러므로 모유 수유기까지는 대부분의 잠재적인 영향이 이미 일어났을 것이다. 모유의 호르몬 교란 화학물질 농도가 일부 여성——아마도 고령에 첫아기를 가진 여성——들에게 모유 수유를 권하지 말 정도로 큰 위험을 줄 수 있는지 여부에 관한 연구가 시급하다. 이런 나이든 여성들은 일반적으로 스무 살의 엄마보다는 잔류 화학물질을 훨씬 더 많이 가지고 있다. 우유가 인간 모유의 어떤 이점을 결여하고 있지만 소는 단명하는 초식동물이며 매일 우유를 짜면서 꾸준히 체내 오염물질을 제거하기 때문에 1/5 정도의 잔류 화학물질만을 가지고 있다. 모유의 이점을 조제분유의 대안과 비교해야 한다면 우리에게는 시급한 잔류 오염물질의 문제를 무시할 만큼의 여유가 없는 것이다.

불필요한 사용과 노출을 피하라

손을 자주 씻어라. 여러 연구들은 많은 합성 화학물질이 증발하여 실내의 표면——계산대, 탁자, 가구, 의류——에 붙어 그것을 만지는 사람들에게 쉽게 달라붙음을 보여준다. 사실 실내 공기 전문가들은 현재 특별한 도구로 표면을 닦아 오염물질의 표본을 채취하고 있다. 특히 마룻바닥에 앉아 자주 노는 어린이들의 경우는 손을 씻는 버릇을 기르는 것이 노출을 줄이는 효과적인 방법이다.

절대 살충제가 안전하다고는 여기지 말라. 살아 있는 유기체——식물이건 동물이건——를 죽이도록 만들어진 것은 무엇이든 예기치 못한 방식으로 인간이나 다른 동물들에게 해로울 수 있다. 채소나 과일 위에 핀 곰팡이를 죽이려고 만든 제품이 동물에서 스테로이드 호르몬 합성을 간섭한다는 EPA 연구자 얼 그레이의 발견을 되새겨 보라. 멋있어 보이려는 경박한 용도로 가정과 정원에서 살충제를 남용하는 것은 위험할 뿐 아니라 무책임하다. 미국에서는 더욱 더 많은 살충제가 농토보다는 녹지대에 사용되고 있는데 대부분은 잡초가 없는 푸르른 정원에 대한 국민적인 집착 때문이다. 집과 정원에서 살충제를 사용하는 가정의 개들과 어린이들에서 암발생이 늘어난다는 연구가 있다. 오늘날까지의 역학적 연구는 이 책에서 기술된 것과 같은 종류의 발달 문제들은 탐색하지 않았다.

당신의 정원에서 살충제를 없애고 이웃에게도 그렇게 하도록 권하라. 그들이 살충제 사용을 고집한다면 약을 뿌릴 때 어린이와 애완동물들을 대피시키게끔 공고를 하라고 주장하라. 정원에 약을 뿌리는 데 엄격한 기준을 정하기 위해 이웃과 조직을 만들어라. 정원관리 대행사는 종종 까다로운 고객에게 어떤 살충제가 EPA의 승인을 받았다고 말하며 안심시키려 한다. EPA는 호르몬 활성 효과에 대해서는 시장에 나온 대부분의 살충제들을 검사한 적이 없고 EPA의 규제가 안전성의 척도는 될 수 없다. 사실 화학회사들은 제품이 잠재적으로 해롭기 때문에 EPA에 등록하는 것이다. 딱지를 붙이면 살충제의 사용으로 해를 입은 사람들이 소송을 걸었을 때 제조회사가 법적인 책임을 조금은 줄일 수 있기 마련이다. 필요하다면 그런 제초제를 필요로 하는 단지 관상을 위한 식물들을 치워버리고 벌레와 질병에 강한 다른 종으로 바꾸어라. 살충제는 정말, 위급상황에서만 사용하라.

스스로 직접 하든, 전문가를 고용하든 집안 방역에 따르는 위험을 가볍게 여기지 말라. 지시사항을 따르는 것이 당신과 자식들의 위험을 없애주지는 않지만 줄여줄 것이다. 꼭 필요할 때만 살충제를 사용하고 표시사항을 주의 깊게 따라라. 대부분의 살충제가 활성 물질과 〈비활성〉 성분으로 되어 있는데 노닐페놀과 비스페놀-A 같은 〈비활성〉 화합물도 내분비 저해물질임을 기억하는 것이 중요하다. 살충제 표시사항법은 불행히도 제조자로 하여금 비활성 성분의 목록을 나열하게 하지 않았고 법적인 〈사업상 기밀〉이 이것이 소비자들에게 공개되지 못하도록 하고 있다. 그래서 상품 표시사항만 보아서는 이것이 내분비 저해 성분을 함유하고 있는지 구별할 도리가 없다.

살충제 없이 애완동물의 이를 잡으려고 부지런히 노력하라. 이편이 당신의 애완동물과 가족에게 더욱 안전할 것이다. 더욱이 많은 이 잡는 약들은 광범위한 사용으로 인해 내성이 있는 이의 진화를 촉발했기 때문에 별로 소용이 없다. 종종 이 잡는 빗으로 고양이나 개를 빗어주고 비스테로이드성 샴푸를 사용하여 규칙적으로 목욕을 시켜라. 정기적으로 철저하게 틈이나 마루판을 청소하고 애완동물 잠자리를 씻어줌으로써 이가 발붙이는 것을 막을 수 있다. 어떤 이들은 화원에서 흔히 구할 수 있는 규조토를 개가 좋아하는 장소에 뿌려줌으로써 이를 막을 수 있다고 추천한다.

당신이 이용하는 소매점이 가게나 시설을 어떻게 방역하는지 살펴보라. 어떤 슈퍼마켓들은 그들의 상품에 살충제를 분무한다는 것이 밝혀졌다. 소매상이나 호텔에서의 살충제 사용에 대해 효과적인 지침을 마련한 주는 거의 없다. 살충제를 뿌리지 않은 호텔방은 비흡연자용 방이 그런 것처럼 소비자의 선택사항이 되어야 한다. 그것을 요청하면 소비자의 요구를 보이는 것이 된다.

골프장은 매우 큰 노출 위험이 있음을 명심하라. 롱아일랜드 골프장에서 사용된 살충제 보고를 근거로 한 환경보호론자가 평가한 것에 의하면 골프장 경영자들은 농부가 밭에 뿌리는 것보다 최소한 네 배의 살충제를 사용한다. 롱아일랜드 골프장에서 사용되는 52종의 살충제 중 7개가 내분비계와 호르몬을 교란한다. 다른 살충제들도 가능한 발암물질로 분류된다. 당신이 다니는 골프장이 무슨 약을 쓰는지, 언제 쓰는지를 알아보고 그때를 피해서 가라. 골프장에서는 입에 손을 대지 말고, 티를 씹지 말고, 돌아와서는 바로 손을 씻어라. 골프장에서 흘러나오는 냇물에서는 낚시를 하지 말아라.

아이에게는 페인트칠을 하지 않은 나무나 천연섬유로 된 장난감을 주라. 아이가 플라스틱 장난감을 가지고 놀 때는 씹지 않도록 해라.

보호수단의 개선

개인이 스스로를 보호하기 위해 행하는 상당한 노력은 호르몬 교란 합성 화학물질을 제거하려는 광범위한 정부의 활동에 의해 뒷받침되어야 한다.

이 문제와 관련된 법규와 규정에 대한 상세한 비판은 이 책의 범위를 벗어난다. 그럼에도 사람과 환경을 보호하기 위한 법규를 개선하려는 장차의 노력에 보탬이 될 수 있도록 몇 가지 기본원칙을 확인하는 일은 가능하다.

CFC와 다른 오존 감소 화학물질들의 배출을 제한하는 국제 협약인 1987년 몬트리올 의정서의 모델에 따라서 미국과 기타 국가들은 PCB, 다이옥신, 린데인 같은 생물학적 활성 잔류 화합물의 사용과 환경내 방류를 금지시키는 포괄적인 국제 조약들을 신속하게 체결해야만 한다. 그런 국제적인 환경협약을 체결하는 일이 어렵다는 것은 인정하지만 과거의 경험은 인류의 복지에 대한 진정한 위협 앞에 각 정부들이 모여 협력했음을 보여준다. 잔류 호르몬 활성 화학물질에 대한 이런 의정서들은 전세계에서 이 화합물들의 사용과 생산을 줄여나가고 그 보존과 회수, 그리고 분해를 위한 조직적이고 경제적인 지원을 해야만 한다.

첫단계로 이 의정서들은 잔류 오염물이 되는 화학물질을 수입하는 국가의 사전 동의를 요구해야 한다. 수출 대행사나 기구는 국제적인 감시기구에 각 수출내역을 알리고 수입국에도 그 화합물의 위험한 본성을 알리는 것이 요구된다.

동시에 각 나라는 호르몬 교란 화학물질로부터의 보호를 보장하기 위해 환경 보건 기준을 지배하는 법령을 개정해야만 한다. 그런 개정 법안은 다음과 같은 요점들을 포함해야만 한다.

- 입증의 책임을 화학회사들에게 넘겨야 한다. 화학물질들은 매우 부적당하고 불완전한 정보에 의해 규제를 받아 왔다. 불안할 정도로 현재의 체계는 어떤 화학물질이 유죄로 판명되기 전까지는 아무 문제가 없다는 전제를 하고 있다. 이는 잘못이다. 입증의 책임은 반대로 작용해야 한다. 왜냐하면 무죄 추정을 하는 현재의 접근은 시간이 걸리는데다 이미 사람들을 병들게 하고 환경에 피해를 입히기 때문이다. 우리는 호르몬 활성 화학물질에 대한 드러나는 증거가, 가장 큰 위험을 미치는 것들을 확인하고 그들의 영향이 미미했다고 판명될 때까지는 시장과 우리가 먹는 식품, 그리고 음료수로부터 추방시키는 데 사용되어야 함을 확신한다. 모든 새로운 화합물들은 시판되기 전에 이 검사를 받아야 한다. 위험 평가의 도구는 현재 그들이 유죄로 판명될 때까지 의심스런 화합물들을 시장에서 보류하기 위해 이용되고 있다. 그것은 검사받지 않은 화학물질들을 시장에서 몰아내고 가장 우려되는 화합물들을 적절한 시기에 적당한 방법으로 제거하기 위한 수단으로서 재정의되어야 한다.
- 노출의 예방을 강조해야 한다. 많은 호르몬 교란 화학물질들은 정상적인

발달 과정을 변경시켜 되돌릴 수도, 완화시킬 수도 없는 평생 지속되는 영향들을 초래한다. 이 영향들은 대개 비가역적이기 때문에 치료는 불만족스러운 해결책이다. 목표는 처음부터 해로운 화합물의 사용과 배출을 금지시켜 그런 화학물질에 대한 노출을 예방하는 것이 되어야만 한다.

- **각 화학물질 자체의 효과뿐 아니라 상호작용도 고려해야 한다.** 현재의 정부규제나 독성검사는 각 화학물질 자체만을 평가한다. 실제 세계에서 우리는 화학물질들의 복잡한 혼합물과 만나게 된다. 결코 하나만 동떨어져 있지 않다. 과학적인 연구는 화학물질들이 상호작용하거나 서로 협력해서 개별적으로는 일으킬 수 없는 영향을 줄 수 있음을 분명히 했다. 현재의 법률은 부가 효과나 상호작용을 무시한다. 화학물질들이 개별적으로만 기능한다고 가정하는 것은 마치 야구경기에서 한 타자가 홈런을 쳤을 때만 득점을 한다고 가정하는 것만큼이나 비현실적이다. 실제의 삶과 야구에서는 각 주자가 이미 나가 있고 한 방이면 충분하다.
- **물, 공기, 음식, 그리고 다른 원천으로부터의 축적된 노출을 고려해야 한다.** 살충제, 식품 안전성, 수질 안전, 그리고 대기 오염 등에 대한 숱한 법률을 포함하고 있는 현재의 법률 구조는 규제자로 하여금 한 번에 한 문제, 즉 음용수의 오염물 수준이나 식품의 살충제 잔류물과 같은 데에 초점을 맞추게 한다. 이런 식의 접근은 종종 모든 다양한 원천——물, 공기, 식품, 먼지, 기타 등등——으로부터 오는 노출이 어떻게 더해지는지를 고려하지 못한다. 한 단일 오염물에의 노출은 견딜 수 있지만 모든 오염물로부터는 안전하지 못할 수 있다. 이런 이유로 한 단일 원천으로부터의 오염물 수준은 전체적으로 축적된 노출의 맥락 속에서 평가되어야만 한다.
- **비밀에 대한 진정한 요구는 보존하되 업무상 기밀에 대한 법률을 개정하여 사람들로 하여금 원하지 않는 노출에서 스스로를 보호하도록 해야 한다.** 업무상 기밀에 관한 법률은 사업상의 경쟁자들에게 연구 개발 비용을 들이지 않고 다른 회사의 방법을 채용해서 이루어지는 불공정한 발전을 금지

시키기 위해 있어 왔다. 실제로 이 법은 그들 제품의 조성에 대한 정보를 얻으려는 대중의 접근을 막기 위해 제조업자들에 의해 정기적으로 이용되어 왔다. 능숙한 화학자는 성분이 무엇인지 밝혀낼 수 있기 때문에 우리는 산업 기밀 보호법이 비밀을 알아내기로 결심한 경쟁자들로부터 그런 정보를 지켜줄 수 있을 것인지에 대해 회의적이다. 화학분석을 할 수 있는 돈이 없는 소비자들을 제외하고 그 누가 산업기밀 보호조항이 만든 어둠 속에 놓여 있는지를 물어야 한다. 제조업자들이 정직하고 완전한 성분 표시를 할 때까지 소비자들은 호르몬 활성 화합물로부터 자신과 가족들을 보호하기 위해 필요한 정보를 얻을 수 없을 것이다.

- 특별히 식품과 다른 소비재들, 그리고 잠재적인 노출 가능성이 있는 제품을 판매하는 회사로 하여금 그들 제품의 오염 여부를 정기적으로 감시하도록 해야 한다. 이는 식료품상에서 시작해야만 한다. 식료품상은 당신이 알기 원할 때면 식품에 오염물질이 있는지 여부를 말해줄 수 있어야 한다. FDA가 수행하는 현재의 검사 체계는 부적당하다. 그곳에는 책임있게 이 일을 수행할 인력도, 자금도 없다. 검사의 책임은 제조업자와 판매자에게 부과되어야 하며 FDA는 이를 따르는지 여부만을 감시하면 된다.
- 〈독성물질 배출 일람법〉의 개념을 넓혀야 한다. 1986년에 제정된 이 강력한 알권리법은 미국의 회사들에게 정상 조업 중 환경 내로 배출된 독성 물질의 양을 공개하도록 요구하고 있다. 이 책에서 살펴본 위험들이 명백하게 보여준 것처럼 많은 호르몬 저해 화학물질들이 농업용 살충제, 세제, 그리고 플라스틱을 통하여 환경 내에 〈의도적〉으로 배출되었다. 독성 물질 배출 일람법에 의한 보고는 제조 공정 중의 비의도적인 배출뿐 아니라 제품을 통한 이런 의도적인 배출도 포함해야 한다. 그래서 회사들은 판매한 생산품에 들어갔거나 설비에서 배출된 알려진 호르몬 저해 화합물들의 총량을 보고해야만 한다.
- 공중이 사용하는 시설에서 살충제가 사용되었을 때는 엄중한 경고와 주의가 요구된다. 이는 다가구 주택, 정원, 예배장소, 모텔과 호텔, 식품이

저장 · 판매 · 조리되는 곳, 그리고 육아원, 학교, 대학 등 모든 학습장소가 포함된다.

■ 안전하고 예방적인 정책 수행을 위해 필요한 정보를 제공할 수 있게끔 의료 정보 체계를 개혁해야 한다. 국내, 국제적인 차원에서의 중요한 자료의 부재는 시기적절하고 지성적인 결정을 내리는 우리의 능력을 불구로 만든다. 많은 인간보건 분야의 최신 경향에 대한 우리의 무지는 정말 지독하다. 우리는 생식과 신경질환에 특별한 주의를 기울이며 선천성 기형과 기능장애에 대한 더 나은 자료들을 구축하기 위한 노력을 조화시켜야 한다. 이는 더 광범위하고 나은 자료에 대한 보건연구자들의 요구를 만족시키는 한편 환자의 비밀을 보장하는 방식으로 수행되어야 한다. 이런 종류의 과학적인 자료가 이용 가능할 때까지는 중요한 변화가 일어나고 있으며 새로운 위험들에 적절하게 대처하고 있는지를 평가하기란 불가능할 것이다.

연구 지침

법과 규정의 변화는 호르몬 교란 화학물질의 영향에 대해 더 많은 것, 즉 어떻게 손상을 입히는지, 그리고 그 손상을 어떻게 하면 피할 수 있는지를 발견하려는 진행중인 과학적 연구와 협조하여 나아가야 한다. 이 연구는 몇 가지의 핵심적인 문제들에 대한 해답의 필요성에 의해 추진되어야 한다.

■ 우리는 얼마나 노출되었나?
■ 인체는 정말 이 화학물질에 반응하는가?
■ 생태계에 미치는 영향은 어떠한가?
■ 언제, 그리고 어떻게 정부는 행동을 취해야 하는가?

법의학적 연구

인간의 건강과 복지에 미치는 호르몬 활성 합성 화학물질의 영향을 결정하기 위해서 광범위한 연구 프로그램이 필요하다. 보고서들이 제시한 대로 우리는 늘어나는 불임, 주의력 집중장애와 과잉운동증 같은 어린이의 학습장애를 실제로 보고 있는가? 그런 질문들을 추적하는 것은 인간 집단에 대한 역학 조사, 동물실험, 그리고 이 화학물질이 세포와 분자 수준에서 어떻게 기능하는지에 대한 실험실 연구의 복잡한 통합을 요구한다.

결코 쉽지가 않은 역학적 연구는 이런 경우 특히 어렵다. 우선 연구자들은 비교의 대상이 될 오염되지 않은 인구집단이 존재하지 않는다는 문제와 직면한다. 오늘날 자궁 내에서 발달을 저해하는 합성 화학물질에 노출되지 않고 태어난 젊은이는 하나도 없다. 단지 덜 노출된 이들과 더 노출된 이들이 있을 뿐이다. 게다가 이 화학물질에의 노출과 실제 증상이 나타나기까지는 긴 시간 지연의 문제가 있다. 만약 문제가 생후 수년, 수십 년이 지나서야 분명해진다면 노출 양상의 재구성은 매우 어렵다. 역학자들은 인간 보건에 미치는 영향을 조사하기 위한 최상의 조건이 농업용 살충제의 노출이 훨씬 더 큰 개발도상국에 있을 것임을 발견할지도 모른다. 이들 나라의 일회적인 보고들은 호르몬 저해 화학물질들이 광범위하고 세대를 통해 전해지는 피해의 원인이 됨을 시사하나 기본적인 보건 자료의 부재로 말미암아 이런 보고들을 기록하기가 불가능하다.

플라스틱과 식품에 있는 가능한 오염물에 대한 체계적인 평가에 우선순위가 정해져야 한다. 지난 30년간 플라스틱은 우리의 식품 유통망에서 중요해졌으며 생수로부터 버터까지 거의 모든 식품은 어떤 형태로든 플라스틱으로 포장되어 도착한다. 어느 정도로, 그리고 어떤 조건하에서 생물학적 활성 화합물이 플라스틱에서 녹아나와 음식이나 음료로 들어가는가? 이 오염물이 건강에 위해를 줄 만큼 충분한가? 식품을 그 안에 보관하거나 포장했을 때 합성 화학물질이 녹아나오지 않는 안전하고 비활성인 플라스틱이 있는가? 현재의 연구들은 프탈린, 폴리에톡시 알킬페놀처럼 널리 사용되는 플라스틱 성분이 호르몬 저해 기능이 있음을 시사한다. 우리는 환경 내에서 그런 화합물들에 무슨 일이 일어나는지 더 잘 알 필요가 있다. 그것들은 어떻게 분해되며 빛이나 세균, 혹은 다른 자연적인 과정을 통해 분해되었을 때 원래의 그 화합물들은 생태계에 어떤 영향을 미칠까?

몇몇 우려되는 생태계의 문제, 특히 전 세계적인 개구리의 감소, 해양 포유류들을 엄습한 유행성 질환, 그리고 다른 눈에 띄는 생물학적 저해와 같은 사건들에 대해 호르몬 저해물질들의 역할을 고려하기 위한 진지한 평가가 수행되야 한다. 몇몇 고전적인 야생동물의 위기도 호르몬 저해물질이 개체수의 감소나 혹은 집단의 회복을 불가능하게 만든 것은 아닌지 다시 한번 캐물어야 한다. 플로리다 주 에버글레이즈의 수상 조류 수가 90%나 줄어든 것은 하천의 자연적 감소와 같은 심각한 문제뿐 아니라 남부 플로리다에서 농업용 살충제의 무분별한 사용과도 일치한다. 미국의 주요 하천들을 따라 살고 있는 물새들은 살충제로 오염된 강물이 흐르는 농장과 소택지에서 겨울을 나며 수십년에 이르는 개체수의 감소로 시달려 왔다.

생물학적 메커니즘과 노출에 대한 연구

우리는 정상 호르몬 수준과 자연적인 개인차를 포함하여 정상적인 생리기능이 인체에 어떻게 기능하는지에 대해 더 잘 알 필요가 있다. 합성 호르몬 저해물질의 인간 노출에 관해 좀더 많은 정보가 시급하게 요구되고 있다. 어떻게 어머니의 노출이 태아에 이르게 되고 이 출생전 노출은 개체의 발달에 무엇을 의미하는가?

규제와 예방에 관한 연구

호르몬 저해 화학물질로부터 인간과 생태계의 건강을 보호할 수 있는 기준을 규정하기 위해 연구 프로그램이 수행되어야 한다. 허용 가능한 노출량이 있는가? 그것은 한 화합물과 다른 화합물 간에 차이를 보이는가?

호르몬을 교란하는 합성 화학물질을 규제하기 위한 노력은 호르몬 활성 화합물을 검출해 내는 우리의 능력의 발전에 달려 있다. 그런 화학물질에 대해서는 어떤 검사방법이 신속하고 효과적이며 저렴한가? 과학자들은 얼마나 빨리 광범위한 용도로 그런 방법을 개발할 수 있는가?

11장에서 본 것처럼 신체는 호르몬 사기꾼들에게 보통 독물에 대한 것처럼 반응하지 않는다. 어떤 경우 많은 용량은 적은 용량보다 덜 영향을 미친다. 이 현상을 과학자들은 〈비단조반응(nonmonotonic response)〉이라 부른다. 이것은 호르몬계에 일반적인 현상인가? 그렇다면 이 발견은 독물학 실험과 규제에 심오한 의미를 지닐 것이다. 산업계의 대변자들은 종종 많은 용량을 사용한 검사가 적은 용량에서의 위험을 과장한다고 불평한다. 그러나 여기서는 반대로 이런 검사는 손상효과를 완전히 무시하게 될 것이다.

모유를 통한 아기들의 호르몬 교란 화학물질 노출의 심각성이 연구의 최우선이 되어야 한다. 젖을 먹이는 어머니들은 상당한 양의 화학오염물질을 아기에게 전해주는데 이는 얼마나 의미가 있는가? 오염된 모유를 먹은 아기들은 이미 자궁 속에서도 노출이 되었다. 모유를 통한 추가 노출이 그들이 겪게 될 위험을 크게 높이는가? 모유의 이점을 보존하면서 아기에게 가는 오염물질의 비율을 줄일 수 있는 수유 방법이 있는가?

화학물질의 제조와 사용의 재구성

호르몬 교란 합성 화학물질은 오늘날 생활의 필수불가결한 요소이다. 그것들은 음식과 물에도 있다. 그것들은 우리에게 공기와 집으로 사들고 오는 상품을 통해 도달한다. 그것들은 전 지구의 표면에 깔려 있고 먹이사슬의 모든 틈새에 파고들어간다. 그것들을 회수할 방법은 없다. 이것이 우리가 직면한 딜레마이다. 우리는 위에서 제안한 것처럼 개인적인 선택과 정부의 활동을 통해서 노출의 위험을 줄일 수 있다. 그러나 그런 사후 처방은 불가피하게 짜증나고, 어렵고, 문제를 없앨 능력도 없다. 일단 문제가 된 화학물질은 기껏해야 한 가지 방법, 즉 직면해서 관리하는 수밖에 없다.

궁극적으로 사람들은 처음부터 그런 위험을 예방할 수는 없는가라는 문제를 제기하게 된다. 어떻게 자신과 아이들을 위험에 빠뜨리지 않고 합성 화학물질의 이점을 즐길 수 있을까? 미래에 이런 종류의 실수를 반복하지 않기 위해 무슨 일을 할 수 있을까? 전통적인 규제와 오염방지책은 단지 부분적인 해결일 뿐이다.

우리는 어떻게 보호할 것인가 하는 문제에 대답하기 위해 합성 화학물질을 만들고 사용하는 방법을 다시 생각해야 한다. 우리는 문제를 일으키는 제품과 공정, 사용법을 재구성해야 한다. 여기저기서 이런 방향을 향한 노력들이 이미 진행중이다. 근본적인 재사고(rethinking)와 재구성의 두 옹호자인 독일의 화학자 미카엘 브라운가르트 박사와 미국의 건축가 윌리엄 맥도노는 합성 화학물질 자체뿐 아니라 제품과 공정에 관한 개선 노력들의 지침이 될 전반적인 범주를 만들어냈다. 아직은 초창기에 있지만 이런 운동은 환경에 도달하는 폐기물과 오염물질을 감소시켜 위험을 줄이려는 변화의 방향을 가리킨다.

브라운가르트는 회수와 재활용이 쉽도록 화학제품을 만드는 몇 가지 지침을 정의했다.

- 시장에 나오는 화학물질의 수를 대폭 줄여라. 지구상에는 10만 종의 합성 화학물질들이 시장에 나와 있고 매년 천 가지의 새로운 물질들이 추가되

고 있음을 고려하면 피해가 완료될 때까지 인간과 다른 생물, 그리고 생태계에 대한 그들의 운명 또는 해악을 발견할 희망은 거의 없다.

- 한 제품에 사용되는 화학물질의 수를 줄여라. 간단하게 만들어라.
- 현재의 기술로 적절한 수준에서 쉽게 검출할 수 있는 화학물질만을 만들고 판매해라. 현재 광범위하게 사용되는 어떤 화합물들은 측정하기가 매우 곤란하며 인체 노출이나 환경 내의 운명을 연구하기가 경제적으로나 현실적으로 어렵다.
- 이미 완전히 확립된 화학적 성상을 가진 제품만을 생산하도록 하고 예견할 수 없는 화학물질의 조합을 함유한 제품 생산은 억제한다. 그런 조합——예를 들어 209 PCB 같은 것——은 안전성을 검사하기도 어렵고, 일단 환경 속에 배출되면 추적하기도 어렵다.
- 환경 내에서의 분해과정이 확실히 이해되기 전까지는 그 화학물질의 생산을 금지한다. 어떤 경우 환경 내로 배출된 화학물질은 원래의 것보다 더욱 위험한 분해산물을 만들 수 있다.

또한 브라운가르트와 맥도노는 우리가 제품과 산업 공정에서 합성 화학물질을 사용하는 방식의 근본적인 변화를 주장한다. 즉 〈그런 것은 폐기물이 아니다〉라는 금언을 따라야 한다는 것이다. 이 금언은 화학물질과 영양물, 그리고 유기물이 끊임없이 재사용되는 자연계로부터 빌려온 것이다. 한 생물이나 한 과정의 폐기물은 다른 것들의 자원이나 음식이 된다. 우리는 이 원리를 벌레와 세균들이 나뭇잎, 마른 풀, 양배추 껍질, 시든 양상추를 양분이 풍부한 검은 흙으로 바꾸어 새로운 나무와 풀, 야채에 영양을 주는 뒷마당의 거름에서 볼 수 있다.

한 공정의 폐기물은 다른 산업 공정에 되물릴 수 있다고 맥도노와 브라운가르트는 주장한다. 그러나 거름더미건 공장이건 간에 그런 재활용은 〈폐기물〉이 생물이나 이어지는 공정에서 활용할 수 없는 물질로 오염되어 있지 않을 때 가능하다. 브라운가르트와 맥도노는 공정과 제품의 적절한 설계를 통하여 대부분의 폐기물질을 다음 공정에 〈먹일(feed)〉 수 있다고 믿는다. 잘 설계된 시스템에서 용제는 한 번이 아니라 반복해서 사용할 수 있다. 낡은 텔레비전과 가전제품은 다시 제조업자에게 돌아가 부품을 분해하여 새 텔레비전을 만드는 데 사용될 수 있을 것이다.

이 원칙에 따라 설계된 시스템들은 현재의 접근방식과 매우 다르겠지만 현재에도 불가능하거나 비실용적이 아니다. 이 개념은 이미 자동차 산업에 깊은 영향을 주고 있다. 제조업자로 하여금 그들이 만든 제품을 회수하도록 하는 유럽의 요구에 촉발되어 이 새로운 경향, 즉 분해 가능한 제품 설계(Designed For Disassembly, DFD)가 빠르게 진행중이다. 디트로이트 외곽에서는 삼대 자동차 제조회사들이 수명이 다했을 때 쉽게 회수하여 새로운 자동차 부품으로 재생시킬 수 있는 차를 설계하기 위해 함께 연구하고 있다. 재활용 개념이 없이 설계된 제품은 재활용을 불가능하게 만드는 다른 합성 물질들을 종종 함유하고 있다. 예를 들어 자동차 대시보드의 혼합 플라스틱은 공원 벤치로 만들 수는 있어도 새로운 대시보드가 되지는 못한다. 순환고리를 닫고 재료를 계속해서 사용하는 것은 새로운 원재료의 수요를 없애고 환경 내에 버려지는 오염된 폐기물을 줄인다. 그런 닫힌 순환고리 재활용의 열쇠는 지적인 설계이다.

맥도노와 브라운가르트는 섬유 산업에서도 유사한 개척자적인 노력으로 커튼 섬유 제조 공정의 설계를 도와 그 공정과 최종 생산물에 해로운 화학물질이 없도록 했다. 뉴욕에 있는 섬유 디자인 유통회사인 디자인 텍스사가 한 노력은 난분해성, 돌연변이 유발, 발암성, 호르몬 교란 등의 위험성을 제거하기 위해 염색과 제조 공정에 쓰이는 7,500종의 화학물질을 검색하는 것으로부터 시작했다. 이 검색 과정에서 단지 34종의 화학물질만이 살아남았다. 지금은 스위스에서 생산되는 울과 식물섬유의 혼합소재로 만들어진 그 섬유는 보통의 빛깔을 띠고 있으며 전통적인 방법과 디자인으로 만든 비슷한 섬유들과 가격 경쟁력이 있다.

살충제 사용 또한 새로운 화학물질을 계속해서 사용하기보다는 재구성과 재사고에 바탕을 둔 접근을 해야 한다.

- 엄청나게 늘어난 살충제 사용에도 불구하고 지난 30년간 곡물 손실량은 그대로였는데 이는 대부분 농경 방식과 기준의 변화 때문이었으며 일부는 식물 기생충들이 뚜렷한 적응력을 보였기 때문이었다. 비소화합물로 무장한 농부들은 윤작, 적절한 시기의 파종, 다양한 곡물 재배, 농경지 청소와 같은 수천 년간 사용한 상식적인 농경법을 그만두었다. 이 시기에 농장 경영은 이전에는 기생충들이 재배를 불가능하게 만들었던 지역으로 옮아갔다.
- 소비자, 식품가공업자 도매상, 그리고 슈퍼마켓들은 벌레나 곰팡이, 병이 없는 겉보기에 그럴 듯한 제품을 요구했다. 그런 결함은 해롭지도 않고 과일이나 채소에서 영양을 더 빼앗아가지도 않는다. 그러나 보기 그럴 듯한 제품에 대한 기대는 살충제 사용을 엄청나게 증가시켰다. 예를 들어 오렌지는 살충제 사용의 60-80%가 껍질의 외양을 보기좋게 만들기 위한 것이다. 이것과 다른 비슷한 경우에도 결코 살충제가 더 낫고 좋은 식품을 만들었다고는 주장할 수가 없다.
- 정원설계사, 조경전문가, 그리고 각 가정은 새로운 표준의 아름다운 정원을 만들어야 한다는 도전을 받아들일 필요가 있다. 즉 아름다운 녹색 카펫에서 지역 환경에 잘 적응한 다양한 식물들의 축제로 바꾸는 것이다. 다양성을 지향하는 자연의 경향과 충돌하는, 이 균일하고 결함 없는 녹색정원의 이상 때문에 그 결과로 수정제와 살충제, 빈번한 살수, 그리고 엄청난 시간과 노력이 요구된다. 결함 없는 과일처럼 결함 없는 정원은 높은 비용을 요구한다. 우리가 살고 있는 곳에서 잘 자라는 식물과, 살충제 없이 번성하는 잔디 놀이터를 가진 정원과 뒷마당으로 설계를 다시 하도록

우리의 태도를 바꾸어야 한다. 예일 대학의 선구적인 팀은 최근에 이 정원의 혁명을 선언한 『미국의 정원 재설계: 환경의 조화를 위한 연구』라는 제목이 붙은 책을 펴냈다. 이는 정원을 안전하고 분별 있는 장소로 만들고 싶어하는 비전문가를 위한 실용적인 지침서이다.

지난 반세기 동안 개발된 합성 살충제는 꼭 필요한 경우에만 알뜰하게 사용되어야 하는 강력한 무기이다. 살충제 사용의 또 다른 비극——이 책의 초점과는 구별되는——은 곤충과 질병원인 유기체들 사이에서 늘고 있는 내성의 문제이다. 살충제와 약물의 오용과 남용으로 인간은 곤충과 잡초, 세균의 진화를 가속시켜 이들로 하여금 우리의 기적적인 살충제와 항생제들에 대한 내성을 증가시켰다. 바퀴벌레들은 살아남았을 뿐 아니라 이 진화의 투쟁에서 승리했다. DDT가 도입된 몇 년 뒤 그 독에 내성이 생긴 새로운 바퀴벌레가 나타났다. 20년 뒤 레이첼 카슨은 『침묵의 봄』에서 늘어나기만 하는 식물 기생충들의 내성과 인간 건강에 대한 심각한 의미에 대해 경고했다. 이제 어떤 공중보건 학자들은 미국에서의 열대병의 증가에 두려움을 갖게 되었고 이 병을 옮기는 곤충들을 박멸하기 위해 우리가 사용하는 살충제들은 더이상 효과적이지 않게 되었다. 내성은 하도 광범위하게 퍼져 우리는 반세기 전에 그랬던 것처럼 질병과 건강을 위협하는 벌레들 앞에 무력하게 있는 스스로의 모습을 바라보게 될지도 모른다. 우리가 생각했던 자연에 대한 놀라운 기술적 정복은 단지 일시적인 승리였음이 판명되었다. 기적적인 살충제들을 지나치게 사용함으로써 우리는 그 이점까지 망쳐버렸다.

13 어렴풋이 보이는 것들

온타리오 호의 갈매기들과 플로리다의 습지로부터 대학 연구실과 의사의 진료실까지 우리를 따라온 독자는 어떤 지점에서 멈추어 이 증상들이 현대 인간 사회의 질환들과 어떤 관계가 있지 않나 의아해 했을 것이다. 그런 질문은 오염된 집단의 갈매기들이 둥지를 버리거나, 살충제를 먹인 어미에서 태어난 수컷 생쥐들이 출생 전 노출을 받지 않은 다른 놈들보다 더욱 영토에 대한 집착이 크고 공격적이라는 사실을 알았을 때 마음에 떠올랐을 것이다. 그 순간 수많은 자극적인 질문들이 떠오르지만 그에 비해 확실한 해답은 거의 없는데 그러나 개인과 사회에 대한 잠재적인 저해는 하도 심각한 문제라서 이런 질문들은 탐구해 보아야 한다.

정자수의 저하는 이런 논의의 과정에서 심각하게 떠올랐는데 왜냐하면 이 보고들은 남성의 생식력 문제를 훨씬 넘어서는 함의를 지니고 있기 때문이다. 동물실험은 정자수를 저해할 만큼 충분한 오염물질 농도가 뇌의 발달과 행동에도 영향을 줄 수 있음을 보여주었다. 그러므로 정자수는 쉽게 정량화될 수 없는, 인간의 건강과 안녕의 측면에 대한 훨씬 광범위한 영향의 측정 가능하고 구체적인 징후인 것이다. 위기에 처한 것은 단지 몇몇 사람들의 운명이거나 우리 중 가장 민감한 이들에 대한 영향일 뿐 아니라 지난 반세기 동안 인간 잠재력의 광범위한 손상인 것이다. 그 증거들로 보아 이 사회에 미친 화학적 공격의 심각성에 대한 질문을 회피하기란 어렵다.

야생동물 자료, 실험실 연구, DES 경험, 그리고 소수의 인간 대상 연구들은 생식력, 학습능력, 공격성, 그리고 아마도 부모 역할과 짝짓기 행동에 영향을 줄 수 있는 신체적, 정신적, 그리고 행동적 저해가 인간에게 나타난다는 사실을 지지한다. 어느 정도로 이 생물학적 메시지의 혼란이 우리 주변에서 일어나고 있는 일들——가족과 친구들에게서 보이는 생식의 문제, 학교에서 번지는 학습 문제, 가족의 붕괴와 어린이 학대, 늘어나는 폭력——에 기여하고 있을까? 호르몬 저해 화학물질이 우리의 면역계를 파괴한다면 그것은 질병에 대한 취약성을 증가시켜 의료비의 증가에 한몫할 수 있는가? 가장 근본적으로 이는 인류의 미래에 무엇을 의미하는가?

이 영향들이 광범위하게 일어난다면 호르몬 저해는 우리 사회의 도착적이고 불건강한 경향들에 충분히 이바지할 것이다. 한편 이 화학물질들이 우리가 주변에서 보는 모든 사회적 기능이상의 원인이라는 것에는 의심의 여지가 있다. 이런 복잡한 현상들에 대한 단일하고 단순한 설명을 찾는 사람들은 공포에 질리고 절망할 수밖에 없다.

정자수 감소와 같은 상대적으로 직접적인 신체적 문제들의 경우만 해도 우리가 확신을 가지고 미래를 예측하기에는 환경에 흘러나온 호르몬 저해 화학물질에 대해서 알고 있는 것이 거의 없다. 오늘날까지의 네 연구는 최근 수십 년간 인간 남성 정자수의 급격한 감소——평균 매년 1밀리리터당 백만 마리——를 보고했다. 그런 급격한 감소 추세는 정말 놀랄 일이다. 가장 놀라운 것은 이 감소가 의학자들이 무슨 일이 일어나고 있는지 알기 전에 거의 반세기 가량 지속되어 왔다는 점이다. 이런 무서운 감소비율이 지속될 것인가? 그것은 어디서 끝날 것인가?

현재 규제의 대상인 잔류 화학물질이 그 감소에 전반적인 책임이 있다면 정자수는 2030년경부터 다시 증가할 것이다. 10장에서 지적한 대로 여러 연구들은 남성의 출생 연도와 정자의 양과 질 사이에 상관관계를 발견했다. 나이가 어릴수록 정자수는 적고 기형 정자수는 많다는 이 유형은 그 감소가 출생 전이나 태어난 초기에 입은 손상의 결과라는 이론을 강력히 뒷받침한다. 그러나 손상이 정자수 분석을 통해 드러나기 전까지는 긴 시간의 지연이 불가피하다. 최근에 보고된 정자수 연구에서 가장 젊은 사람들은 1970년대 초반에 태어났는데 이는 미국과 다른 선진국들이 DDT, 디엘드린, 린데인, PCB 같은 가장 분해가 안 되는 화학물질의 사용을 금지하기 시작한 때였다. 그래서 그들의 적은 정자수는 정부가 규제를 시행하기 전인 1960년대와 1970년대에 그들의 어머니를 통한 잔류 화학물질에의 노출을 반영할 것이다. 그 이후 인체 조직 내의 DDT와 그 분해산물 DDE, 린데인의 농도는 규제가 시행되는 나라에서 상당히 떨어졌다. 내분비 저해 살충제에 대한 출생 전 노출이 정자수 감소에 주된 역할을 했다면 최소한 선진국에서는 1980년대에 태어난 아기들이 성숙하는 다음 10년간 정자수가 다시 늘어나는 것을 기대할 수 있을 것이다. 그러나 인도와 같은 나라에서는 DDT와 린데인 두 잔류 살충제가 전체 살충제의 최소한 60%를 차지하고 있으며 전문가에 따르면 그 사용은 계속 늘고 있다.

정자수의 감소는 불행한 역사적인 사건, 즉 금세기 중반에 잔류 화학물질을 가지고 한 실험의 예기치 않은 영향이며 지금은 많은 나라들이 현명하게 사용을 중단한 것으로 끝날 수도 있다. 그 위협은 비록 수십 년간 영향을 나타낼 것이지만 본질적으로는 과거의 문제일 수 있다. 불행히도 앞 장들에서 묘사된 새로운 발견이 낳은 우려들은 아마도 합성 화학물질로부터의 위협이 사라지지 않을 것임을 시사한다. 미국과 같은 나라에서 DDT나 다른 잔류 화학물질에 대한 노출은 감소했지만 〈다른〉 호르몬 저해 화학물질에의 노출은 빠르게 늘고 있다. 지난 20년간 포장용기에서 얼마나 많이 플라스틱이 유리와 종이를 대체했는가를 생각해 보라. 일련의 우연한 발견들은 일반적으로 생각하는 것처럼 플라스틱이 비활성이지 않고 플라스틱에서 나온 어떤 물질들에게 호르몬 활성이 있음을 보여주었다. 플라스틱은 우리 삶의 모든 부분에서 발견되며 호르몬 저해물질에 대한 잠재적이고 심각한 만성 노출을 야기한다. 그것들은 사이다에서 식용유에 이르는 모든 것을 담고 있고 금속 캔의 내벽에 입혀져 있고 장난감으로 선호된다. 모든 플라스틱이 해롭지는 않겠지만 제조업자들의 산업 기밀 주장 때문에 어떤 플라스틱 용기의 화학 조성을 알거나 사용된 플라스틱이 호르몬 저해 화학물질을 녹여내는지 판단할 길이 없다. 또한 과학자들은 호르몬 저해 화학물질이 연고와 화장품, 샴푸, 그리고 다른 생산품에 숨어 있을 수 있다고 경고한다.

호르몬 활성 화학물질이 다음 세대에는 그림자를 드리우지 않는다는 것을 알면 조금은 편안할 수 있다. 그러나 증거는 그런 확신을 주지 못한다. 호르몬 저해 화학물질들의 목록이 늘어날수록 그 각각은 인간의 정자수가 몇 년 뒤 완전히 회복하리라는 가능성과 상반되는 주장을 한다.

그래서 우리는 인간 정자수의 비참한 경향이 곧 한계에 도달할지, 아니면 계속 감소할지 불안한 분기점에 처해 있다. 가장 악명 높은 잔류 화학물질 일부가 개발도상국에서 규제되었고 최소한 몇몇 나라들에서는 그 결과로 인체 함유량이 줄어들고 있음은 고무적인 일이다. 동시에 플라스틱과 같은 예기치 않던 장소에서 호르몬 활성 화학물질들이 발견되는 것은 만성적이고 광범위한 노출에 대한 새로운 우려를 불러일으킨다.

걱정스런 경향을 종말론적이고 최악인 시나리오로 과장하고자 하는 유혹이 늘 있으나 인류의 생존에 절박한 위협이 될 지점까지 정자수가 냉혹하게 감소하리라고는 상상하기 힘들다. 그럴지라도 현재 인간은 오랫동안 누려온 생식력을 놓고 도박을 하고 있는 것처럼 보이는데 이는 매우 걱정스럽다.

우리가 절박하게 두려워 하는 것은 절멸이 아니라 인간 종에 대한 은밀한 침식이다. 우리는 인간 잠재력의 보이지 않는 손상을 우려한다. 우리를 독특하게 인간으로 만드는 특성——우리의 행동, 지성, 사회적 협동의 능력——들을 바꾸어놓고 손상시키는 호르몬 저해 화학물질의 힘에 대해 우려한다. 뇌의 발달과 행동에 미치는 호르몬 저해물질들의 영향에 대한 과학적인 증거는 우리가 목격하는 근심스런 경향들의 일부를 밝혀줄지도 모른다.

대학 입학을 위한 고등학교 고학년의 학습적성검사(SAT) 점수가 왜 급격하게 떨어진 1963년을 기점으로 지난 20년간 꾸준히 감소했는가? 이는 다른 연구들이 시사하는 대로 대입 지원자들의 변화와 학생의 학습동기 감소 같은 인구학적이고 사회적인 요소의 결과인가? 우리 학교들의 문제는 어떤가? 왜 많은 어린이들이 읽지를 못하는가? 이는 그들이 TV를 너무 많이 보고 전자오락에 시간을 빼앗겨서인가, 학습에 대한 가정의 지원이 결여되어서인가, 혹은 출생 전에 PCB나 갑상선 저해 화학물질에 노출되어서인가?

아직은 어떤 관련도 추측에 불과하지만 출생 전 PCB에 노출된 이들에게서 나타나는 학습장애와 과잉운동증에 대한 인간과 동물실험 보고는 합성 화학물질이 학교가 안고 있는 문제들을 실제로 증가시킬 수 있음을 시사한다. 이는 미국 아기들의 5%가 모유를 통해 신경 발달에 지장을 초래할 만큼의 PCB에 노출되었음을 보여주는 앞에서 논의된 자료에 비추어 볼 때 특히 가능성이 있다. 더욱이 이 숫자는 두뇌의 발달에 필수적인 갑상선 호르몬을 저해하는 다른 많은 화학물질들은 고려하지 않았다. 사회에서 어린이들이 직면하는 모든 스트레스——가정파괴, 유기, 학대, 거리와 학교에서 증가하는 폭력——에서 이 오염의 요소만을 집어내기란 어렵다. 그러나 교육자와 의사, 그리고 다른 이들은 납과 수은을 제외하고는 화학적 환경이 사회적 환경만큼이나 교육적인 노력을 저해할 수 있음을 알아차리는 데 더딘 것 같다. 지금까지 알려지지 않은 내분비 저해물질이 학습과 행동 문제의 주요 요인이 될 수 있으며 예방을 통해 감소시킬 수 있기 때문에 진지한 연구가 필요하다.

그런 보이지 않는 피해들이 이미 일어나고 있다면 개인보다는 사회 전체에 더 큰 영향을 미친다. 어떤 인간 대상 연구는 인간 집단에서 현재 발견되는 오염물질의 수준이 IQ 검사에서 5점 정도 낮추기에 충분한 만큼 지능발달을 저해할 수 있음을 시사했다. 보통 어린이들에게 이런 일이 일어난다면 그 결과는 불행하긴 하지만 재앙은 아니다. 그 어린이는 진정한 잠재력을 발휘할 수 없지만 정상적인 지능의 범위 안에 있고 훈련을 통해 좋은 성적을 거두고 대학에도 들어갈 수 있다. 그러나 5점의 IQ 점수는 그가 최고 수준의 대학을 들어갈 능력은 잃었음을 의미한다.

그러나 합성 화학물질들이 인간의 정자수를 줄인 것과 같은 방식으로 전체 인구 집단에서 인간의 지능을 저해한다면 그것이 무엇을 의미하는지 생각해 보라. 현재의 평균 IQ는 100이며, 일억 명의 인구 중 IQ 130을 넘는 지적 능력을 가진 이들은 2백3십만 명이다. 별로 대단한 것처럼 보이지는 않지만 평균이 95로 내려간다면, 겉보기에 작은 손실의 사회적 영향을 고찰했던 로체스터 대학의 행동동물학자 버나드 와이스에 의하면 그것은 〈치명적인〉 함축을 가지고 있다. 2백3십만 대신에 겨우 구십구만 명이 130 이상의 지능지수를 가지게 된다. 그러면 이 사회는 가장 유능한 의사, 과학자, 대학교수, 발명가, 혹은 작가가 될 잠재력을 가진 강인한 정신들 중 절반을 잃게 된다. 동시에 이 IQ 감소는 IQ 70 정도의 많은 학습 부진자들을 갖게 되는데 이들은 이미 지금도 비싼 비용이 드는 특별한 재활 치료를 요하며 숙련이 필요한 대부분의 일에 부적합하게 된다. 한 국가 혹은 전세계적 규모로 우리가 직면하고 있는 기세등등한 여러 문제들을 고려한다면 우리가 결코 잃어서는 안될 것은 지성과 문제해결 능력이다.

동물 연구들은 행동에 미치는 합성 화학물질들의 영향에 대한 좀더 걱정스런 문제들을 제기하는데 이는 특히 호르몬 활성 오염물질들에 의한 저해에 민감한 것처럼 보인다. 연구자들은 지능 저하와 생식력 감소의 징후를 발견하기 훨씬 전부터 행동이상의 증거를 발견했다. 헬렌 달리의 흰쥐 연구를 돌이켜보면 오염된 물고기를 먹은 어미의 새끼들은 대조군 만큼이나 건강하고 지적이며, 적절한 생식력이 있는 것 같지만 특히 부정적인 사태들에 대한 극단적인 반응에서 커다란 행동의 변화를 보였다. 환경 오염물질에 대한 출생 전 노출이 인간에게도 유사한 영향을 미칠까? 그것들은 스트레스를 견디는 우리의 능력을 감소시킬 수 있을까? 달리의 동료들에 의한 인간대상 연구의 첫 결과들은 오염된 온타리오 호의 물고기들을 먹은 여성들의 아이들에게서 유사한 스트레스 불내성을 보여주었다.

다른 연구들은 합성 화학물질에의 노출이 동물들을 더 공격적으로 만든다고 시사한다. 임신한 생쥐를 상대적으로 낮은 농도의 DDT와 메톡시클로르에 노출시킨 실험에서 프레더릭 폼 살과 그의 팀은 노출되지 않은 어미들에게서 태어난 수컷들보다 그들의 수컷 새끼들에게서 소변으로 영토를 표시하는 행위를 훨씬 더 빈번하게 관찰했다. 이는 수컷 사이에 공격성의 증가를 시사하는 행동이다. 폼 살의 관점으로 이 연구는 호르몬 활성 화학물질이 사회적-성적 행동에 중요한 영향을 미쳤음을 보여준다. 〈한 집단의 동물들이 모두 사회적-성적 행동의 변이를 보인다면 사회 구조의 혼란이 일어날 수 있습니다.〉 다른 연구자들은 흰쥐와 생쥐에 위스콘신 교외의 우물물에서 발견되는 것과 같은 농도의 화학 오염물질을 먹였고 오염된 물을 먹은 동물이 예기치 못한 폭발적인 공격성을 보임을 관찰했다. 흥미 있기는 하지만 이런 연구와 미국 사회의 늘어나는 폭력과의 관계도 현재로서는 전적인 추측에 불과하다. 그러나 의심의 여지없이 이런 발견들은 화학 오염물질과 인간과 동물에서의 행동과 공격성 사이의 가능한 연결고리를 추적할 시급한 필요성을 보여준다.

가정의 붕괴와 어린이들의 학대와 유기에 대한 빈번한 보고는 어떤가? 과학자들이 오염된 새의 집단에서 무관심한 양육 행동의 증거를 발견했다면 이 화학물질들은 인간의 부모에게서 보이는 비슷한 현상에 어떤 역할을 했을까? 늘어나고 있는 부모들에 의한 어린이 학대와 유기 보고에 대하여 어떤 평자들은 이 사람들이 뭔가 잘못되었다고, 즉 기본적인 본능을 잃어버린 것 같다는 가설을 주장하기도 했다. 호르몬이 우리의 행동을 〈결정〉하지는 않지만 다른 포유류에서 그런 것처럼 짝짓기와 양육행동 등에 영향을 미칠 수는 있다. 최근의 연구는 포유류 어미와 새끼, 그리고 수컷과 그 배우자 사이의 유대관계에 관한 생물학적 메커니즘을 확인하고 있다. 이는 호르몬에 의한 메커니즘이다. 행동에 미치는 오염물질들의 영향은 종에 따라 매우 다양하여 인간에게서 어떤 특정한 효과를 예언하기란 불가능하다. 그러나 현재의 연구가 발달의 특정 시점에서 겪은 태아의 호르몬 경험이 성인이 되었을 때의 행동에 영향을 미친다는, 즉 배우자 선택, 양육, 사회적 행동, 그리고 다른 중요한 인간성의 차원에 영향을 주리라는 것을 증명하리라고 확신한다.

그럼에도 불구하고 현재로서는 호르몬 저해 화학물질들이 우리 사회를 뒤흔들고 있는 혼란스런 사회적, 행동적 문제들의 어느 부분에 기여하고 있는지, 얼마만큼 그런지를 알기란 불가능하다. 이들 문제 하나하나는 엄청나게 복잡하고 상호작용하는 다양한 힘들의 결과이다. 동시에 동물실험은 발생 기간 동안의 화학적 메시지 저해가 학습능력과 행동에 평생 지속되는 영향을 미침을 분명히 보여준다. 호르몬 저해는 영토성과 같은 특정한 행동의 경향을 증가시키거나 양육 능력, 자녀 보호와 같은 정상적인 사회적 행동을 희석시킨다. 이런 자극적인 증거들로 미루어볼 때 우리는 화학적 오염을 인류 사회에서 늘어나고 있는 이상기능적인 행동을 일으키는 한 요인으로 고려해야만 한다.

자연에 대한 끊임없는 지배를 추구했던 인간이 무분별하게 자신의 생식력과 학습능력을 손상시키고 있다는 견해에 대해 어떤 이들은 아이러니를 느낄 수도 있을 것이다. 스스로 의식하지 못하는 사이에 우리가 합성 화학물질을 가지고 하는 광범위한 실험에서 실험동물이 될 수 있다는 가능성에서 시상(詩想)을 떠올리는 사람도 있을 것이다. 그러나 결국 우리 아이들에게서 충만한 삶의 잠재력을 빼앗아버릴 수 있는 이런 화학물질들의 공격은 정말이지 슬픈 일이다. 호르몬 메시지를 저해하는 화학물질들은 우리들에게서 우리 종의 유산이자 진정 우리 인간성의 본질인 풍부한 가능성들을 빼앗아간다. 어쩌면 그것은 절멸보다도 더 나쁜 운명일지도 모른다.

14 맹목비행

모든 생물체는 살아가면서 필연적으로 주변을 변화시킨다. 이는 생명의 일부이자 20억 년 전 미생물들이 처음으로 지구의 대기를 변화시킨 이후 계속 그래 왔다.

인간도 다르지 않다. 우리는 사냥을 하고, 과일을 따모으고, 숲을 베어내고, 늪지를 배수하고, 밭을 경작하고, 도시를 건설하고, 개울을 메꾸고, 공장을 짓고, 황야를 가로질러 철도를 놓았다. 그러나 인간이 지표면 위를 어슬렁댄 수백만 년 동안 우리의 영향은 단속적인 것이었다. 우리는 한 계곡을 바꾸었지만 다른 것은 그러지 못했고, 한 폭포만을, 대륙이 아닌 한 도시만을 변화시켰다. 인간이 만든 변화의 규모는 행성을 변화시키는 자연의 힘에 비교할 때 아주 미미한 것처럼 보였다.

오늘날에는 완전히 바뀌었다. 인간과 지구와의 관계에 진정한 분수령이 생겼다. 과학과 기술의 예기치 못한 놀라운 힘은 지구 위에 사는 사람들의 숫자와 결합하여 인간의 영향력을 한 지역에서 지구 전체의 규모로 바꾸어 놓았다. 그런 전환과 함께 우리는 생태계를 유지하는 근본적인 시스템을 변화시켜 왔다. 이런 변화는 전 지구적인 실험, 즉 의도하지는 않았지만 인류와 지구 위의 전 생물을 대상으로 하는 실험에까지 이르게 되었다.

합성 화학물질은 이 변화의 주된 힘이다. 지난 반세기 동안 수십억 파운드의 인공 화학물질들을 만들어내고 쏟아부음으로써 우리는 지구의 기후와 심지어는 우리 몸의 화학조성에도 광범한 변화를 초래했다. 이제 예를 들자면 남극의 오존층에 뚫린 무서운 구멍과 함께 인간 정자수의 급격한 감소가 있고, 이 실험의 결과는 각 가정을 공격하는 중이다. 어떤 관점에서 보아도 이는 두 거대한 문제의 징후이다. 이 파괴된 시스템은 생명을 유지시켜 주는 것들 중 하나이다. 이미 일어난 피해의 규모는 어떤 신중한 사람이라도 심각한 충격을 받게끔 할 것이다.

전 지구적이라는 이 실험의 규모 때문에 그 영향의 평가가 극단적으로 어렵다는 것도 걱정스럽다. 지난 50년 동안 합성 화학물질은 환경과 우리 몸에 너무 광범위하게 퍼져 이젠 정상적인 원래의 인체 생리를 정의하기조차 불가능하다. 깨끗하고 오염되지 않은 곳은 어디에도 없고 상당한 양의 잔류 호르몬 저해 화학물질을 몸에 갖고 있지 않은 사람도 없다. 이 실험에서 우리는 실험동물이 되었고 설상가상으로 이 화학물질이 무슨 작용을 하는지 이해할 수 있게 해주는 대조군도 가지고 있지 않다. 예를 들어 합성 화학물질이 학습장애에 기여하느냐의 문제와 마주쳤을 때 연구자들은 전형적으로 오염된 어린이들을 오염되지 않은 대조군과 비교하는 연구를 설정한다. 비극적이게도 오늘날의 모든 어린이들은 오염된 채로 태어난다. 역설적이게도 연구자들은 상대적으로 덜 오염된 대조군을 찾다가 이 오염의 분명한 보편성을 발견했다. 북극의 외진 곳에서 전통적인 삶을 살고 있는 이누이트족조차도 피할 수 없었다. 오염은 그들에게도 찾아왔다.

이 의도하지 않았던 실험의 초기 결과는 이 문제의 원인이 된 화학물질들을 관리하고 제거하려는 직접적인 대응을 훨씬 능가하는 고통스럽고 심각한 질문들을 야기시켰다. 현재의 화학물질들을 덜 해롭다고 여겨지는 새로운 합성 화합물질로 대치하려는 노력만으로는 더 이상 충분하지 않다. 이제 논의 자체를 전 지구적인 실험으로 옮길 때가 되었다.

새로운 기술을 향한 이 숨가쁜 돌진이 무엇을 가져왔을까? 최소한 그것은 전체 인류 중 극히 일부에게 더할 수 없는 부와 안락과 건강을 주었다. 그러나 기술 자체는 종종 수십 년이 지나서야 분명히 드러나는 어두운 면을 가지고 있으며 그때쯤에는 되돌리기에 너무 늦다. 유전공학적으로 만든 유기체를 환경에 풀어놓는 위험에 의문이 제기되었을 때 한 세계적인 분자생물학자는 망설일 이유가 없다고 했다. 그는 일단의 기자들에게 우리 사회가 〈용감해져야〉 하며 그 불확실성에도 불구하고 새로운 기술을 밀고 나가야 한다고 말했다. 그러나 누군가에게는 용감하게 보이는 것이 다른 이들에는 어리석게 보일 수 있다.

만약 오존 구멍과 정자수의 감소가 늘 하던 대로 사업에 수반되기 마련인 위험에 대한 경고라면 우리는 여기서 어디로 가야 할까? 우리 기술의 영향을 평가할 다른 방법이 있는가? 호르몬 저해 화학물질들을 시장에서 없앤다고 어떻게 그 대치품으로 인해 30년 뒤에 또 다른 감당하기 어려운 뜻밖의 일이 생기지 않으리라고 확신할 수 있는가? 우리의 아이들과 환경에 대한 실험, 20세기 삶의 양식으로 인정되어 온 실험을 중단할 어떤 방법이 있는가? 혹은 그런 머리카락을 곤두서게 하는 전망은 건강과 안락, 편리함을 대가로 우리가 체결한 파우스트적 거래의 일부인가?

오존 구멍과 같은 무서운 기습이 잠시 멈추었을 때 우리는 전형적으로 〈안전한〉 대치품을 찾기 시작했다. 이는 화학회사나 정부 규제기관이 그들의 안전성을 검사했다면 합성 화학물질이 무사히 환경에 배출될 수 있다는 분명치 않은 가정에 기초한 탐색이었다. 그러나 오존층에 〈안전〉하다고 제안된 대치물들도 열을 발산하지 않는 성질 때문에 온실 효과를 촉진시켜 다른 위험을 야기한다는 것이 판명되었다.

비슷한 유형이 살충제의 역사에서도 나타난다. 살충제 규제자들은 장군들마냥 늘, 그리고 불가피하게 최신의 전쟁에서 싸워야 했다. 자꾸만 그들은 가장 최근에 알려진 위험들에 대해서 검사했으며 그들이 전혀 생각지도 못한 위험에 대해서는 눈이 멀었다. 그들은 DDT를 이전 세대의 살충제, 즉 농부들이나 불행하게 그 잔류물을 먹은 이들을 급작스럽게 죽이는 독성 비소화합물의 위험으로 판단했다. DDT가 화장분처럼 지구 표면에 마음대로 뿌려진 후에야 우리는 DDT도 죽음을 불러온다는 것, 그러나 다른 방식으로라는 것을 알아차렸다. DDT의 잔류성과 야생동물에 미치는 영향에 대한 우려가 나타났을 때 규제 당국은 이를 금지했고 메톡시클로르와 같은 잔류성이 약한 화합물이 시장에 나왔다. 이제 우리는 아직도 사용되는 메톡시클로르가 호르몬을 저해함을 안다.

시판되는 수천 종의 화학물질을 검사하고 호르몬을 저해시키는 놈을 제거할 필요가 있다. 그러나 지금까지 우리는 단지 새 세대의 대치 화학물질을 지구 표면에 뿌리면 되었다. 이런 무분별한 실험에 대해서는 다음 기회에 논의하겠다. 이 새로운 화합물이 호르몬 저해의 관점에서는 안전하다 할지라도 다른 예상치 않은 결과——어떤 것은 상대적으로 사소하고 어떤 것은 오존 구멍만큼이나 심각할 수 있다——를 일으킬 공산이 크다.

과거의 경험으로 판단할 때 다음의 끔찍한 경악이 나타날 때까지는 한 세대 가량이 필요하다. 그것은 우리가 전혀 예상하지 못한 곳에서 나타날 것이다. 지금부터 30년 후 우리의 아이들은 삶을 지탱해 주는 시스템들에 대한 다른 심각한 공격과 씨름해야 할지도 모른다. 아마도 다음의 기습은 우리의 생명 유지 시스템으로서는 가장 덜 알려진 토양에서 올 것이다. 만약 인간의 활동이 양분을 재활용하는 토양의 능력——이는 숱한 세균과 진균, 곤충들에게 달려 있는 순환과 재생의 과정이다——을 심각하게 훼손시켰다면 그 결과는 무서울 것이다. 그러나 그 기습은 결코 고려되지 않을 것이라는 데 내기를 걸어도 좋다.

확실한 것이 있다면 그것은 우리가 또 허를 찔릴 것이라는 사실이다.

이런 경고는 비관주의나 기술 혐오의 경향에서 나온 것이 아니다. 그것은 우리의 지구적 실험의 본성 자체와 우리의 피할 수 없는 무관심에서 비롯되었으며 결과를 예측하거나 안전을 확보하는 것을 불가능하게 만든다. 이 딜레마는 간단히 말할 수 있다. 지구는 청사진이나 사용안내서를 가지고 오지 않았다. 우리가 수십억 톤의 합성 화학물질을 뿌려대어 전 지구적인 규모의 실험을 하는 것은 결코 완전히 이해할 수 없는 거대하고 복잡한 시스템을 망가뜨리고 있는 것이다. 오존 구멍과 호르몬 저해 화학물질에 대한 우리의 경험에 어떤 교훈이 있다면 바로 이것이다. 우리는 미래를 향해 속력을 낼 때마다 계기들에만 의존한 채 맹목비행을 하고 있는 것이다.

우리는 호르몬 저해와 오존층 소실 같은 이미 직면한 위험들에 대해서 화학물질을 검사할 수 있지만 다음번 기습은 우리가 어떤 질문을 해야 할지 모르기 때문에 또 일어날 것이다. 악명 높은 두 화학물질 CFC와 DDT에 대한 우리의 경험만큼 이를 잘 보여주는 것도 없다.

오존층을 파괴하는 CFC는 DDT처럼, 만들어진 것 중 가장 안전한 물질 중의 하나로 극구 칭송되었으며 토머스 미글리 2세가 1928년 처음 합성했을 때는 DDT처럼 완전한 진보의 축복으로 보였다. 미글리는 산업 발명의 선구자였으며 냉장고의 용매로 쓰였던 독성과 폭발성이 있는 화학물질보다 더 안전한 대치물을 만들어달라는 요구에 응해서 CFC를 개발했다. 1941년에 그는 이 연구로 화학자 최고의 상인 프리스틀리상을 받았다. 상을 받던 날, 미스터 마법사의 연기를 하기 좋아했던 이 무대기질이 있는 사나이는 그가 좋아하는 연기 중 하나로 청중을 놀라게 할 기회를 놓치지 않았다. 그는 CFC를 작은 접시에 담고 냉각기가 이를 증발시키자 들이마시고는 숨을 멈추고 촛불을 켰다. 그가 숨을 내쉬자 촛불은 성공적으로 꺼졌고 이로써 이 화학물질이 인화성도 없고 인간에게도 해롭지 않으며, 따라서 다시 한번 의심의 여지없이 안전함을 보여주었다.

CFC는 첫번째 의혹의 그림자가 던져질 때까지 40년 이상이나 시판되었다. 1970년 이단적인 과학자이자 후에 가이아 가설의 창시자로 알려진 제임스 러브록은 가스 크로마토그라피의 감도를 수천 배 높인 전자포획검출기라는 그의 새 기구로 대기를 측정하기 시작했다. 현재는 이 강력한 새 도구로 일조분의 일 농도를 가진 대기 중 합성 화학물질의 미약한 흔적을 검출할 수 있게 되었다. 러브록은 곧 그가 찾아본 모든 곳에서 CFC를 발견했다. 심지어는 남미 대륙의 끝을 향해한 배에서 채취한 표본에서도 나왔는데 이는 CFC가 지구 대기의 모든 곳에 널려 있다는 표시였다.

1972년 러브록은 세계적인 CFC 제조회사인 듀퐁사의 레이먼드 매카시와 의견을 나누었다. CFC가 지구 대기에 축적된다는 소식에 우려한 매카시는 〈환경 내에 있는 CFC의 생태〉를 논의하기 위해 CFC 제조회사 모임을 소집했다. 동시에 그는 CFC의 반응성을 알아내기 위한 몇몇 연구를 의뢰했다.

듀퐁사는 CFC가 사람들에게 해를 끼치거나 환경에 영향을 줄 수 있는 독성의, 혹은 반응성의 화합물로 분해되지 않는 것처럼 보인다는 결론을 내린 이 연구들로 인해 고무되었다. 그러나 불행히도 연구자들의 눈은 하층 대기에만 머물러 있었다. 그 문제는 1974년 6월 화학자인 셔우드 롤랜드와 마리오 몰리나가 이제는 유명해진 그들의 논문을 《네이처》지에 실었을 때 표면에 떠올랐다. 이는 어떻게 CFC가 결국 성층권으로 올라가 오존층을 공격하는지를 기술한 것이었다. 마침내 듀퐁사는 CFC의 제조와 판매를 줄여나갔다. 그리고 1995년 롤랜드와 몰리나는 이 연구로 노벨상을 수상했다.

DDT의 역사는 유사한 역설을 가지고 있다. 이 살충제는 인간 진보의 이정표로 여겨져 그 개발자인 파울 뮐러는 구세주로 칭송받았으며 1948년 노벨상을 받았다. 잠깐 동안 이 화학물질은 기적으로 보였다.

그것은 인간에게는 직접적인 위협이 없이 곤충을 죽였고 말라리아를 옮기는 모기를 박멸시켰으며 숱한 생명을 구했다. 그러나 DDT도 CFC처럼 눈에 보이지 않게 생명의 기반을 공격했다.

결국 우리가 알지 못한 것이 우리가 안 것보다 더 중요한 것으로 판명되었다. 결국 우리가 생각하기에 가장 안전한 화학물질이 가장 위험한 것 중의 하나로 판명되었다. 그리고 롤랜드와 몰리나가 예언한 대로 오존층이 파괴되었을 때 그것은 기후학자가 예언한 최악의 시나리오를 훨씬 뛰어넘어 버렸다.

* * *

우리가 직면한 이런 상황은 쉬운 처방이나 간단한 해답을 요구하는 것이 아니다. 현재의 경제와 문명은 화석연료와 합성 화학물질의 기반 위에 세워져 있다. 한 화학 산업의 추정에 따르면 염소 합성 화학물질과 그 제품이 전세계 GNP의 45%를 차지한다. 이런 딜레마에 처하기까지 50년이 걸렸다면 여기서 벗어나는 길을 찾기 위해서는 그만큼, 혹은 그 이상의 기간이 걸릴 것이다.

우리가 미래를 내다보며 새로운 진로를 생각할 때면 우리 상황에 대한 명백한 관점에서 출발하는 것이 중요하다. 지난 반세기의 경험이 보여준 것처럼 우리 아이들이나 우리 자신을 미지의 위험에 처하게 하지 않고 대량의 인공 화학물질을 환경에 퍼부을 수는 없다. 이 합성 화합물 대다수는 해가 없다고 판명되었지만 다른 것은 그렇지 않다. 수십 년 동안 시장에 나와 있던 것이라 해도 합성 화학물질의 안전을 보장할 방법은 존재하지 않는다는 사실을 직시해야만 한다. CFC는 남극에서 오존 구멍이 발견될 때까지 50년간 광범위하게 사용되었다. 광대하고 복잡한 시스템 내에서 효과가 드러날 때까지의 시간 지연은 안전성에 대한 잘못된 인식을 퍼뜨려 재앙의 기회를 증가시킬 수도 있다.

과학의 발달에도 불구하고 아직도 우리는 우리가 실험해 온 생태계에 대해서 기껏해야 대략적인 지식만을 가졌음을 명심해야 한다. CFC가 발명되었을 때 과학자들은 오존층도, 자외선으로부터 지구를 보호하는 오존층의 중요성도 이해하지 못했다. 그것은 3년 뒤에 영국의 과학자인 시드니 채프먼의 연구를 통해 나왔다. DDT와 다른 호르몬 유사 화학물질들은 연구자들이 호르몬 수용기의 신비를 알아내기 시작할 때까지 20년이나 시장에 나와 있었으며, 합성 화학물질들이 호르몬을 모방하고 그 수용기와 결합한다는 것을 발견할 때까지는 더 오랜 시간이 걸렸다.

결국 우리가 직면한 문제는 우리의 기술적 만용과 생명을 유지하는 계에 대한 이해 사이에 있는 이 단절에서 비롯된다. 우리는 놀라운 속도로 새 기술을 고안해 내고 전 지구적인 엄청난 규모로 그것을 받아들이나 한참 뒤에야 지구 생태계나 우리에게 미치는 영향을 측량하기 시작한다. 우리는 모험의 핵심에 있는 위험한 무지는 인정하지 않으면서 미래를 향해 대담하게 나아간다.

그런 오만한 전제는 인간 본성의 피할 수 없는 부분일지도 모른다. 고대 그리스인들은 이것을 〈오만(hubris)〉이라 불렀다. 인간의 역사를 통하여 인류는 성공과 재앙 양자를 자초하는 미지의 것에 위험을 무릅썼다. 오늘날 달라진 것은 그 실수의 규모와 운명이다. 우리의 활동은 더이상 한 마을이나 그 주변, 한 계곡이나 그 이웃에 머물지 않는다. 인간 활동의 규모는 이 실험이 지구 전체를 포괄함을 의미한다.

미래로 나아갈 때 우리는 우리가 처한 상황의 근본적인 실체를 잊으면 안 된다. 우리는 맹목비행을 하고 있다. 우리의 딜레마는 지도나 안내서 없이 안개 속에서 비행을 하는 것과 비슷하다. 믿을 만한 레이더를 제공해 주는 대신 과학자들은 어떤 방해물을 경고하려고 애쓰며 유리창을 힐끗대고 있다. 그리고 대개의 경우 그들이 할 수 있는 말은 시야에 들어오는 검은 덩어리가 구름이라는 것 정도이다. 어쩌면 그것은 산일 수도 있다.

그러면 무엇을 할 것인가? 가능한 빨리 비행기를 착륙시키거나 속도를 줄일 것인가, 그렇지 않다면 여행을 취소하는 것이 엄청나게 비싸고 번잡하다는 이유로 계속 최고속도로 날 것인가?

오늘날의 우리는 합성 화학물질을 가지고 한 반세기 동안의 실험 앞에서 고민할 때 이런 종류의 질문과 직면하게 된다. 곤란한 환경 문제에 직면할 때면 최초의 반응은 그들이 우리에게 옳은 해답을 줄 것이라는 희망으로 일단의 전문가들을 소집하는 것이다. 과학자들은 확실히 이 책에서 기술된 연구들이 보여주는 것처럼 귀중한 안내를 제공한다. 그러나 언제나 과학만으로 그 해답을 얻을 수는 없다.

현명한 선택은 일단의 숙고와 무엇보다도 가치 판단에 달려 있다. 그것은 문제를 기술하는 과학의 질에 대한 질문일 뿐 아니라 우리가 어떻게 위험을 바라보며 어느 정도의 위험을 감내할 수 있는지에 대한 질문이기도 하다. 내분비 저해 플라스틱이 가진 위험과 더불어 인간 삶에 가져다주는 편리를 고려해 보라. 위기에 처한 것이 한 갈매기 집단이라면 노출을 줄이려는 노력을 시작하기 전에 더 깊은 과학적 연구를 기다리는 것이 현명할 것이다. 반면 그것이 인간 정자수의 문제일 경우에는 그 저하의 경향이 지속되는지를 알기 위해 기다리는 것보다는 당장 행동을 취하는 것이 사려깊을 것이다.

우리의 관점으로는 호르몬 저해 화학물질을 줄여나가는 것이 그 첫 단계가 되어야 한다. 그리고 합성 화학물질을 가지고 하는 실험의 규모를 줄여나가야 한다. 이는 우선 매년 도입되는 수천 종의 새로운 합성 화학물질들을 규제해야 함을 의미한다. 이는 또 가능한 한 살충제의 사용을 줄이는 것을 의미하는데, 이 화합물들의 구조가 생물학적으로 활성이고 매년 수십억 파운드가 환경 내로 방출되기 때문이다.

그러나 이 단계들은 조악하긴 해도 우리가 관계를 가진 문제들만을 다룰 뿐이다. 이들은 우리가 만든 행성계에 대한 대규모 변이로부터

올 예기치 못한 결과인 다음 세대의 기습에는 전혀 도움이 되지 못한다. 이런 관점에서 오존층의 파괴와 인간 정자수의 감소는 인류의 미래에 어두운 그림자를 던진다. 그것들은 우리에게 합성 화학물질의 제조와 방출을 중지할 것인지에 대한 피할 수 없는 질문을 우리에게 제기한다. 그럴 듯한 해답도, 가벼운 권유도 제공할 수 없다. 그러나 멈추어 서서 20세기의 질주 앞에 무시되어 왔던 윤리적인 질문을 최종적으로 물어야 할 때가 왔다. 지구의 대기를 바꾸는 것이 정당한가? 태어나지 않은 모든 아기의 자궁내 화학적 환경을 바꾸는 것은 정당한가?

지구 공동체로서 인류가 이 문제를 심각하게 고려하고 일반적인 관련자들——화학회사, 정부, 농부, 경제학자, 과학자, 그리고 환경보호 집단——을 훨씬 넘어서는 광범위한 논의를 시작해야 함은 자명하다. 이 논의에는 교사와 학부모, 의사, 철학자, 예술가, 역사가, 교황과 달라이 라마 같은 영적 지도자들, 그리고 인간 경험과 지혜의 풍부함과 다양성을 반영하는 모든 이들이 참여해야 한다.

좀더 실용적인 측면에서 우리는 합성 화학물질을 폐기함으로써 지구적 규모의 실험을 중단하는 것이 가능한지 탐구할 필요가 있다. 의도하지 않은 노출과 위험이 없이 인공재료들의 이점을 누리게 해주는 화학적 설계가 가능한가? 폭발적인 인구증가와 들끓는 지구 환경 문제를 고려하면 시계바늘을 반세기 전으로 돌려 나무와 철, 유리로 된 재료의 지평에 회귀하는 것은 불가능해 보인다. 동시에 그런 탐구는 원치 않는 기습들을 예측할 수 없다는 사실을 늘 염두에 두어야 한다. 그러므로 목표는 인간과 환경의 노출을 최소화하는 데 있어야 한다. 합성 화학물질들이 유지 가능하고 건강한 미래에 적합한지는 불분명한 채 남아 있다.

아직 정확한 길을 묘사하는 것이 불가능하다면 이 여행의 방향만이라도 잡는 것은 가능할 것이다. 지난 반세기 동안 싸고 풍부한 화학물질들이 농업, 산업, 경제, 사회를 형성해 왔다. 에어컨이 있는 주택, 차, 공공건물을 가능하게 만든 CFC가 없이 찌는 듯한 미국의 선벨트로 이주하는 것은 상상하기 어렵다. 흡사하게 2차 세계대전 이후 시장을 휩쓴 합성 살충제들은 역병 퇴치를 위해 비소화합물에만 전적으로 의존했던 특화된 산업 영농을 촉진했으며 윤작이나 파종시기 선택과 같은 벌레를 막기 위한 농업 기술들을 사라지게 했다. 이 화학의 시대는 제품, 연구 기관, 또 그것을 유지하기 위해 합성 화학물질을 요구하는 문화적 태도를 창조했다.

다른 문화로 여행을 떠나는 것은 우리가 이제까지 알아온 것과 다르게 문제를 정의하는 것에서 시작해야만 한다. 일반적인 규칙으로 문제의 틀을 짓는 것은 독창성이나 기술의 결여 이상으로 해결책을 국한시킨다. 이 임무는 호르몬을 저해하거나 오존층을 공격하고 혹은 아직은 발견하지 못한 어떤 문제들을 야기하는 화학물질에 대한 대치물을——비록 일시적인 대치물을 사용하는 것이 필요할 수도 있겠지만——발견하자는 것이 아니다. 다음 반세기 동안 우리가 직면한 문제는 재구성의 문제이다. CFC를 몰아내자는 압력에 밀려 전자회로 제작 과정에서 용제의 이용을 재고해야 했을 때 미국에서의 한 연구는 납땜 공정을 재구성함으로써 CFC나 다른 용제의 필요를 제거하는 방법을 발견했다. 그런 예를 따라 우리는 정원과 식품 포장, 세제뿐 아니라 농업, 산업, 그리고 화학 시대가 배출한 다른 제도들을 재구성할 필요가 있다. 우리는 기본적인 인간의 욕구, 그리고 가능하면 인간의 욕망을 충족시키기 위해 더 낫고 안전하고 현명한 길을 찾아야만 한다. 이것이 그 실험으로부터 벗어나는 유일한 길이다.

우리가 아이들이 화학적 오염 없이 태어날 수 있는 미래를 창조하기 위해 노력할 때 우리의 과학지식과 기술적인 전문성은 매우 중요할 것이다. 하지만 우리의 지식이 아무리 많아도, 모르는 것도 많다는 사실을 인식하는 지혜만큼 인간의 복지와 생존에 중요한 것은 없다. 이런 무지 속에서 우리는 거대한 위험을 무릅쓰며 모르는 가운데 생존을 놓고 도박을 하는 것이다. 이제 우리는 더 잘 알기 때문에 주의를 기울일 용기를 가져야 한다. 그 판돈이 아주 많기 때문이다. 우리는 우리의 후손들에게 그것을 매우, 그리고 더욱 많이 빚지고 있다.

부록

윙스프레드 선언문

1991년 7월 테오 콜본과 페트 마이어를 포함한 일단의 과학자들은 최초로 한자리에 모여 환경 내의 내분비 교란 화학물질의 분포와 영향에 대한 그들의 우려를 논의했다. 여러 다른 분야로부터 온 과학자들이 처음으로 함께 모였다는 사실은 주목할 만하다. 그들은 이 모임이 오래 지속되는 영향을 가지리라는 희망으로 다음 선언문에 합의했다. 우리는 그것이 우리가 직면한 문제에 대한 간결한 관점뿐 아니라 과학자, 정책입안자, 기타 관심 있는 이들에게 이 중요한 문제에 관한 연구와 정책 방향을 제시했기 때문에 여기에 싣는다. 이 합의문에 서명한 과학자들은 선언문의 뒷부분에 이름이 올라 있다. 이 명단의 게재가 이들이 이 책의 다른 부분에서 제시된 주장이나 결론에 모두 동의한다는 점을 암시하지는 않는다.

성적 발달에서 나타난 화학적으로 유발된 변이: 야생동물/인간 관계

문제

인간의 활동에 의해 환경 내로 들어온 많은 화합물들은 물고기, 야생동물, 인간을 포함한 동물의 내분비계를 교란할 수 있다. 그런 교란의 결과는 발달을 조절하는 호르몬의 중요한 기능 때문에 심각할 수 있다. 그런 활성을 가진 화합물들에 의한 널리 퍼지고 증가하는 환경오염 때문에 다양한 학문 분야의 전문가 집단은 이 문제에 대해 알려진 바를 평가하기 위해 1991년 7월 26-28일까지 위스콘신 주 러신의 휴양지에 모였다. 참가자들은 인류학, 환경학, 비교내분비학, 조직병리학, 면역학, 포유류학, 의학, 법률학, 정신분석학, 신경내분비학, 생식생물학, 독물학, 야생동물 관리, 종양생물학, 그리고 동물학의 영역으로부터 온 전문가들이다.

이 모임의 목적은,

1 환경 내 내분비 교란물질 문제의 규모와 관련된 다양한 연구 분과로부터의 발견을 통합하고 평가한다.
2 현재의 자료들로부터 확실하게 유도될 수 있는 결론을 확인한다.
3 이 분야에 남아 있는 불확실성들을 명료하게 밝히는 연구 비망록을 확립한다.

합의문

이 워크숍의 참가자들은 다음의 합의에 도달했다.

1 우리는 다음을 확신한다.

- 환경 내로 방출된 많은 수의 인공 화학물질들은 인간을 포함한 동물의 내분비계를 저해할 수 있다. 이들 중에는 몇몇 살충제와 산업용 화학물질을 포함하는, 난분해성이고 생물에 축적되는 유기 할로겐과 다른 합성 제품, 그리고 몇 가지 중금속이 있다.
- 많은 야생동물 집단은 이미 이 화합물들에 의해 영향을 받았다. 그 영향으로는 새들과 물고기들의 갑상선 질환, 물고기, 새, 조개류, 그리고 포유류의 생식력 감소, 새, 물고기, 거북이에서의 부화율 감소, 새, 물고기, 거북이의 출생시 기형, 새, 물고기, 포유류의 대사이상, 새들의 행동학적 이상, 수컷 물고기, 새, 포유류 수컷의 탈남성화와 여성화, 그리고 새와 포유류의 면역계통이상 등이 포함된다.
- 그 효과의 유형은 종과 화합물에 따라 다양하다. 그럼에도 네 가지 일반적인 원칙을 기술할 수 있다. 1) 관련된 화학물질은 성체보다는 배아, 태아, 혹은 주산기의 유기체에 완전히 다른 영향을 미칠 수 있다. 2) 그 효과는 종종 노출된 성체가 아닌 후손에서 뚜렷하다. 3) 발생중인 유기체의 노출 시점이 그 특성과 미래의 위해를 결정하는 데 중요하다. 4) 중요한 노출은 배발생 기간에 일어나지만 그 뚜렷한 발현은 성숙할 때까지 나타나지 않을 수 있다.
- 실험실 연구는 이 분야에서 관찰된 성적 발달의 이상을 확증하며 야생동물에서 관찰되는 사례를 설명하기 위한 생물학적 메커니즘을 제공한다.
- 인간도 마찬가지로 이런 성질의 화합물에 의해 영향을 받아왔다. 합성치료제인 DES의 영향은 위에서 언급한 많은 화합물처럼 에스트로겐 성

질을 가지고 있다. DES를 복용한 어머니들에게서 태어난 딸들은 현재 질투명세포암의 증가, 다양한 생식기이상, 비정상적 임신, 그리고 면역 반응의 변화 등으로 고통받고 있다. 자궁 안에서 노출된 아들과 딸들 양자는 생식계통의 선천성 기형과 생식력 감소를 경험한다. 자궁 안에서 DES에 노출된 인간에게 나타난 영향은 오염된 실험실 동물과 야생동물들에서 발견되는 것들에 조응하며 이는 인간도 야생동물과 같은 환경적 피해로 위험에 처할 수 있음을 시사한다.

2 우리는 다음을 확신을 가지고 추정한다.

- 오늘날 인간에서 보고되는 발달장애 중 일부는 환경에 방출된 합성 호르몬 교란물질들에 노출된 부모의 성인 자녀들에게서 보인다. 오늘날 미국인에서 측정되는 호르몬 교란물질의 수와 농도는 야생동물 집단에서 드러나는 영향을 미칠 수 있는 범위 내에 있다. 사실 그런 실험 결과들은 현재 최저치의 환경오염 수준에서도 볼 수 있다.
- 합성 호르몬 교란물질들의 환경내 용량이 줄어들거나 규제되지 않는다면 집단 수준에서 대규모 기능이상이 가능하다. 야생동물과 인간에 대한 잠재적인 위험과 전망은 내분비 교란물질로 알려진 수많은 합성 화학물질에 반복적으로 꾸준히 노출될 가능성 때문에 매우 크다.
- 이 문제에 관심이 집중될수록 야생동물과 실험실, 인간 연구에서의 더 많은 유사점이 드러나게 될 것이다.

3 현재의 모델은 다음을 예고한다.

- 이 화합물들이 영향을 미치는 메커니즘은 다양하나 그들은 1) 결합 부위를 인식함으로써 자연적인 호르몬의 효과를 모방한다. 2) 생리학적 결합부위를 차단함으로써 이 호르몬들의 효과를 길항한다. 3) 문제가 되는 호르몬과 직접, 간접적으로 반응한다. 4) 호르몬을 합성하는 자연적인 유형을 변화시킨다. 5) 호르몬 수용기를 변화시킨다 등의 일반적

인 특성을 공유한다.

- 이런 외부적, 내부적 에스트로겐과 안드로겐은 뇌기능의 발달을 변화시킬 수 있다.
- 발생중인 유기체의 어떤 혼란은 그 유기체의 발달을 변화시킬 수 있다. 전형적으로 이 영향은 비가역적이다. 예를 들어 많은 성적 특성들은 발생의 초기 단계 동안 호르몬에 의해 결정되며 호르몬 균형의 작은 변화에도 영향을 받을 수 있다. 여러 증거들은 성적 특성들이 한번 각인되면 비가역적임을 시사한다.
- 야생동물에게서 보고된 생식에 미친 영향들은 같은 식량자원, 예컨대 오염된 물고기 등에 의존하는 인류의 관심사가 되어야 한다. 물고기는 새들에게 주된 노출의 경로이다. 유기 염소 내분비 저해물질에 대한 조류 모델은 오늘날 가장 잘 기술된 것이다. 그것은 조류와 포유류 내분비계의 발달의 유사성 때문에 야생동물/인간 관련성을 지지한다.

4 우리의 예측에는 많은 불확실성이 있다. 왜냐하면,

- 인간에 대한 노출의 성질과 정도는 잘 확립되어 있지 않다. 인간에서의 이런 오염물질의 분포에 대해서, 특히 배아에서의 오염물질 농도에 대해서는 정보가 제한되어 있다. 이는 측정 가능한 표지자(노출과 영향의 생물학적인 표지)의 부재, 그리고 여러 세대에 대한 노출 연구의 부재로 더욱 복잡하다.
- 야생동물의 생식에서는 성공적인 생식률에 대한 적당한 양적 자료가 있는 반면 행동의 변화에 대해서는 자료가 확실하지 않다. 그러나 그 증거는 이 지식의 틈을 메울 즉각적인 노력을 요구할 만큼은 충분하다.
- 자연 에스트로겐에 대한 많은 합성 에스트로겐 유사물질의 상대적 강도는 확립되지 않았다. 이는 어떤 관련 화합물의 혈중 농도가 체내에서 분비된 에스트로겐의 농도를 초과하기 때문에 매우 중요하다.

5 우리의 판단은 다음과 같다.

- 일반적인 용도를 위한 제품의 검사는 생체 호르몬 활성도를 포함하게끔 확장되어야 한다. 이런 검사의 측면에서는 동물실험을 대치할 수 없다.
- 안드로겐 유사성과 에스트로겐 유사성에 대한 검사 분석은 직접적인 호르몬 효과가 있는 화합물에 대하여 이용 가능하다. 규제는 호르몬 활성에 대하여 모든 신제품과 그 부산물들을 검사할 것을 요구해야 한다. 재료 시험이 양성이라면 다세대 연구를 이용한 기능적 기형유발성(눈에 보이는 기형이 아닌 기능의 소실)에 대한 심도 있는 검사가 요구되어야 한다. 이는 과거에 생산된 모든 난분해성이고 생체축적성인 제품에도 적용되어야 한다.
- 건강 위험도를 평가할 때에 생식에 미치는 영향과 기능적 기형유발성을 우선하는 것이 시급하다. 이 화학물질들이 암 이상의 심각한 건강 효과들을 유발하기 때문에 암 패러다임은 불충분하다.
- 이 화합물들에 대한 좀더 광범위한 내역은 이들이 상품화되어 환경에 배출되기 때문에 필요하다. 이 정보는 더욱 접근이 용이해야 한다. 이런 정보들은 식품 유통 단계의 포장과 용기를 통해 노출되는 기회를 줄일 수 있다. 물, 공기, 토양에서 개별적으로 규제되는 오염물 이상으로 규제 당국은 전체로서의 생태계에 관심을 가져야 한다.
- 잔류 화학물질의 사용과 생산을 금지하는 것이 이 노출 문제를 해결하지 못했다. 이미 환경 속에 존재하는 합성 화학물질들에 대한 노출을 줄이고 같은 성질을 지닌 새로운 제품들의 배출을 예방하기 위해 새로운 접근방식이 요구된다.
- 이 오염물질에의 노출 결과로 야생동물들과 실험실 동물에게 생긴 영향은 인간에 대한 주요 연구가 취해야만 할 깊이 있고 은밀한 성질을 가졌다.
- 호르몬 활성 화학물질, 기능적 기형유발성, 그리고 세대 전이 노출의

존재에 대한 과학 및 공중보건 공동체의 일반적인 인식의 결여는 제고되어야 한다. 기능적 결손은 출생시에 보이지 않고 성인이 될 때까지 완전히 드러나지 않기 때문에 종종 의사와 부모, 그리고 규제기구에 의해 무시되며 원인은 결코 밝혀지지 않는다.

6 우리의 예측 능력을 개선시키기 위해서:

- 발생생물학 분야에서 호르몬 반응기관에 대한 좀더 기초적인 연구가 요구된다. 예를 들어 정상적인 반응을 유발하기 위해 요구되는 체내 호르몬의 양이 확정되어야 한다. 종, 기관, 발생단계에 따른 정상 발생의 특정한 생물학적 표지자가 필요하다. 이 정보로 병리적 변화를 일으키는 수준이 확정될 수 있다.
- 인간에 대한 위험을 외삽하기 위해서는 야생동물과 실험실 모델 간의 협동 연구가 요구된다.
- 생태계의 각 포식 수준에서 경계종의 선택이 이 계를 움직이는 화합물의 역동성을 기술하는 동시에 기능적 결손을 관찰하기 위해 필요하다.
- 분자, 세포, 유기체, 집단에 미치는 영향의 범위를 포괄하는 외부 호르몬 저해물질 노출의 결과인 측정 가능한 종식점(생물학적 표지자)이 필요하다. 분자와 세포 수준의 표지자는 기능이상의 조기 감시를 위해 중요하다. 동질효소와 호르몬의 정상적인 수준과 유형이 확정되어야 한다.
- 포유류에서는 배의 화학물질 농도로 외삽할 수 있는 난자, 태아, 신생아, 그리고 성체의 화학물질 농도를 기술하는 신체 화학물질 용량에 기초한 노출 평가가 필요하다. 야생에서 관찰한 것을 실험실에서 반복하는 위험 평가가 필요하다. 결과적으로 특정 반응에 대한 용량 이 실험실에서 결정되고 야생동물 집단에서의 노출 수준과 비교되어야 한다.
- 새끼들의 상대적인 취약성에도 불구하고 안정된 개체수를 유지하는 것처럼 보이는, 이주 종들이 사는 이미 알려진 오염 지역에 매년 흘러들

어가는 오염의 양을 설명하기 위해 좀더 기술적인 현장 연구가 필요하다.

- 여러 가지 이유로 자궁 안에서 DES에 노출된 집단에 대한 재평가가 필요하다. 우선 규제되지 않은 많은 양의 합성 화학물질 유출이 DES의 사용과 일치하기 때문에 원 DES 연구들의 결과는 다른 합성 호르몬 유사물질 노출로 인해 광범위하게 왜곡되었을 수도 있다. 두번째로 태아 시기의 호르몬에 대한 노출은 후에 호르몬에 대한 반응도를 증가시킬 수 있다. 그 결과로 자궁 안에서 DES에 노출된 첫 세대가 출생 전 에스트로겐 화합물에 대한 노출로 인해 더 다양한 암(질, 자궁내벽, 유방, 전립선)에 걸릴 위험이 높은지 여부를 알 수 있는 나이에 도달하고 있다. DES 부작용의 역치가 필요하다. 기록된 가장 적은 용량조차도 질 선암을 일으켰다. 인간 태아의 DES 노출은 환경 내 에스트로겐들로부터의 약한 영향에 대한 조사에 있어 가장 효과적인 모델을 제공한다. 그러므로 자궁 내에서 DES에 노출된 후손들에게서 결정된 생물학적 종식점은 가능한 노출들을 추구하는 인간에 대한 연구를 이끌 것이다.
- 장수하는 인간에 대한 내분비 교란물질의 영향은 단명하는 실험실 동물이나 야생동물에서처럼 쉽게 구별되지 않는다. 그러므로 인간의 생식능력이 감소하고 있는지를 결정하기 위해서는 조기 검출방법이 요구된다. 불임은 커다란 관심사이며 정신적, 경제적인 영향을 미치므로 집단적인 차원에서 뿐 아니라 개인적인 차원에서도 중요하다. 현재도 인간의 생식률을 결정하기 위한 방법들이 이용 가능하다. 새로운 방법들은 간효소계 활성검사, 정자수 검사, 발달 기형 분석, 그리고 조직병리학적 병변 검사들을 많이 이용해야 할 것이다. 이들과 더불어 더욱 다양하고 편리한 사회성과 행동발달의 생 표지자, 개인과 후손들의 세대별 역사, 그리고 모유를 포함하는 생식기 조직과 산물들에 대한 특정 화학 분석들이 수반되어야 한다.

합의문에 서명한 과학자들

Dr. Howard A. Bern
Prof. of Integrative Biology
(Emeritus) and Research
Endocrinologist
Dept. of Integrative Biology and
Cancer Research Lab
University of California
Berkeley, CA

Dr. Phyllis Blair
Prof. of Immunology
Dept. of Molecular and Cell Biology
University of California
Berkeley, CA

Sophie Brasseur
Marine Biologist
Dept. of Estuarine Ecology,
Research
Institute for Nature Management
Texel, The Netherlands

Dr. Theo Colborn
Senior Fellow
World Wildlife Fund, Inc., and
W. Alton Jones Foundation, Inc.
Washington, DC

Dr. Gerald R. Cunha
Developmental Biologist
Dept. of Anatomy
University of California
San Francisco, CA

Dr. William Davis
Research Ecologist
U.S. EPA
Environmental Research Lab
Sabine Island, FL

Dr. Klaus D. Döhler
Director Research
Development and Production
Pharma Bissendorf Peptide GmbH
Hannover, Germany

Mr. Glen Fox
Contaminants Evaluator
National Wildlife Research Center
Environment Canada
Quebec, Canada

Dr. Michael Fry
Research Faculty
Dept. of Avian Science
University of California
Davis, CA

Dr. Earl Gray
Section Chief
Developmental and Reproductive
Toxicology Section
Reproductive Toxicology Branch
Developmental Biology Division
Health Effects Research Laboratory
U.S. EPA
Research Triangle Park, NC

Dr. Richard Green
Prof. of Psychiatry in Residence
Dept. of Psychiatry/NPI
School of Medicine

University of California
Los Angeles, CA

Dr. Melissa Hines
Asst. Prof. in Residence
Dept. of Psychiatry/NPI
School of Medicine
University of California
Los Angeles, CA

Mr. Timothy J. Kubiak
Environmental Contaminants
Specialist
Dept. of Interior
U.S. Fish and Wildlife Service
East Lansing, MI

Dr. John McLachlan
Director, Div. of Intramural
Research
Chief, Laboratory of Reproductive
and Developmental Toxicology
National Institute of
Environmental
Health Sciences
National Institutes of Health
Research Triangle Park, NC

Dr. J.P. Myers
Director
W. Alton Jones Foundation, Inc.
Charlottesville, VA

Dr. Richard E. Peterson
Prof. of Toxicology and
Pharmacology
School of Pharmacy
University of Wisconsin
Madison, WI

Dr. P.J.H. Reijnders
Head, Section of Marine
Mammalogy
Dept. of Estuarine Ecology
Research Institute for Nature
Management
Texel, The Netherlands

Dr. Ana Soto
Associate Prof.
Dept. of Anatomy and Cellular
Biology
Tufts University School of
Medicine
Boston, MA

Dr. Glen Van Der Kraak
Asst. Prof.
College of Biological Sciences
Dept. of Zoology
University of Guelph
Ontario, Canada

Dr. Frederick vom Saal
Prof.
College of Arts and Sciences
Division of Biological Sciences
University of Missouri
Columbia, MO

Dr. Pat Whitten
Asst. Prof.
Dept. of Anthropology
Emory University
Atlanta, GA

주석

1 저주

〈몇 년 동안 대머리독수리들을……〉로 시작되는 문장은 다음을 참조. C. Broley, "The Plight of the American Bald Eagle" *Audubon Magazine* 60:162-63, 171(1958), 그리고 그의 아내, M. Broley, in *Eagleman*, Pellegrini and Cudahy, 1952.

〈수달이 예전처럼……〉은 다음 논문에 근거를 두고 있다. Chris Mason, T. Ford, and N. Last의 "Organochlorine Residues in British Otters" *Bulletin of Environmental Contamination and Toxicology* 36:656-61(1986); C. Mason and S. Macdonald, *Otters: Ecology and Conservation*, Cambridge University Press, 1986.

〈제2차 세계대전 직후의……〉는 다음 논문들을 참조. Richard Aulerich, Robert Ringer, and S. Iwamoto, "Reproductive Failure and Mortality in Mink Fed on Great Lakes Fish" *Journal of Reproduction and Fertility Supplement* 19:365-76(1973).

〈한편, 중서부의 다른 밍크 사육업자도……〉는 다음 문헌에서 인용. D. Dutton, *Worse Than the Disease: Pitfalls of Medical Progress*, Cambridge University Press, 1988.

〈니어아일랜드의 바다갈매기 집단의……〉는 다음에서 인용. Michael Gilbertson과의 사적인 대화, M. Gilbertson, T. Kubiak, J. Ludwig, and G. Fox, "Great Lakes Embryo Mortality, Edema, and Deformities

Syndrome(GLEMEDS) in Colonial Fish–Eating Birds: Similarity to Chick-Edema Disease" *Journal of Toxicology and Environmental Health* 33(4):455–520 (1991).

〈훈련된 눈으로도……〉는 다음 문헌들에 근거를 두고 있다. G. Hunt and M. Hunt, "Female–Female Pairing in Western Gulls(*Larus occidentalis*) in Southern California" *Science* 196:1466–67(1977); M. Conover and G. Hunt, "Female–Female Pairing and Sex Ratios in Gulls: An Historical Perspective" *Wilson Bulletin*, 96(4):619–25(1984); D. Fry and M. Toone, "DDT-Induced Feminization of Gull Embryos" *Science* 213:922–24(1981); G. Fox, S. Teeple, A. Gilman, F. Anderka, and G. Hogan, "Are Lake Ontario Herring Gulls Good Parents?" in *Proceedings of the Fish–Eating Birds of the Great Lakes and Environmental Contaminants Symposium, December 2–3,* 1976, Co-sponsored by the Toxic Chemical Division and Ontario Region, Canadian Wildlife Service, pp. 76–90(1976); Ian Nisbet, North Falmouth, and Jeremy Hatch 사이의 사적인 대화(1994), University of Massachusetts, Boston.

플로리다 악어들에 관한 부분의 출전. A. Woodward, H. Percival, M. Jennings, and C. Moore, "Low Clutch Viability of American Alligators on Lake Apopka" *Florida Science* 56:52–63(1993); L. Guillette, T. Gross, D. Gross, A. Rooney, and H. Percival, "Gonadal Steroidogenesis *In Vitro* from Juvenile Alligators Obtained from Contaminated or Control Lakes" *Environmental Health Perspectives* 103(4):31–36(1995). 이 부분은 또한 Louis Guillette와의 사적인 대화를 통해 보충되었다. University of Florida, Gainesville, 1994–95.

〈역사적으로 가장 큰 규모의……〉는 다음 문헌에 기술된 일련의 사건들과 관계가 있다. R. Dietz, M.-P. Heide-Jørgensen, and T. Härkönen, "Mass Deaths of Harbor Seals(*Phoca vitulina*) in Europe" *Ambio* 18(5):258–264(1989).

〈때때로 먼 바다로 나가는……〉으로 시작하는 부분은 Alex Aguilar와 세계 곳곳에 있는 동료들의 연구를 논하고 있다. A. Aguilar and J. Raga, "The Striped Dolphin Epizootic in the Mediterranean Sea" *Ambio* 22(8):524–28(1993); K. Kannan, S. Tanabe, A. Borrell, A. Aguilar, S. Focardi, and R. Tatsukawa, "Isomer-Specific Analysis and Toxic Evaluation of Polychlorinated

Biphenyls in Striped Dolphins Affected by an Epizootic in the Western Mediterranean Sea" *Archives of Environmental Contamination and Toxicology* 25:227-33(1993); J. Forcada, A. Aguilar, P. Hammond, X. Pastor, and R. Aguilar, "Distribution and Numbers of Striped Dolphins in the Western Mediterranean Sea After the 1990 Epizootic Outbreak" *Marine Mammal Science* 10(2):137-50(1994); and A. Aguilar and A. Borrell, "Abnormally High Polychlorinated Biphenyl Levels in Striped Dolphins (*Stenella coeruleoalba*) Affected by the 1990-1992 Mediterranean Epizootic" *The Science of the Total Environment* 154:237-47(1994).

〈고등학교 학생들도 ……〉는 다음 문헌을 참조. E. Carlsen, A. Giwereman, N. Keiding, and N. Skakkebaek, "Evidence for Decreasing Quality of Semen During Past 50 Years" *British Medical Journal* 305:609-13(1992).

2 대물림 독물

재갈매기에 관한 논문은 다음을 참조. R. Moccia, G. Fox, A. Britton *The Journal of Wildlife Diseases* 22(1):60-70(1986).

〈휙, 또 다른 서류뭉치가……〉로 시작하는 문장에 관한 더 자세한 정보는 다음을 보라. T. Colborn, A. Davidson, S. Green, R. Hodge, C. Jackson, and R. Liroff, *Great Lakes, Great Legacy?*, The Conservation Foundation and the Institute for Research on Public Policy, 1990; and G. Fox, "What Have Biomarkers Told Us About the Effects of Contaminants on the Health of Fish-Eating Birds in the Great Lakes? The Theory and a Literature Review" *Journal of Great Lakes Research* 19(4):722-36(1993).

〈그때 이후로 개선이 되었음은……〉으로 시작하는 다양성의 상실, 빠르게 번식하는 유기체들에 의한 생태계의 과부화에 대한 더 자세한 정보는 다음을 참조. D. Rapport, H. Regier, and T. Hutchinson, "Ecosystem Behavior Under Stress" *The American Naturalist* 125(5):617-38(1985); H. Regier and G. Baskerville, "Sustainable Redevelopment of Degraded Ecosystems" in *Sustain-*

able Development of the Biosphere, W. Clark and R. Munn, eds., Cambridge University Press, 1986. DDT 사용이 금지된 후 오대호뿐 아니라 미국 전역에서 이중볏가마우지의 폭발적 증가는 다른 보다 민감한 종들이 과거에 점유했던 니체(niche)를 채우는 잡초와 같은 종의 한 예이다. 〈그녀는 이미……〉는 캐나다의 여론 조사, 그리고 National Research Council of the United States와 The Royal Society of Canada의 보고서 "The Great Lakes Water Quality Agreement: An Evolving Instrument for Ecosystem Management" 1985에 근거를 두고 있다.

〈스미스소니언 연구소에서 온……〉은 다음 논문들을 참조. P. Baumann and J. Harshbarger, "Frequencies of Liver Neoplasia in a Feral Fish Population and Associated Carcinogens" *Marine Environmental Research* 17:324-27(1985); J. Black, "Epidermal Hyperplasia and Neoplasia in Brown Bullheads(*Ictalurus nebulosus*) in Response to Repeated Applications of a PAH Containing Extract of Polluted River Sediment" in *Polynuclear Aromatic Hydrocarbons: Seventh International Symposium on Formation, Metabolism and Measurement*, M. Cooke and A. Dennis, eds., Battelle, 1982, pp. 99-111; A. Maccubbin, P. Black, L. Trzeciak, and J. Black, "Evidence for Polynuclear Aromatic Hydrocarbons in the Diet of Bottom-Feeding Fish" *Bulletin of Environmental Contamination and Toxicology* 34:876-82(1985).

〈스웨덴 환경보전위원회 해양독물학연구소의……〉는 B.-E. Bengtsson에 의한 토론토 회합 기조 연설. 자세한 정보는 다음을 참조. B.-E. Bengtsson, A. Bergman, I. Brandt, C. Hill, N. Johansson, A. Södergren, and J. Thulin, "Reproductive Disturbances in Baltic Fish: Research Programme for the Period 1994/95 to 1997/98" Swedish Environmental Protection Agency, 1994; and L. Norrgren, "Report from the Uppsala Workshop on Reproduction Disturbances in Fish" Report #4346, Swedish Environmental Protection Agency, Research and Development Department, 1994.

〈폭스와 동료들은 특히……〉 뒤의 문장은 1장에 남부 캘리포니아 채널 제도의 사례에 대한 좀더 자세한 설명이 나와 있다.

〈다른 연구자들에 의한 초기의 실험은……〉은 다음 자료들을 보라. D.

Fry, C. Toone, S. Speich, and R. Peard, "Sex Ratio Skew and Breeding Patterns of Gulls: Demographic and Toxicological Considerations" *Studies in Avian Biology* 10:26-43(1987); and T. Kubiak, H. Harris, L. Smith, T. Schwartz, D. Stalling, J. Trick, L. Sileo, D. Docherty, and T. Erdman "Microcontaminants and Reproductive Impairment of the Forste's Tern on Green Bay, Lake Michigan-1983" *Archives of Environmental Contamination and Toxicology* 18:706-27(1989).

〈폭스와 다른 이들은……〉은 다음에서 인용. G. Fox, A. Gilman, D. Peakall, F. Anderka, "Behavioral Abnormalities of Nesting Lake Ontario HerringGulls" *Journal of Wildlife Management* 42(3): 477-83(1978).

〈동성애 갈매기〉(〈콜본이 두번째로……〉로 시작하는 문장)에 대한 언급은 J. Diamond, "Goslings of Gay Geese" *Nature* 340:101(1989)에서 인용. 이 논문에서 다이아몬드는 여성-여성 커플이 1950년대 이전에는 보고된 적이 없음을 지적하였다.

여기서 언급한 내분비학 교과서는 G. Hedge, H. Colby, and R. Goodman, *Clinical Endocrine Physiology*, W.B. Saunders, 1987.

〈콜본은 합성 화학물질에 노출된……〉은 다음의 보고들에서 인용. G. Fein, J. Jacobson, S. Jacobson, P. Schwartz, and J. Dowler, "Prenatal Exposure to Polychlorinated Biphenyls: Effects on Birth Size and Gestational Age" *Journal of Pediatrics* 105(2):315-20(1984); S. Jacobson, G. Fein, J. Jacobson, P. Schwartz, and J. Dowler, "The Effect of Intrauterine PCB Exposure on Visual Recognition Memory" *Child Development* 56:853-60(1985); J. Jacobson, S. Jacobson, and J. Humphrey, "Effects of In Utero Exposure to Polychlorinated Biphenyls and Related Contamination on Cognitive Functioning in Young Children" *Journal of Pediatrics* 116:38-45(1990); and J. Jacobson, S. Jacobson, and H. Humphrey, "Effects of Exposure to PCBs and Related Compounds on Growth and Activity in Children" *Neurotoxicology and Teratology* 12:319-26(1990).

모유에서 발견되는 화학물질들에 대한 포괄적인 이해를 위해서는 다음을 보라. A. Jensen and S. Slorach, *Chemical Contaminants in Human Milk*, CRC

Press, 1991. 또한 다음을 보라. K. Thomas and T. Colborn, "Organochlorine Endocrine Disruptors in Human Tissue" in *Chemically Induced Alterations in Sexual and Functional Development: The Wildlife-Human Connection*, T. Colborn and C. Clement, eds., Princeton Scientific Pubishing, 1992, pp. 365-94.

〈물론, 이 각각의……〉는 생물 증폭의 문제를 논한다. 다음을 참조. D. Hallett, and R. Sonstegard, "Coho Salmon(*Oncorhynchus Kisutch*) and Herring Gulls(*Larus arentatus*) as Indicators of Organochlorine Contamination in Lake Ontario" *Journal of the Fisheries Research Board of Canada* 35(11)1401-1409(1978). 이 저자들은 PCB가 온타리오 호의 물에서 재갈매기에 이르는 동안 2천5백만 배로 증폭된다는 사실을 보고하였다.

이 장의 기초자료는 Darrell Piekarz와의 계약하에 콜본의 보고서를 사용하였다. Environment Canada, Conservation and Protection, Environmental Interpretation Division, Ottawa, Canada, "The Great Lakes Toxics Working Paper" Contract Number: KE144-7-6336, April 19, 1998.

3 화학적 메신저

이 장의 주제들을 보다 깊이 추구하고자 하는 독자들을 위해 다음을 추천한다. F. vom saal, "The Intrauterine Position Phenomenon: Effects on Physiology, Aggressive Behavior, and Population Dynamics in House Mice" in *Biological Perspectives on Aggression*, K. Flannelly, R. Blanchard, and D. Blanchard, eds. (no. 169 in a series entitled *Progress in Clinical Biology Research*); Liss, 1984, pp. 135-79; F. vom Saal, " Sexual Differentiation in Litter Bearing Mammals: Influence of Sex of Adjacent Fetuses in Utero" *Journal of Animal Science* 67:1824-40(1989); and, F. vom Saal, M. Montano and M. Wang, "Sexual Differentiation in Mammals" in *Chemically Induced Alterations in Sexual and Functional Development: The Wildlife-Human Connection*, T. Colborn and C. Clement, eds., Princeton Scientific Publishing, 1992, pp. 17-83.

〈이 자매들은 생식주기에 있어서도 ……〉는 다음을 참조. F. vom Saal and F. Bronson, "Sexual Characteristics of Adult Female Mice Are Correlated with Their Blood Testosterone Levels During Prenatal Development" *Science* 208:597-99(1980).

〈그렇지만 그렇게 성급하면 안 된다고……〉는 다음에 근거를 둠. 자궁내 위치현상에 대한 vom Saal의 논문과 J. Vandenbergh, "Regulation of Puberty and Its Consequences on Population Dynamics of Mice" *American Zoologist* 27:891-98(1987).

〈맥마스터 대학의 머티스……〉는 다음 기사에서 인용. Science Section of the *New York Times*, Tuesday, March 31, 1992, "Prenatal Womb Position and Supermasculinity" 여기서 몽골리안 게르베르스 쥐를 가지고 연구했던 베네트 갈레프와 동료들은 〈우리가 살펴본 거의 모든 것들이 자궁 내에서의 위치에 따라 행동학적인 영향을 받았다〉고 말한 것으로 나와 있다. 자세한 것은 다음 논문을 참조. M. Clark, P. Karpiuk, and B. Galef, "Hormonally Mediated Inheritance of Acquired Characteristics in Mongolian Gerbils" *Nature* 364:712(1993).

〈흥미 있게도 어떤 연구는……〉은 다음을 참조. F. vom Saal, D. Quadagno, M. Even, L. Keisler, D. Keisler, and S. Khan, "Paradoxical Effects of Maternal Stress on Fetal Steroids and Postnatal Reproductive Traits in Female Mice from Different Intrauterine Positions" *Biology of Reproduction* 43:751-61(1990).

〈원인이 무엇이든……〉은 다음을 참조. D. McFadden, "A Masculinizing Effect on the Auditory Systems of Human Females Having Male Co-Twins" *Proceedings of the National Academy of Science* 90:11900-11904(1993).

〈예쁜 동생과 못생긴 언니 사이의……〉에서 언급한 계산 결과는 표준 약품 점적기에 의한 것이다.

〈여성 태아에서……〉로 시작되는 문장의 자세한 정보를 얻기 위해서는 다음을 보라. F. vom Saal, C. Finch, and J. Nelson, "Natural History and Mechanisms of Reproductive Aging in Humans, Laboratory Rodents, and Other Selected Vertebrates" in *The Physiology of Reproduction*, 2nd ed., E. Knobil and J. Neill, eds., Plenum, 1994, pp. 1213-1314.

〈이 중요한 시기에 잘못된……〉은 Charles Phoenix를 인용하였다. 그는 Robert Goy와 공동으로 연구하였다. 다음을 보라. C. Phoenix, R. Goy, A. Gerall, and W. Young, "Organizing Action of Prenatally Administered Testosterone Propionate on the Tissues Mediating Mating Behavior in the Female Guinea Pig" *Endocrinology* 65:369-82(1959).

성분화에 대한 더 자세한 정보를 얻으려면 다음을 참조. *Behavioral Endocrinology*, J. Becker, S. Marc, and D. Crews, eds., MIT Press, 1993; and S. LeVay, *The Sexual Brain*, MIT Press, 1993.

4 호르몬 대참사

〈처음부터 이 경고들은……〉은 다음의 연구를 기술한 것이다. R. Greene, M. Burrill, and A. Ivy, "Experimental Intersexuality: The Paradoxical Effects of Estrogens on the Sexual Development of the Female Rat" *Anatomical Record* 74(4):429-38(1939); and R. Greene, M. Burrill, and A. Ivy, "Experimental Intersexuality: Modification of Sexual Development of the White Rat with a Synthetic Estrogen" in *Proceedings of the Society for Experimental Biology and Medicine* 41:169-70(1939).

〈이 주의해야 할 증거는……〉으로 시작하는 문장에 대한 더 깊이 있는 독서를 하려면 다음을 보라. D. Dutton, *Worse Than the Disease: Pitfalls of Medical Progress*, Cambridge University Press, 1988.

〈노스웨스턴 대학의 흰쥐를 이용한……〉은 1994년 5월 5일 John McLachlan과의 대화에서 인용하였다. 그는 당시에 Laboratory of Reproductive and Developmental Toxicology, National Institute of Environmental Health Sciences의 책임자였다.

〈유럽과 오스트레일리아의 의사들이……〉는 다음을 참조. Insight Team of the *Sunday Times* of London, *Suffer the Children: The Story of Thalidomide*, Viking, 1979.

〈훗날의 DES 사례에서처럼 ……〉도 Insight Team's book을 참조한다.

〈보통 사람들에게는 ……〉은 다음을 참조. "The Full Story of the Drug Thalidomide" *Life* magazine, August 10, 1962.

〈그것이 그토록 드문 암이 아니었고……〉는 이미 언급한 1994년 5월 5일 John McLachlan과의 대화를 통해 더욱 확신하게 되었다.

〈DES 비극의 가장 고통스런 측면은 ……〉은 다음을 참조. W. Dieckmann, M. Davis, L. Rynkiewicz, and R. Pottinger, "Does the Administration of Diethylstilbestrol During Pregnancy Have Therapeutic Value?" *American Journal of Obstetrics and Gynecology* 66(5):1062(1953); and Y. Brackbill and H. Berendes, "Dangers of Diethylstilbestrol: Review of a 1953 Paper" a letter in *Lancet* 2:520(1978).

〈보스턴 매사추세츠 종합병원에서 암 증례가……〉는 D. Dutton의 책을 참조.

〈울펠더는 어떻게 이것이 가능한지 ……〉는 다음 책의 한 장면을 기술. R. Meyers, *D.E.S.: The Bitter Pill*, Seaview/Putnam, 1983, pp.93-94.

그 뒤의 문장은 다음을 인용. A. Herbst, H. Ulfelder, and D. Poskanzer, "Adenocarcinoma of the Vagina: Association of Maternal Stilbestrol Therapy with Tumor Appearance in Young Women" *New England Journal of Medicine* 284:878-81(1971). DES 비극을 밝혀내는 데 귀중한 역할을 한 Herbst는 DES 후손들의 의학적 문제들을 여전히 추적하고 있다.

〈매사추세츠 종합병원의 팀이 보고한 DES와 ……〉는 다음을 참조. T. Dunn and A. Green, "Cysts of the Epididymis, Cancer of the Cervix, Granular Cell Myoblastoma, and Other Lesions After Estrogen Injection in Newborn Mice" *Journal of the National Cancer Institute* 31:425-38(1963); A. Herbst and H. Bern, eds., *Developmental Effects of Diethylstibestrol(DES) in Pregnancy*, Thieme-Stratton, 1981, p. 1; and N. Takasugi and H. Bern, "Tissue Changes in Mice with Persistent Vaginal Cornification Induced by Early Postnatal Treatment with Estrogen" *Journal of the National Cancer Institute* 33:855-65(1964).

〈오래전에 이 그룹은……〉은 다음을 참조. R. Newbold and J. McLachlan, "Vaginal Adenosis and Adenocarcinoma in Mice Exposed Prenatally or Neonatally to Diethylstibestrol" *Cancer Research* 42:2003-11(1982).

〈맥래츨런과 동료들은……〉은 다음을 인용하였다. J. McLachlan, R. Newbold, and B. Bullock, "Reproductive Tract Lesions in Male Mice Exposed Prenatally to Diethylstilbestrol" *Science* 190:991-92(1975).

〈그들에게서 주목할 만한 암은……〉은 다음을 참조. W. Gill, "Effects on Human Males of *In-Utero* Exposure to Exogenous Sex Hormones" in *Toxicity of Hormones in Perinatal Life*, T. Mori and H. Nagasawa, eds., CRC Press, 1988, pp.162-74.

〈릭은 그의 예감을……〉은 다음을 인용. B. Tilley, A. Barnes, E. Bergstralh, D. Labarthe, K. Noller, T. Colton, and E. Adam, "A Comparison of Maternal History Recall and Medical Records: Implications for Retrospective Studies" *American Journal of Epidemiology*, 121(2):269-81(1985).

〈프리드먼은 그의 어머니의 의무기록을……〉은 다음 논문에서 언급한 좌절을 기술하고 있다. D. Schottenfeld, M. Warshauer, S. Sherlock, A. Zauber, M. Leder, and R. Payne, "The Epidemiology of Testicular Cancer in Young Adults" *American Journal of Epidemiology*, 112(2):232-46(1980).

〈탈리도마이드의 경우에서처럼……〉으로 시작되는 문장의 보다 자세한 정보를 얻으려면 다음을 보라. C. Orenberg, *D.E.S.: The Complete Story*, St. Martin's, 1981, pp.46-47.

〈생쥐의 면역계에 대한 연구에서……〉는 면역계 내에서 전체 백혈구 무리의 일부인 T cell에 관해 논하고 있다. T cell은 흉선에서 분화하기 때문에 그런 이름이 붙었다. 반면 다른 면역세포들은 태아의 간, 비장, 그리고 성인의 골수에서 생성된다. T cell의 기능은 바이러스와 다른 이물질에 대한 방어의 최전선에서 싸우는 것이며 그 중에 자연살해세포(NK cell)는 바이러스가 침입하였거나 암성 변화를 일으킨 세포를 살해한다.

〈DES에 노출된 쥐에서……〉를 읽은 뒤 독자는 다음을 참고할 수 있다. I. Palmlund, R. Apfel, S. Buitendijk, A. Cabau, and J. Forsberg, "Effects of Diethylstilbestrol (DES) Medication During Pregnancy: Report From a Symposium at the 10th International Congress of ISPOG" *Journal of Psychosomatic Obstetrical Gynaecology* 14:71-89(1993). 이 문장은 또한 DES에의 출생 전 노

출과 류머트열과의 연관 가능성을 언급하고 있다. 자세한 정보를 위해서는 다음을 보라. P. Blair, "Immunologic Studies of Woman Exposed *In Utero* to Diethylstilbestrol" in *Chemically Induced Alterations in Sexual and Functional Development: The Wildlife-Human Connection*, T. Colborn and C. Clement, eds., Princeton Scientific Publishing, 1992, pp.289-93; and P. Blair, K. Noller, J. Turiel, B. Forghani, and S. Hagens, "Disease patterns and Antibody Responses to Viral Antigens in Woman Exposed *In Utero* to Diethylstilbestrol" in *Chemically Induced Alterations*, pp.283-88. 또 다음을 보라. D. Wingard and J. Turiel, "Long-Term Effects of Exposure to Diethylstilbestrol" *Journal of Western Medicine* 149:551-54(1988).

〈동물 연구는 인간에서의……〉 뒤에 이어지는 문장의 상당 부분은 주로 다음을 참조하였다. M. Hines, "Surrounded by Estrogens? Considerations for Neurobehavioral Development in Human Beings" in *Chemically Induced Alterations*, pp.261-81.

프로게스테론이나 테스토스테론 등도 DES와 같은 목적으로 사용되고 있으나 그 후손에게 미치는 영향이 주의 깊게 연구된 적은 없다.

5 불임이 되는 50가지 방법

〈이 화합물의 등장 이후……〉는 다음을 참조. H. Burlington and V. Lindeman, "Effect of DDT on Testes and Secondary Sex Characters of White Leghorn Cockerels" *Proceedings of the Society for Experimental Biology and Medicine* 74:48-51(1950).

〈몸에는 수백 종의 서로 다른……〉은 National Institutes of Environmental Health Science에서 연구한 고아 수용기를 논하고 있다. 다음을 보라. J. McLachlan, R. Newbold, C. Teng, and K. Korach, "Environmental Estrogens: Orphan Receptors and Genetic Imprinting" in *Chemically Induced Alterations in Sexual and Functional Development: The Wildlife-Human connection*, T. Colborn and C. Clement, eds., Princeton Scientific

Publishing, 1992, pp. 107–12.

〈그들은 자물쇠와 열쇠처럼……〉은 호르몬 결합 메커니즘을 기술하고 있다. 다음을 보라. K. Korach, P. Sarver, K. Chae, J. McLachlan, and J. McKinney, "Estrogen Receptor–Binding Activity of Polychlorinated Hydroxybiphenyls: Conformationally Restricted Structural Probes" *Molecular Pharmacology* 33:120–26(1987); and J. McLachlan, "Functional Toxicology: A New Approach to Detect Biologically Active Xenobiotics" *Environmental Health Perspectives* 101(5):386–87(1993).

태아의 민감성에 관한 더 깊은 정보를 원하는 이들에게는 다음을 추천한다. H. Bern, "The Fragile Fetus" in *Chemically Induced Alterations*, pp.9–15.

〈서로 다른 동물의 호르몬 수용기를……〉은 다음을 참조. A. Salhanick, C. Vito, and T. Fox, "Estrogen-Binding Proteins in the Oviduct of the Turtle, *Chrysemys picta*: Evidence for a Receptor Species" *Endocrinology*, 105(6):1388–95(1979).

〈1940년대 초반은……〉으로 시작되는 문장에서 묘사한 오스트레일리아 양들에게 일어난 사건의 출전은 H. Bennetts, E. Underwood, and F. Shier, "A Specific Breeding Problem of Sheep on Subterranean Clover Pastures in Western Australia" *Australian Veterinary Journal* 22:2–12 (1946); Norman Adams와의 개인적인 대화, CSIRO Division of Animal Production, PO Wembley, Australia, and N. Adams, "Organizational and Activational Effects of Phytoestrogens on the Reproductive Tract of the Ewe" (in press).

〈놀랍게도 식물의 진화는 도드가 연구실에서 DES를……〉은 다음에 근거를 두고 있다. K. Setchell, "Naturally Occurring Non–Steroidal Estrogens of Dietary Origin" in *Estrogens in the Environment II: Influences on Development*, J. McLachlan, ed., Elsevier, 1985; and R. Bradbury and D. White, "Estrogens and Related Substances in Plants" *Vitamins and Hormones* 12:207–33(1954).

〈그런 방어전략으로 인해 ……〉는 다음을 참조. C. Hughes, "Phytochemical Mimicry of Reproductive Hormones and Modulation of Herbivore Fertility by Phytoestrogens" *Environmental Health Perspectives* 78:171–75(1988).

〈고전 문헌을 통해 보건대……〉는 다음을 논하고 있다. J. M. Riddle, *Contraception and Abortion from the Ancient World to the Renaissance*, Harvard University Press, 1994.

〈이 질문에 대한 ……〉은 Pat Whitten의 연구를 인용. 다음을 보라. P. Whitten, "Chemical Revolution to Sexual Revolution: Historical Changes in Human Reproductive Development" in *Chemically Induced Alterations*, pp. 311-34; P. Whitten and F. Naftolin, "Effects of a Phytoestrogen Diet on Estrogen-Dependent Reproductive Processes in Immature Female Rats" *Steroids* 57:56-61(1992); P. Whitten, E. Russell, and F. Naftolin, "Effects of a Normal, Human-Concentration, Phytoestrogen Diet on Rat Uterine Growth" *Steroids* 57:98-106(1992); and P. Whitten, C. Lewis, and F. Naftolin, "A Phytoestrogen Diet Induces the Premature Anovulatory Syndrome in Lactationally Exposed Female Rats" *Biology of Reproduction* 49:1117-21(1993).

〈화학공장의 노동자들이 ……〉는 다음 발견을 참조. P. Guzelian, "Fourteen Workers Exposed to Pesticide Kepone Are Probably Sterile, Researchers Report" *Occupational Health and Safety Letters* 6:2(1976).

〈오늘날 연구자들은……〉은 다음을 참조. T. Colborn, F. vom Saal, and A. Soto, "Developmental Effects of Endocrine-Disrupting Chemicals in Wildlife and Humans" *Environmental Health Perspectives* 101(5):378-84(1993). 또한 이 문장은 이 책에서 여러 번 강조하게 될 세 종의 합성 화학물질들을 소개한다. PCB, 다이옥신, 그리고 퓨란이다. 공통적인 화학구조로 인해 이 족에 속하게 된 화학물질들은 염소 원자의 배치에서 차이가 있다. 이들은 동종 화합물이다. 다이옥신들 중에서 그 독성 때문에 가장 유명해진 2,3,7,8-TCDD가 일반적으로 〈다이옥신〉이라 불린다. 다른 종류의 다이옥신, 퓨란, PCB족에 속한 것들은 그 화학구조에 따라 이름을 붙인다. 퓨란족은 그 구조상 다이옥신과 유사하나 독성이 낮다.

〈호르몬 저해 화학물질에 대한……〉은 현재는 유독성으로 알려졌으나 오랫동안 적절한 검사 방법이 없었던 문제에 관해 언급하고 있다. 다음을 보라. A. Murk, J. van den Berg, J. Koeman, and A. Brouwer, "The Toxicity of Tetrachlorobenzyltoluenes (Ugilec 141) and Polychlorobiphenyls (Aroclor 1254 and PCB-77) Compared in Ah-Responsive and Ah-Nonresponsive Mice" *Environmental Pollution* 72:57-67(1991). 이 연구에서 연구자들은 PCB를 대치한 독일의 대체물질인 Ugilec 141이 라인 강 물고기의 체내에 축적되며 PCB만큼이나 유독함을 발견하였다. 이것은 법의학적 분석을 적용하지 않았더라면 발견되지 못했을 것이다. 종래의 검사는 물고기에서 이 제품을 무시했다.

〈호르몬 저해 화학물질의 수가 쌓일수록……〉을 읽을 때면 1993년에는 내분비계나 생식기계에 대한 영향이 있는 화학물질이 51종이었으나 이미(1995년) 그 수가 증가하였음을 명심하라.

〈어떤 과학자들은……〉으로 시작하는 부분은 U.S. Environmental Protection Agency's Health Effects Research Laboratory의 생식독물학자 그룹의 연구에 상당 부분을 의지하고 있다. 다음을 보라. L. Gray, J. Ostby, and W. Kelce, "Developmental Effects of an Environmental Antiandrogen: The Fungicide Vinclozolin Alters Sex Differentiation of the Male Rat" *Toxicology and Applied Pharmacology* 129:46-52 (1994); and W. Kelce, C. Stone, S. Laws, L. Gray, J. Kemppainen, and E. Wilson, "Persistent DDT Metabolite *p, p'*-DDE is a Potent Androgen Receptor Antagonist" *Nature* 375:581-85(1995).

6 지구의 종말

북극곰의 자연사와 행동에 대한 기술은 다음에서 인용. I. Stirling, *Polar Bears*, University of Michigan Press, 1988; and Thor Larsen, "Polar Bear Denning and Cub Production in Svalbard, Norway" *Journal of Wildlife Management* 49(2):320-26(1985).

〈다른 연구자들이 이미 알아낸 것을……〉은 다음에 근거를 두고 있다. Associated Press report by Doug Mellgren, "Norwegian Researchers Fear PCBs Threaten Polar Bears' Fertility" January 4, 1993.

〈어떤 스발바르 곰들은……〉은 다음을 참조. G. Norheim, J. Skaare, and Ø. Wiig, "Some Heavy Metals, Essential Elements, and Chlorinated Hydrocarbons in Polar Bear *(Ursus maritimus)* at Svalbard" *Environmental Pollution*

77(1):51-57(1992).

〈PCB가 어떻게 ……〉는 다음에서 정의한 〈잔류〉라는 용어를 사용한다. U.S. and Canadian International Joint Commission in their Sixth Biennial Report on Great Lakes Water Quality, 1992: "Any toxic substance with a half-life in water of greater than eight weeks." (p. 26) 그들은 그 정의가 물, 공기, 갯벌, 흙, 생물상 등 모든 매질에 적용될 수 있다고 추천한다.

〈PCB가 광범위한 오염물질이라는……〉은 다음을 참조. "Report of a New Chemical Hazard" a news item in *New Scientist* 32:612(1996).

〈상상적인 우리의 PCB 분자……〉는 PCB 153을 소개한다. 다음은 PCB 153의 성질을 자세히 기술하고 있는 문헌들이다. L. Hansen, "Environmental Toxicology of Polychlorinated Biphenyls" *Polychlorinated Biphenyls (PCBs): Mammalian and Environmental Toxicology*, S. Safe, ed., Springer-Verlag, 1987, pp. 15-48; D. Ness, S. Schantz, J. Moshtaghian, and L. Hansen, "Effects of Prenatal Exposure to Specific PCB Congeners on Thyroid Hormone Concentrations and Thyroid Histology in the Rat" *Toxicology Letters* 68:311-23(1993) [PCB 153에 노출된 어미에서 태어난 생쥐들은 갑상선 호르몬을 적게 생산했다. 또한 노출되지 않은 생쥐들보다 뇌와 몸무게가 적었고, 간이 컸다.]; and B. Bush, A. Bennett, and J. Snow, "Polychlorobiphenyl Congeners, *p,p'*-DDE, and Sperm Function in Humans" *Archives of Environmental Contamination and Toxicology* 15:333-41(1986) [이 연구에서, 3개의 PCB 족(153, 138, and 114)은 정자수가 1밀리리터당 2천만 개보다 적은 남성의 정자 운동력과 반비례하였다.]

〈상상적인 우리의 PCB 분자……〉로 시작하는 문장은 다음 기록에서 인용. Federal Civil Action 1:92-CV-2137: *Robert K. Joiner and Karen P. Joiner v. General Electric Company, Westinghouse Electric company, and Monsanto company*: Deposition of retired Monsanto employee William B. Papageorge, July 22, 1993.

〈전신주의 사방에 붙어 있는……〉은 다음 이들과의 대화에 근거를 두고 있다. 몬산토 공공 정보 센터의 Diane Herndon과 기타 공무원들, 1940년에서 1980년대 중반까지 매사추세츠 주 피츠필드의 GE사 변압기 공장에서 근무한

엔지니어 Edward Bates, Jr.의 귀중한 도움으로 우리는 피츠필드의 GE사 제조공장에서 아로클로가 어떻게 사용되었는지를 상세히 재구성할 수 있었다. 그렇게 오랜 시간이 흐른 뒤에는 자세한 사항 중의 일부는 알아내기 불가능한 법이다.

〈몇 시간이 지나 ……〉는 다음에서 제시한 생물축적을 기술한다. S. Hooper, C. Pettigrew, and G. Sayler, "Ecological Fate, Effects and Prospects for the Elimination of Environmental Polychlorinated Biphenyls (PCBs)" *Environmental toxicology and Chemistry* 9:655–67 (1990).

〈곧 이 노른자를 먹은……〉으로 시작하는 문장에서는 많은 종들처럼 미국뱀장어의 감소에 대한 우려를 묘사하고 있다. 세인트로렌스 강에 있는 미국뱀장어의 상태에 대한 광범위한 자료는 다음을 보라. M. Castonguay, P. Hodson, C. Couillard, M. Eckersley, J-D. Dutil, and G. Verreault, "Why Is Recruitment of the American Eel, *Anguilla rostrata*, Declining in the St. Lawrence River and Gulf?" *Canadian Journal of Fisheries and Aquatic Sciences* 51:479–88(1994).

〈뱀장어 시체는 ……〉으로 시작하는 문장은 다음에 근거를 두었다. H. Iwata, S. Tanabe, N. Sakai, and R. Tatsukawa, "Distribution of Persisten Organochlorines in Oceanic Air and Surface Seawater and the Role of Ocean in Their Global Transport and Fate" *Environmental Science and Technology* 27(6):1080–98(1993); F. Wania and D. Mackay, "Global Fractionation and Cold Condensation of Low Volatility Organochlorine Compounds in Polar Regions" *Ambio* 22(1):10–18(1993); and M. Oehme, "Further Evidence for Long-range Air Transport of Polychlorinated Aromates and Pesticides: North American and Eurasia to the Arctic" *Ambio* 20(7):293–97(1991).

〈회록색 바닷물은 ……〉은 다음의 정보에 의존하였다. D. Muir, R. Norstrom, M. Simon, "Organochlorine Contaminants in Arctic Marine Food Chains: Accumulation of Specific Polychlorinated Biphenyls and Chlordane-Related Compounds" *Environmental Science and Technology* 22(9):1071-79, (1988) 그리고 1995년 Derek Muir와의 사적 대화.

〈출생 전 노출이 가장 큰 위험으로……〉는 모유에 대한 우려를 제기한다.

다음을 보라. A. Smith, "Infant Exposure Assessment for Breast Milk Dioxins and Furans Derived from Waste Incineration Emissions" *Risk Analysis* 7(3):347-53(1987).

〈이 모유의 오염은……〉은 다음의 연구를 반영한다. É. Dewailly, A. Nantel, J. Weber, and F. Meyer, "High Levels of PCBs in Breast Milk of Inuit Women from Arctic Quebec" *Bulletin of Environmental Contamination and Toxicology* 43:641–46 (1989); É. Dewailly, P. Ayotte, S. Bruneau, C. LaLiberté, D. Muir, and R. Norstrom, "Human Exposure to Polychlorinated Biphenyls Through the Aquatic Food Chain in the Arctic" Dioxin '93: 13th International Symposium on Chlorinated Dioxins and Related Compound, Vienna, September 1993, 14:173-75(1993); and D. Kinloch, H. Kuhnlein, and D. Muir, "Inuit Foods and Diet: A Preliminary Assessment of Benefits and Risks" *The Science of the Total Environment* 122:247-78(1992).

북극 지역에서의 잔류 화학물질 노출에 관한 가장 걱정스런 정보는 다음 문헌에 나와 있을 것이다. D. Gregor, A. Peters, C. Teixeira, N. Jones, and C. Spencer, "The Historical Residue Trend of PCBs in the Agassiz Ice Cap, Ellesmere Island, Canada" *The Science of the Total Environment* 160/161:117-26(1995). 저자들은 북극에서 500마일 떨어져 그린랜드의 서쪽에 있는 엘즈미어 섬에서 1963-1993년에 PCB의 평균 농도에 어떤 변화도 없음을 발견하였다. PCB-153은 이 연구에서 조사한 PCB족 화합물들 중 하나였다.

7 단 한 방

〈몇 개월 뒤 그런 의심들은……〉에 대한 더 자세한 정보는 다음을 보라. R. Peterson, R. Moore, T. Mably, D. Bjerke, and R. Goy, "Male Reproductive System Ontogeny: Effects of Perinatal Exposure to 2,3,7,8-Tetrachlorodibenzo-*p*-dioxin" in *Chemically Induced Alterations in Sexual and Functional Development: The Wildlife-Human Connection*, T. Colborn and C. Clement, eds., Princeton Scientific Publishing, 1992, pp. 175-93.

다이옥신(2,3,7,8-TCDD로 간단히 알려져 있다)에 관해 좀더 자세히 알고자 하는 일반 독자들은 다음 문헌을 참고하라. "Putting the Lid on Dioxins: Protecting Human Health and the Environment" a joint report by Physicians for Social Responsibility and the Environmental Defense fund, 1994. 과학적인 수련을 받은 사람들에게 우리는 다음을 추천한다. 6권으로 된 External Review Draft Dioxin Reassessment, released by the U.S. Environmental Protection Agency's Office of Research and Development in June 1994, EPA/600/BP-92/001; S. Safe, "Comparative Toxicology and Mechanism of Action of Polychlorinated Dibenzo-*p*-dioxins and Dibenzofurans" *Annual Review of Pharmacology and Toxicology* 26:371-99(1986); and S. Safe, "Polychlorinated Biphenyls(PCBs), Dibenzo-*p*-dioxins(PCDDs), Dibenzofurans (PCDFs), and Related Compounds: Environmental and Mechanistic Considerations Which Support the Development of Toxic Equivalency Factors(TEFs)" *Critical Reviews in Toxicology* 21(1):51-88(1990).

이 장에 나와 있는 다이옥신 오염물질의 생산과 판매에 관한 추정치는 다음 문헌에서 인용하였다. "Veterans and Agent Orange: Health Effects of Herbicides Used in Vitenam" Institute of Medicine, National Academy of Sciences, 1993; M. Gough, *Dioxin, Agent Oragne: The Facts*, Plenum, 1986; and "The Health Risks of Dioxin" hearing before the Human Resources and Intergovernmental Relations Subcommittee of the Committee on Government Operations, House of Representatives, June 10, 1992.

세베소 사건 이후의 암 발생 연구에 흥미를 갖게 된 독자들에게는 다음을 추천한다. P. Bertazzi, A. Pesatori, D. Consonni, A. Tironi, M. Landi, and C. Zocchetti, "Cancer Incidence in a Population Accidentally Exposed to 2,3,7,8-Tetrachlorodibenzo-*para*-dioxin" *Epidemiology* 4(5):398-406(1993). 더 깊이 있는 정보를 위해서는 다음을 보라. A. Pesatori, D. Consonni, A. Tironi, C. Zocchetti, and P. Bertazzi, "Cancer in a Young Population in a Dioxin-Contaminated Area" *International Journal of Epidemiology* 22(6):1010-13 (1993); and P. Bertazzi, C. Zocchetti, A. Pesatori, S. Guercilena, M. Sanarico, and L. Radice, "Ten-Year Mortality Study of the Population

Involved in the Seveso Incident in 1976" *American Journal of Epidemiology* 129(6):1187-1200(1989). The Pesatori et al., 1993, study revealed and increase in thyroid cancer, which, as the authors state, is consistent with "experimental findings and previous observations in humans" (p. 1010)

〈타임스 비치 사례의 경우……〉는 다음을 참조. G. Smoger, P. Kahn, G. Rodgers, S. Suffin, and P. McConnachie, "*In Utero* and Postnatal Exposure to 2,3,7,8-TCDD in Times Beach, Missouri: 1. Immunological Effects: Lymphocyte Phenotype Frequencies" Dioxin '93: 13th International Symposium on Chlorinated Dioxins and Related Compounds, Vienna, September 1993; and D. Cantor, G. Holder, W. Cantor, P. Kahn, G. Rodgers, G. Smoger, W. Swain, H. Berger, and S. Suffin, "*In Utero* and Postnatal Exposure to 2,3,7,8-TCDD in Times Beach, Missouri: 2. Impact on Neurophysiological Functioning" Dioxin '93.

〈다이옥신에 대한 EPA의 재평가는……〉은 다음을 참조. L. Gray and J. Ostby, "*In Utero* 2,3,7,8-Tetrachlorodibenzo-*p*-dioxin(TCDD) Alters Reproductive Morphology and Function in Female Rat Offspring" *Toxicology and Applied Pharmacology*(in press, 1995). 또한 다음을 보라. L. Gray, W. Kelce, E. Monosson, J. Ostby, and L. Birnbaum, "Exposure to TCDD During Development Permanently Alters Reproductive Function in Male Long Evans Rats and Hamsters: Reduced Ejaculated Epididymal Sperm Numbers and Sex Accessory Gland Weights in Offspring with Normal Androgenic Status" *Toxicology and Applied Pharmacology* 131:108-18(1995).

〈그들의 고용량 TCDD 실험이……〉는 Dorothea Sager의 연구를 언급하고 있다. 다음을 보라. D. Sager, D. Girard, and D. Nelson, "Early Postnatal Exposure to PCBs: Sperm Function in Rats" *Environmental Toxicology and Chemistry* 10:737-46(1991) for an overview.

8 여기, 저기, 그리고 모든 곳에

닥터 소토와 손넨샤인은 다음 논문에서 세포 증식에 미치는 에스트로겐성 활성물질에 대한 가설을 어떻게 확립했는지 설명하였다. "Mechanism of Estrogen Action on Cellular Proliferation: Evidence for Indirect and Negative Control on Cloned Breast Tumor Cells" *Biochemical and Biophysical Research Communication* 122:1097-1103 (1984). 이 논문에 이어 A. Soto and C. Sonnenschein, "Cell Proliferation of Estrogen-Sensitive Cells: The Case for Negative Control" *Endocrine Reviews* 8:44-52(1987)이 나왔다.

〈1985년에 ……〉는 다음 문헌에서 더 깊이 논의된 연구를 묘사한다: A. Soto and C. Sonnenschein, "The Role of Estrogens on the Proliferation of Human Breast Tumor Cells (MCF-7)" *Journal of Steroid Biochemistry* 23:87-94, (1985); and C. Sonnenschein, J. Papendorp, and A. Soto, "Estrogenic Effect of Tamoxifen and Its Derivatives on the Proliferation of MCF-7 Human Breast Tumor Cells" *Life Sciences* 37:387-94(1985).

〈결국 원인은 ……〉의 뒤에 이어지는 문장에 대해서는 다음을 보라. A. Soto, H. Justicia, J. Wray, and C. Sonnenschein, "*p*-Nonylphenol: A Estrogenic Xenobiotic Released from 'Modified' Polystyrence" *Environmental Health Perspectives* 92:167-73 (1991); and A. Soto, T. Lin, H. Justicia, R. Silvia, and C. Sonnenschein, "An 'In Culture' Bioassay to Assess the Estrogenicity of Xenobiotics (E-SCREEN)" in *Chemically Induced Alterations in Sexual and Functional Development: The Wildlife-Human Connection*, T. Colborn and C. Clement, eds., Princeton Scientific Publishing, 1992, pp. 295-309.

〈그들은 또한……〉으로 시작하는 문장은 다음 보고에서 인용하였다. Chemical Manufacturer Asociation's Alkyphenol and Ethoxylates Panel, "Alkylphenol Ethoxylates: Human Health and Environmental Effects" October 1993. 알킬페놀의 안정성에 관한 최근의 논의에 대해서는 다음을 보라. W.-Y. Shiu, K.-C. Ma, D. Varhaníčková, and D. Mackay, "Chlorophenols and Alkylphenols: A Review and Correlation of Environmentally Relevant Properties and Fate in an Evaluative Environment" *Chemosphere* 29(6):1155-1224 (1994).

이 화합물들은 쉽게 증발하지 않아 물과 토양에 남아 있다. 저자들은 그들의 연구가 〈이 중요하고 흥미 있는 종류의 화학물질의 환경학적 운명을 밝혀내려는 최초의 시도에 불과함〉을 인정하고 있다.

〈희한한 우연의 일치로……〉는 다음을 참조. A. Krishnan, P. Stathis, S. Permuth, L. Tokes, and D. Feldman, "Bisphenol-A: An Estrogenic Substance Is Released from Polycarbonate Flasks During Autoclaving" *Endocrinology* 132(8):2279-86(1993). GE Plastics Company의 관리자들은 폴리카보네이트 용기가 일반적으로는 스탠퍼드의 실험실에서와 같은 고온에 노출되지 않기 때문에 비스페놀-A를 용출시키지 않는다고 주장하였다. (이는 다음 이들과의 대화에 근거한다. Diana Nichols, communications, and Tim Ullman, manager of global product stewardship, Pittsfield, Massachusetts.) 저자들은 다양한 종류의 세척제가 있는 가운데 다양한 수온에서 폴리카보네이트의 용출 특성이 어떤지를 평가하는 독립적인 연구를 본 적이 없다.

〈이러한 시기에……〉로 시작되는 부분에 대한 더 자세한 정보를 위해서는 다음을 보라. J. Sumpter and S. Jobling, "Vitellogenesis as a Biomarker for Oestrogen Contamination of the Aquatic Environment" in *The Proceedings of the Estrogens in the Environment Conference*, Environmental Health Perspectives Supplements(in press, 1995); S. Jobling, T. Reynolds, R. White, M. Parker, and J. Sumpter, "A Variety of Environmentally Persistent Chemicals, Including some Phthalate Plasticizers, Are Weakly Estrogenic" *Environmental Health Perspectives* 103(6):582-87(1995); C. Purdom, P. Hardiman, V. Bye, N. Eno, C. Tyler, and J. Sumpter, "Estrogenic Effects of Effluents from Sewage Treatment Works" *Chemistry and Ecology* 8:275-85(1994); and S. Jobling and J. Sumpter, "Detergent Components in Sewage Effluent Are Weakly Oestrogenic to Fish: An *In Vitro* Study Using Rainbow Trout(*Oncorhynchus mykiss*) Hepatocytes" *Aquatic Toxicology* 27:361-72(1993).

〈생물학적 활성……〉은 다음을 참조. J. Brotons, M. Olea-Serrano, M. Villalobos, V. Pedraza, N. Olea, "Xenoestrogens Released from Lacquer Coatings in Food Cans" *Environmental Health Perspectives* 103(6):608-12(1995).

〈이 장에서 논의된 모든……〉은 다음을 참조. W. Kelce, C. Stone, S.

Laws, L. Gray, J. Kemppainen, and E. Wilson, "Persistent DDT Metabolite *p*, *p*′-DDE Is a Potent Androgen Receptor Antagonist" *Nature* 375:581-85(1995). 그들의 지속적인 연구에서 에스트로겐성 화합물들은 안드로겐 수용기, 프로게스테론 수용기와도 결합하였다. (1995년 7월 Earl Gray와의 개인적 대화).

〈그런 주장은……〉은 David Vladeck 검사와의 논의에 근거하였다. 그는 산업 기밀에 대한 소송을 제기한 Public Citizen Litigation Group, Washington, D. C.의 책임자이다.

〈종종 이 연구들은 ……〉으로 시작하는 문장에서 언급된 지구적, 지역적 오염 경향에 대해서는 다음을 보라. B. Loganathan and K. Kannan, "Global Organochlorine Contamination Trends: An Overviews" *Ambio* 23(3):187-91(1994); and B. Loganathan, S. Tanabe, Y. Hidaka, M. Kawano, H. Hidaka, and R. Tatsukawa, "Temporal Trends of Persistent Organochlorine Residues in Human Adipose Tissue from Japan, 1928-1985" *Environmental Pollution* 81:31-39(1993).

화학제품의 역사에 대한 정보는 다음을 보라: A. Ihde, *The Development of Modern Chemistry*, Harper and Row, 1970; and M. Holdgate, *A Perspective of Environmental Pollution*, Cambridge University Press, 1979.

〈전세계에서 ……〉는 다음에서 인용한 숫자들이다. *World Environment 1972-1992: Two Decades of Challenge*, M. Tolba and O. El-Kholy, eds., Chapman and Hall, 1992.

살충제에 대한 좀더 자세한 정보를 얻기 위해서는 다음을 보라. C. Edwards "The Impact of Pesticides on the Environment" in *The Pesticide Question: Environment, Economics, and Ethics*, D. Pimentel and H. Lehman, eds., Chapman and Hall, 1993; D. Pimentel, "The Dimensions of the Pesticide Question" in *Ecology, Economics, Ethics: The Broken Circle*, F. Bormann and S. Kellert, eds., Yale University Press, 1991; A. Aspelin, "Pesticide Industry Sales and Usage, 1992 and 1993 Market Estimates Report" U.S. Environmental Protection Agency Report EPA/733/K-94/001, 1994; U.S. Food and Drug Administration, "Food and Drug Administration Pesticide Program Residues in Foods — 1989" *Journal of the Association of Official Analytical*

Chemistry 73:127A-146A(1990); U.S. Congressional Office of Technology Assessment, *Pesticide Residues in Food: Technologies for Detection, Washington*, D.C., 1988; S. Dogheim, E. Nasr, M. Almaz, and M. El Tohamy, "Pesticide Residues in Milk and Fish Samples Collected in Two Egyptian Governorato" *Journal of the Association of Official Analytical Chemistry* 73:19-21(1990) [Pimentel에서 인용했음.]; D. Acquay, M. Biltonen, P. Rice, M. Silva, J. Nelson, V. Lipner, S. Giordano, A. Horowitz, and M. D'Amore, "Assessment of Environmental and Economic Impacts of Pesticide Use" in *The Pesticide Question*; and B. Hileman, "Concerns Broaden over Chlorine and Chlorinated Hydrocarbons" *Chemical and Engineering News*, April 19, 1993, pp. 11-20.

〈살충제의 세계 시장은……〉으로 시작하는 문장은 Loganathan 등이 지지하는 진술(1994)로 끝난다.

〈1991년 미국은……〉은 다음 발견들을 참조. Carl Smith at the Foundation for Advancements in Science and Education(FASE), Los Angeles, California, "Exporting Banned and Hazardous Pesticide, 1991 Statistics: The Second Export Survey by the FASE Pesticide Project" 1993. 세관 기록들을 사용하여 스미스는 1992년에 매일 1톤 가량의 DDT가 미국에서 선적되었음을 발견하였다(1995년 7월의 개인적인 대화). 스미스는 또 세관 기록이 살충제의 성분명은 누락하고 있음을 지적하였다. 그러므로 이 숫자는 최소한도의 추정이다.

〈비판가들의 주장과는……〉은 Kelce et al., 1995 참조.

9 상실의 연대기

세인트로렌스 강의 흰돌고래 무리에 대한 자세한 정보를 얻으려면 다음을 보라. L. Pippard, "Status of the St. Lawrence River Population of Beluga, *Delphinapterus leucas*" *The Canadian Field-Naturalist* 99:438-50(1985).

〈여러 해 동안 과학자들은……〉으로 시작되는 문장에서 인용한 돌고래의 상태는 1990년의 공중 정찰에 근거를 두고 있다. P. Béland의 Canadian World

Wildlife Fund's Wildlife Toxicology Fund에 제출한 보고서에서 인용. "Toxicology and Pathology of Marine Mammals" May 1992. 또 다음을 보라. P. Béland, untiled article in *Whalewatcher: Journal of the American Cetacean Society* 28(1):3-5 (1994); and P. Béland, A. Vézina, and D. Martineau, "Potential for Growth of the St. Lawrence (Québec, Canada) Beluga Whale (*Delphinapterus leucas*) Population Based on Modelling" *Journal du Conseil international pour Exploration de la Mer* 45:22-32 (1988).

〈그 최초의 해부조차도……〉로 시작되는 문장에 대해 자세한 정보를 얻으려면 다음을 보라. D. Martineau, P. Béland, C. Desjardins, and A. Lagacée, "Levels of Organochlorine Chemicals in Tissues of Beluga Whales (*Delphinapterus leucas*) from the St. Lawrence Estuary, Québec, Canada" *Archives of Environmental Contamination and Toxicology* 16:137-47(1987); P. Béland, S. De Guise, C. Girard, A. Lagacée, D. Martineau, R. Michaud, D. Muir, R. Norstrom, E. Pelletier, S. Ray, and L. Shugart, "Toxic Compounds and Health and Reproductive Effects in St. Lawrence Beluga Whales" *Journal of Great Lakes Research* 19(4):766-75(1993); and S. De Guise, A. Lagacée, and P. Béland, "Tumors in St. Lawrence Beluga Whales (*Delphinapterus leucas*)" *Veterinary Pathology* 31:444-49(1994).

돌고래 불리의 상태를 논하는 〈부검은 다음날 아침까지……〉라는 문장은 다음 논문에서 더 자세한 내용을 알 수 있다. S. De Guise, A. Lagacée, and P. Béland, "True Hermaphroditism in a St. Lawrence Beluga Whale(*Delphinapterus leucas*)" *Journal of Wildlife Disease* 30(2):287-90(1994).

〈불리는 자연의 사고였을까……〉는 불리가 태어났을 때 오염이 최고조에 달했음을 의미한다. 다음을 보라. G. Sanders, S. Eisenreich, and K. Jones, "The Rise and Fall of PCBs: Time-Trend Data from Temperate Industrialized Countries" *Chemosphere* 29(9-11):2201-2208 (1994). Sanders와 동료들은 그 결론을 지지하는, 영국(Loch Ness)과 미국에서의 PCB 수질오염 상태를 제시하고 비교하였다.

〈그런 생식의 문제는……〉은 다음을 참조. P. Reijnders, "Reproductive Failure in Common Seals Feeding on Fish From Polluted Coastal Waters" *Nature*

324:456-57(1986). 해양 포유류의 면역학적 상태에 대해서는 다음을 보라. A. Osterhaus, "Seal Death" *Nature* 334:301-302(1988); A. Osterhaus, J. Groen, P. De Vries, F. UytdeHaag, B. Klingeborn, and R. Zarnke, "Canine Distemper Virus in Seals" *Nature* 335:403-404(1988); A. Osterhaus and E. Vedder, "Indentification of Virus Causing Recent Seal Deaths" *Nature* 335:20(1988); A. Osterhaus, J. Groen, P. De Vires, F UytdeHaag, B. Klingeborn, and R. Zarnke, "Canine Distemper Virus in Seals" *Nature* 335:403-404(1988); A. Osterhaus and E. Vedder, "Identification of Virus Causing Recent Seal Deaths" *Nature* 335:20(1988); A. Osterhaus, J. Groen, F. Uytdehaag, I. Visser, M. Bildt, A. Bergman, and B. Klingeborn, "Distemper Virus in Baikal Seals" *Nature* 338:209-10, 1989; P. Ross, R. de Swart, I. Visser, L. Vedder, W. Murk, W. Bowen, and A. Osterhaus, "Relative Immunocompetence of the Newborn Harbour Seal, *Phoca vitulina*" *Veterinary Immunology and Immunopathology* 42:331-48(1994); P. Ross, R. de Swart, P. Reijnders, H. Van Loveren, J. Vos, and A. Osterhaus, "Contaminant Related Suppression of Delayed-Type Hypersensitivity and Antibody Responses in Harbor Seals Fed Herring from the Baltic Sea" *Environmental Health Perspectives* 103(2):162-67(1995); and R. de Swart, "Impaired Immunity in Seals Exposed to Bioaccumulated Environmental Contaminants" Ph. D. thesis, Erasmus University, Rotterdam, Netherlands, 1995.

세인트로렌스 강의 흰돌고래 집단에 대한 최근의 논의를 알려면 다음을 보라. S. De Guise, D. Martineau, P. Béland, and M. Fournier, "Possible Mechanismes of Action of Environmental Contaminants on St. Lawrence Beluga Whales(*Delphinapterus leucas*)" *Environmental Health Perspectives Supplements* 103(4):73-77(1995).

〈첫번째 실마리는 ……〉으로 시작하는 문장의 마지막 부분에 대해서는 다음을 참조. M. Roelke, J. Martenson, and S. O'Brien, "The Consequences of Demographic Reduction and Genetic Depletion in the Endangered Florida Panther" *Current Biology* 3:340-50(1993). 또한 다음을 보라. C. Facemire, T. Gross, and L. Guillette, "Reproductive Impairment in the Florida Panther:

Nature or Nurture?" *Environmental health Perspectives Supplements* 103(4):79-86(1995).

〈이런 직관을 통해……〉는 다음을 참조. A. Woodward et al., 1993, cited in Chapter 1, and L. Guillette, T. Gross, G. Masson, J. Matter, H. Percival, and A. Woodward, "Developmental Abnormalities of the Gonad and Abnormal Sex Hormone Concentrations in Juvenile Alligators from Contaminated and Control Lakes in Florida" *Environmental Health Perspectives* 102:680-88, 1994; L. Guillette, D. Crain, A. Rooney, and D. Pickford, "Organization Versus Activation: The Role of Endocrine-Disrupting Contaminants(EDCs) During Embryonic Development in Wildlife" *Environmental Health Perspectives Supplement*(in press); and L. Guillette and D. Crain, "Endocrine-Disrupting Contaminants and Reproductive Abnormalities in Reptiles" *Comments on Toxicology*(in press).

온도의 영향에 대한 자세한 정보를 위해서는(〈거북이의 성은 유전자보다는……〉으로 시작되는 문장에 언급되어 있다.) 다음을 보라. D. Crews, J. Bergeron, J. Bull, D. Flores, A. Tousignant, J. Skipper, and T. Wibbels, "Temperature-Dependent Sex Determination in Reptiles: Proximate Mechanisms, Ultimate Outcomes and Functional Outcomes" *Developmental Genetics* 15:297-312(1994). 이 논문들은 부화기간 동안 PCB로 칠한 거북이 알에서 발견한 것들을 기술하고 있다.

〈오대호 지역에서……〉는 W. Bowerman의 다음 학위논문 참조. "Regulation of Bald Eagle(*Haliaeetus leucocephalus*) Productivity in the Great Lakes Basin: An Ecological and Toxicological Approach" Michigan State University, Department of Fisheries and Wildlife, 1993, Bowerman과의, 그리고 Dave Best와 Letha Williams의 사적인 대화, U.S. Fish and Wildlife Service. 오대호 조류의 오염물질에 대한 뛰어난 분석과 해설은 다음을 보라. J. Giesy, J. Ludwig, and D. Tillitt, "Deformities in Birds of the Great Lakes Region: Assigning Causality" *Environmental Science and Technology* 28(3):128-35(1994).

〈독수리의 식습관은……〉은 Karen Kozie의 다음 연구를 기술하고 있다.

"Epidemiology of Great Lakes Bald Eagles" *Journal of Toxicology and Environmental Health* 33(4):395-453(1991).

〈이제 과학자들은……〉 은 1장에서 언급한 GLEMEDS라 불리는 증후군을 참조.

〈1993년 오대호 인근에 ……〉는 다음 발견을 참조. W. Bowerman, T. Kubiak, J. Holt, D. Evans, R. Eckstein, C. Sindelar, D. Best, and K. Kozie, "Observed Abnormalities in Mandibles of Nestling Bald Eagles Haliaeetus leucocephalus" *Bulletin of Environmental Contamination and Toxicology* 53:450-57(1994), Carol Schuler와의 사적 대화, Portland Field Office, U. S. Fish and Wildlife Service.

이 장에서 논한 밍크에 대한 부분들은 1장의 주석에서 언급한 R. Aulerich et al., 1973에서 인용한 것같이 Richard Aulerich and Robert Ringer의 문헌에서 인용했다. R. Aulerich and R. Ringer, "Current Status of PCB Toxicity to Mink, and Effect on Their Reproduction" *Archives of Environmental Contamination and Toxicology* 6:279-92(1977).

수달에 대해 논한 부분(〈1950년대 영국과 유럽에서 ……〉로 시작하는 문장)은 다음 문헌에 의존하였다. C. Mason, "Role of Contaminants in the Decline of the European Otter" *Proceeding of the Expert Consultation Meeting on Mink and Otter*, International Joint Commission, Windsor, Ontario, 1991; R. Foley, S. Jackling, R. Sloan, and M. Brown, "Organochlorine and Mercury Residues in Wild Mink and Otter: Comparison with Fish" *Environmental Toxicology and Chemistry* 7:363-74(1988); and C. Henny, L. Blus, S. Gregory, and C. Stafford, "PCBs and Organochlorine Pesticides in Wild Mink and River Otters from Oregon" in *Proceedings of Worldwide Furbearer Conference*, J. Chapman and D. Pursley, eds., Frostburg, Maryland, 1981, pp. 1763-80.

〈천연 호수송어의 멸종은……〉으로 시작하는 문장에 나타난 역사는 다음 문헌에서 더욱 자세히 서술되어 있다: T. Colborn, A. Davidson, S. Green, R. Hodge, C. Jackson, and R. Liroff, *Great Lakes, Great Legacy?*, The Conservation Foundation and the Institute for Research on Public Policy, 1990.

이 장에서 다이옥신을 다룬 부분은 다음 문헌을 참조하였다. M. Walker and R. Peterson, "Toxicity of Polychlorinated Dibenzo-*p*-Dioxins, Dibenzofurans, and Biphenyls During Early Development in Fish" in *Chemically Induced Alterations in Sexual and Functional Development: The Wildlife-Human Connection*, T. Colborn and C. Clement, eds., Princeton Scientific Publishing, 1992, pp. 195-202; and P. Cook, D. Kuehl, M. Walker, and R. Peterson, "Bioaccumulation and Toxicity of TCDD and Related Compounds in Aquatic Ecosystems" *Banbury Report 35: Biological Basis for Risk Assessment of Dioxins and Related Compounds*, Cold Spring Harbor Laboratory Press, 1991, pp. 143-67; Phil Cooke와의 사적 대화, U. S. Environmental Protection Agency, Duluth, Minnesota, 1995.

〈수정란 사망률이……〉로 시작되는 문장에서 묘사된 상태에 관해 자세한 정보를 원하면 다음을 보라. J. Leatherland, "Endocrine and Reproductive Function in Great Lakes Salmon" in *Chemically Induced Alterations*, pp. 129-45.

〈유럽과 스칸디나비아에서……〉로 시작하는 문장은 이미 서술한 해양 포유류에 대한 부분, 특히 1장에서의 해양 포유류의 집단사를 다룬 부분들을 상기시킨다. 자세한 정보를 얻으려면 다음을 보라. P. Reijnders and S. Brasseur, "Xenobiotic Induced Hormonal and Associated Developmental Disorders in Marine Organisms and Related Effects in Humans: An Overview" in *Chemically Induced Alterations*, pp. 159-74; J. Raloff, "Something's Fishy: Marine Epidemics May Signal Environmental Threats to the Immune System" *Science News*, 146:8-9(1994); and T. Colborn and M. Smolen, "An Epidemiological Analysis of Persistent Organochlorine Contaminants in Cetaceans" *Reviews of Environmental Contaminants and Toxicology* (in press).

〈면역학자 개릿 라비스가……〉는 다음 연구를 참조. G. Lahvis and coworkers R. Wells, D. Casper, and C. Via, reported in "*In Vitro* Lymphocyte Response of Bottlenose Dolphins (*Tursiops truncatus*): Mitogen-Induced Proliferation" *Marine Environmental Research* 35:115-19(1993); and G. Lahvis, R. Wells, D. Kuehl, J. Stewart, H. Rhinehart, and C. Via, "Decreased Lymphocyte Responses in Free-Ranging Bottlenose Dolphins (*Tursiops truncatus*)

Are Associated with Increased Concentrations of PCBs and DDT in Peripheral Blood" *Environmental Health Perspectives Supplements* 103(4):67–72(1995).

〈세계의 많은 지역에서 보고되는……〉으로 시작하는 문장을 더 자세히 알고 싶다면 다음을 보라. R. Stebbins and N. Cohen, *A Natural History of Amphibians*, Princeton University Press, 1995; and A. Blaustein, D. Wake, and W. Sousa, "Amphibian Declines: Judging Stability, Persistence, and Susceptibility of Populations to Local and Global Extinctions" *Conservation Biology* 8(1):60–71(1994).

10 달라진 운명

〈DES 경험을……〉로 시작하는 문장은 다음 연구에 대한 논의로 이끌어간다. F. vom Saal, S. Nagel, P. Palanza, M. Boechler, S. Parmigiani, and W. Welshons, "Estrogenic Pesticides: Binding Relative to Estradiol in MCF-7 Cells and Effects of Exposure During Fetal Life on Subsequent Territorial Behavior in Male Mice" *Toxicology Letter* (in press, 1995).

〈그 회합을 마칠 무렵……〉은 다음을 참조. Wingspread Consensus Statement, Chapter One in *Chemically Induced Alterations in Sexual and Functional Development: The Wildlife-Human Connection*, T. Colborn and C. Clement, eds., Princeton Scientific Publishing, 1992. 이것은 이 책의 부록에도 실려 있다.

〈야생동물과 실험실 동물들의……〉의 근거는 다음과 같다. R. Newbold, B. Bullock, and J. Mclachlan, "Uterine Adenocarcinoma in Mice Following Developmental Treatment with Estrogens: A Model for Hormonal Carcinogenesis" *Cancer Research* 50:7677–81(1990); H. Bern and F. Talamantes, "Neonatal Mouse Models and their Relation to Disease in the Human Female" in *Developmental Effects of Diethylstilbestrol (DES) in Pregnancy*, A. Herbst and H. Bern, eds., Thieme-Stratton, 1981, pp. 129–47; and B. Bullock, R. Newbold, and J. McLachlan, "Lesions of Testis and Epididymis Associated with

Prenatal Diethylstilbestrol" *Environmental Health Perspectives* 77:29–31(1988).

〈실험실 연구, ……〉는 다음을 참조. L. Birnbaum, "Endocrine Effects of Prenatal Exposures to PCBs, Dioxins, and Other Xenobiotics: Implications for Policy and Future Research" *Environmental Health Perspectives* 102(8):676–79(1994).

〈아직도 의학계 대부분에서는……〉으로 시작하는 문장은 정자수 감소에 대한 인식이 여전히 어려움을 지적한다. 전통적으로 남성 학자들은 밀리리터당 5천만 마리 이하의 정자수는 생식력에 영향을 줄 수 있다고 여겨 왔다. 최근에 이 숫자는 2천만 마리까지 내려왔다. 밀리리터당 2천만 마리에서도 대부분의 남성들은 충분한 기회가 주어진다면 생존 가능한 후손을 남길 수 있다. 비판가들 중에는 다음의 이들이 있다. P. Bromwich, J. Cohen, I. Stewart, and A. Walker, "Decline in Sperm Counts: An Artifact of Changed Reference Range of 'Normal'?" *British Medical Journal* 309:19–22(1994); and G. Olsen, K. Bodner, J. Ramlow, C. Ross, and L. Lipshultz, "Have Sperm Counts Been Reduced 50 Percent in 50 Years? A Statistical Model Revisited" *Fertility and Sterility* 63(4):887–93(1995).

〈이런 논쟁은……〉은 다음을 참조. J. Auger, J. Kunstmann, F. Czyglik, and P. Jouannet, "Decline in Semen Quality Among Fertile Men in Paris During the Past 20 Years" *New England Journal of Medicine* 332(5):281–85(1995); K. Van Waeleghem, N. De Clercq, L. Vermeulen, F. Schoonjans, and F. Comhaire, "Deterioration of Sperm Quality in Young Belgian Men During Recent Decades" in *Abstracts of the Annual Meeting of the ESHRE*, Brussels, 1994, p. 73; and D. Irvine, "Falling Sperm Quality" letter to the editor, *British medical Journal*, 309:131(1994).

〈한 학회에서 만나게 된 샤프와 스카케백은……〉은 다음 논문을 참조. R. Sharpe and N. Skakkebaek, "Are Oestrogens Involved in Falling Sperm Counts and Disorders of the Male Reproductive Tract?" *Lancet* 341:1392–95(1993). 정류고환에 대한 자세한 정보는 다음을 보라. C. Chilvers, M. Pike, D. Forman, K. Fogelman, and M. Wadsworth, "Apparent Doubling of Frequency of Undescended Testis in England and Wales in 1962–81" *Lancet*

330-32(1984); and J. Hutson, M. Baker, M. Terada, B. Zhou, and G. Paxton, "Hormonal control of Testicular Descent and the Cause of Cryptorchidism" *Reproduction, Fertility, and Development* 6:161-56(1994). 이 후자는 고환의 하강과 정류고환의 여러 원인, 에스트로겐과 안티 에스트로겐, 뮐러관 억제물질(MIS)의 출생 전 성선 분화에 있어서의 역할을 기술하고 있다.

〈합성 화학물질은 특히 ……〉는 Dorothea Sager를 언급하고 있다. 그녀의 연구는 7장에 나와 있다. 이 문장의 끝부분은 6장에서 언급한 Brian Bush와 동료들의 연구에 대한 설명이다.

〈생물학적인 연구가 ……〉는 다음을 참조. National Center for Health Statistics의 보고서, Hyattsville, Maryland; and Congressional Office of Technology Assessment, "Infertility: Medical and Social Choices" U.S. Government Printing Office, May 1988. 20억 달러는 Joyce Zeitz와의 인터뷰에서 얻었다. American Fertility Society, Birmingham, Alabama.

〈호르몬 유사물질에 대한 출생 전 노출 ……〉은 3장에서의 논의 참조.

〈호르몬의 수준이 어떻게 전립선의 ……〉는 다음 연구를 인용하였다. F. vom Saal, M. Dhar, V. Ganjam, and W. Welshons, "Prostate Hyperplasia and Increased Androgen Receptors in Adulthood Induced by Fetal Exposure to Estradiol in Mice" Abstract for the Fall Meeting of the Society for Basic Urologic Research, Stanford University, 1994.

〈성숙했을 때만 ……〉은 다음을 참조. S. Ho and M. Yu, "Selective Increase in Type II Estrogen-Binding Sites in the Dysplastic Dorsolateral Prostates of Noble Rats" *Cancer Research* 53:528-32(1993), Ho와의 사적인 대화, 1995, Dr. Ronald McDaniels, Abbott Pharmaceuticals 사이의 논의, 그리고 논문, J. Oesterling, "Benign Prostatic Hyperplasia: Diagnosis and Treatment Options" *New England Journal of Medicine* 332(2):99(1995). Oesterling은 미국에서 매년 40만 예의 전립선 절제술이 행해지며 여기에 50억 달러의 비용이 소요된다고 추정하였다. McDaniels는 약물치료 비용으로 10억 달러를 더 추가하였다.

〈지난 20년간 ……〉으로 시작하는 문장에서 나타난 유방암에 대한 수치들은 다음 자료들에서 인용하였다. National Cancer Institute의 자료, SEER Statistics, 그리고 저자들의 현재 자료.

〈조기진단법과 같은……〉은 다음 자료들을 인용. Centers for Disease Control, “Radical Prostatectomies—Wisconsin, 1982-1992” *Morbidity and Mortality Weekly Report* 42(32):620-21, 627(1993); and “Trends in Prostate Cancer—United States, 1980-1988” *Morbidity and Mortality Weekly Report* 41:401-404(1992).

〈자궁외 임신이 되면……〉은 반복적인 자궁외 임신이 불임을 일으킬 수 있다고 한다. 자궁내막증에 의한 불임에 대해서는 공식적인 통계가 없지만 American Fertility Society의 Zeitz는 전체 불임의 20% 가량 된다고 추정하였다. 다른 두 주요한 원인은 배란과 난관의 이상이며 이는 DES 딸들에서도 보고되는 이상들이다.

〈미국과 캐나다에서……〉의 역사적인 정보를 얻으려면 다음을 보라. J. Older, “Leaches and Laudanum: Grandmother and You: Historical Highlights” *Endometriosis*, Scribners, 1964. The National Institute of Child Health publication mentioned is “Facts About Endometriosis” No. 91-2413(no date).

〈면역기능의 어떤 변이와……〉는 다음을 인용하였다. Mary Lou Balweg와의 대화, The Endometriosis Association, Milwaukee, Wis. 1994; and fromS. Rier, D. Martin, R. Bowman, W. Dmowski, and J. Becker, “Endometriosis in Rhesus Monkeys(*Macaca mulatta*) Following Chronic Exposure to 2,3,7,8-Tetrachlorodibenzo-*p*-dioxin” *Fundamental and Applied Toxicology* 21:433-41(1993).

〈또한 동물 연구는……〉은 다음에 의존하였다. Rier et al., 1993, 그리고 다음을 언급하고 있다. V. Leoni, L. Fabiani, G. Marinelli, G. Puccetti, G. Tarsitani, A. De Carolis, N. Vescia, A. Morini, V. Aleandri, V. Pozzi, F. Cappa, and D. Barbati, “PCB and Other Organochlorine Compounds in Blood of Women with or Without Miscarriage: A Hypothesis of Correlation” *Ecotoxicology and Environmental Safety* 17:1-11(1989).

〈그러나 이제까지……〉로 시작되는 문장에 대해서는 다음을 보라. D. Davis and H. Freeman, “An Ounce of Prevention” *Scientific American*, September 1994, p. 112.

〈에스트로겐이 유방암의……〉는 다음을 참조. D. Hunter and K. Kelsey, "Pesticide Residues and Breast Cancer: The Harvest of a Silent Spring?" *Journal of the National Cancer Institute* 85(8):598-99(1993).

〈가장 눈에 띄게……〉로 시작하는 문장에 대해 자세한 정보를 얻으려면 다음을 보라. P. Pujol, S. Hilsenbeck, G. Chamness, and R. Elledge, "Rising Levels of Estrogen Receptor in Breast Cancer over 2 Decades" *Cancer* 74(5):1601-1606(1994).

〈1993년, 유방암 발생의……〉로 시작되는 문장은 다음을 보라. D. Davis, H. Bradlow, M. Wolff, T. Woodruff, D. Hoel, and H. Anton-Culver, "Medical Hypothesis: Xenoestrogens as Preventable Causes of Breast Cancer" *Environmental Health Perspectives* 101(5):372-77(1993).

〈연구자들은 또한……〉은 다음을 참조. Dewailly, S. Dodin, R. Verreault, P. Ayotte, L. Sauvé, J. Morin, and J. Brisson, "High Organochlorine Body Burden in Women with Estrogen Receptor-Positiver Breast Cancer" *Journal of the National Cancer Institute* 86(3):232-34(1994).

〈다른 두 연구는……〉은 다음을 참조: M. Wolff, P. Toniolo, E. Lee, M. Rivera, and N. Dubin, "Blood Levels of Organochlorine Residues and Risk of Breast Cancer" *Journal of the National Cancer Institute* 85(8):648-52(1993). 그러나, N. Krieger, M. Wolff, R. Hiatt, M. Rivera, J. Vogelman, and N. Orentreich, "Breast Cancer and Serum Organochlorines: A Prospective Study Among White, Black, and Asian Women" *Joural of the National Cancer Institute* 86(8):589-99 (1994). 유방암의 유형이 인종별로 다양함을 발견하였다. 그들은 양성 유방암 환자들이 통계상으로는 의미가 없으나 코카서스인종과 흑인종에서는 DDT와 유방암이 관계가 있으나 황인종에서는 관계가 없음을 발견하였다. 다음의 편지를 보라. M. Wolff and P. Landrigan, "Response to Environmental Estrogens Stir Debate" *Science* 266:526-27(1994).

〈미국의 암환자 중에……〉는 다음을 참조. D. Hoel, D. Davis, A. Miller, E. Sondik, and A. Swerdlow, "Trends in Cancer Mortality in 15 Industrialized Countries, 1969-1986" *Journal of the National Cancer Institute* 84(5):313-20 (1992).

〈연구된 소수의 화학물질에……〉는 다음을 참조. *The Merck Manual of Diagnosis and Therapy*, 15th ed., R. Berkow and A. Fletcher, eds., Merck Sharp and Dohme Research Laboratories, 1987, p. 1978. 주의집중 장애에 대한 자세한 정보는 다음을 보라. P. Hauser, A. Zametkin, P. Martinez, B. Vitiello, J. Matochik, A. Mixson, and B. Weinstraub, "Attention Deficit-Hyperactivity Disorder in People with Generalized Resistance to Thyroid Hormone" *New England Journal of Medicine* 328(14):997-1001(1993).

〈임신중의 급성 갑상선저하증이……〉는 다음을 인용하였다. S. Porterfield, "Vulnerability of the Developing Brain to Thyroid Abnormalities: Environmental Insults to the Thyroid System" *Environmental Health Perspectives* 102(2):125-30 (1994); S. Porterfield and S. Stein, "Thyroid Hormones and Neurological Development: Update 1994" *Endocrine Review* 3(1):357-63(1994); and S. Porterfield and C. Hendrich, "The Role of Thyroid Hormones in Prenatal and Neonatal Neurological Development—Current Perspectives" *Endocrine Reviews* 14(1):94-106(1993).

〈PCB와 다이옥신은……〉으로 시작되는 문장에 대해 자세한 정보를 얻으려면 다음을 보라. H. Pluim, J. de Vijder, K. Olie, J. Kok, T. Vulsma, D. van Tijn, J. van der Slikke, and J. Koppe, "Effects of Pre- and Postnatal Exposure to Chlorinated Dioxins and Furans on Human Neonatal Thyroid Hormone Concentrations" *Environmental Health Perspectives* 101(6):504-508(1993); D. Bombick, J. Jankun, K. Tullis, and F. Matsumura, "2,3,7,8 Tetrachlorodibenzo-*p*-dioxin Causes Increases in Expression of c-erb-A and Levels of Protein-Tyrosine Kinases in Selected Tissues of Responsive Mouse Strains" *Proceedings of the National Academy of Sciences* 85:4128-32(1988); A. Brouwer, "Inhibition of Thyroid Hormone Transport in Plasma of Rats by Polychlorinated Biphenyls" *Archives of Toxicology Supplements* 13:440-45(1989); A. Brouwer, E. Klasson-Wehler, M. Bokdam, D. Morse, and W. Traag, "Competitive Inhibition of Thyroxin Binding to Transthyretin by Monohydroxy Metabolites of 3,4,3′,4′-Tetrachlorobiphenyl" *Chemosphere* 20(7-9):1257-62(1990); D. Morse, H. Koeter, A. Smits van Prooijen, and

A. Brouwer, "Interference of Polychlorinated Biphenyls in Thyroid Hormone Metabolism: Possible Neurotoxic Consequences in Fetal and Neonatal Rats" *Chemosphere* 25(1-2):165-68(1992); and D. Ness et al., 1993, 6장에서 인용했다.

〈모유에 있는 PCB의 농도에 근거하여……〉는 다음을 참조. Linda Birnbaum과의 대화, 1994; and H. Tilson, J. Jacobson, and W. Rogan, "Polychlorinated Biphenyls and the Developing Nervous System: Cross-Species Comparisons" *Neurotoxicology and Teratology* 12:239-48 (1990). 이 논문은 뛰어난 개괄을 하고 있다. Tilson과 동료들이 인용한 연구들은 자궁 내에서의 노출과 모유를 통한 노출의 영향을 분리해서 생각할 수 없게 만들었다. 그러나 나중에 연구자들은 그들이 측정한 효과가 출생 전 노출의 결과임을 확인하였다.

〈인간에 미치는 영향에 대한……〉은 다음을 인용. Y. Guo, G. Lambert, and C.-C. Hsu, "Growth Abnormalities in the Population Exposed to PCBs and Dibenzofurans" paper presented at Children's Environmental Health Network Conference, 1994. 또한 다음을 보라. M. Yu, C. Hsu, Y. Guo, T. Lai, S. Chen, and J. Luo, "Disordered Behavior in the Early-Born Taiwan Yucheng Children" *Chemosphere* 29(9-11):2413-22 (1994); 식용유의 오염 사건에 대해서는 다음을 보라. W. Rogan, B. Gladen, K. Hung, S. Koong, L. Shih, J. Taylor, Y. Wu, D. Yang, N. Ragan, and C.-C. Hsu, "Congenital Poisoning by Polychlorinated Biphenyls and Their Contaminatns in Taiwan" *Science* 241:334-36, (1988); and W. Rogan, "PCBs and Cola-Colored Babies: Japan, 1968, and Taiwan, 1979" *Teratology* 26:259-61(1982).

〈1980년대 초 웨인 주립대학의……〉는 다음을 참조. J. Jacobson, S. Jacobson, P. Schwartz, G. Fein, and J. Dowler, "Prenatal Exposure to an Environmental Toxin: A Test of the Multiple Effects Model" *Developmental Psychology* 20(4):523-32(1984). 이 연구는 생선을 먹은 어머니들에서 태어난 242명의 아기들과 먹지 않은 어머니들의 아기 71명을 대상으로 하였다. 오대호의 낚시 산업에 대한 수치는 다음에서 인용하였다. D. Talheim, "Economics of Great Lakes Fisheries: A 1985 Assessment" Special Economic Report, Great Lakes Fishery Commission, Ann Arbor, Mich., 1987.

〈노스캐롤라이나에서 수행한……〉은 다음을 참조. B. Gladen, W. Rogan, P. Hardy, J. Thullen, J. tingelstad, and M. Tully, "Development After Exposure to Polychlorinated Biphenyls and Dichlorodiphenyl Dichloroethene Transplacentally and Through Human Milk" *Journal of Pediatrics* 113(6):991–95(1988); and W. Rogan, B. Gladen, J. McKinney, N. Carreras, P. Hardy, J. Thullen, J. Tinglestad, and M. Tully, "Neonatal Effects of Transplacental Exposure to PCBs and DDE" *Journal of Pediatrics* 109(2):335–41(1986).

〈온타리오 호를 굽어보는……〉으로 시작하는 문장에 관한 더 자세한 정보를 얻으려면 다음을 보라. H. Daly, "The Evaluation of Behavioral Changes Produced by Consumption of Environmentally Contaminated Fish" in *The Vulnerable Brain and Environmental Risks: Vol. 1. Malnutrition and Hazard Assessment*, Chapter 7, R. Isaacson and K. Jensen, eds., Plenum, 1992, pp. 151–71; H. Daly, "Laboratory Rat Experiments Show Consumption of Lake Ontario Salmon Causes Behavioral Changes: Support for Wildlife and Human Research Results" *Journal of Great Lakes Research* 19(4):784–88 (1993); and H. Daly, "Reward Reductions Found More Aversive by Rats Fed Environmentally Contaminated Salmon" *Neurotoxicology and Teratology* 13:449–53 (1991).

〈1995년 5월 ……〉은 다음을 참조. H. Daly의 논문, the 38th Annual Conference of the International Association for Great Lakes Research(IAGLR), East Lansing, Michigan, 1995년 5월 27일 오스웨고 소재 뉴욕 주립대학에서의 기자회견은 이 연구가 〈제이콥슨의 미시간 호 주변 영아들을 대상으로 한 코호트 연구를 확장한 최초의 대규모 연구〉임을 지적하였다. 유일한 연관관계는 그 당시에 보고된 평생을 통해 섭취한 물고기의 총량이었다. 어머니의 혈액, 제대혈, 모유에 대한 화학적 분석 결과는 앞으로 나올 논문에서 보고될 것이다.

〈1991년 닥터 사이먼 르베이는……〉은 다음을 참조. S. LeVay, "A Difference in Hypothalamic Structure Between Heterosexual and Homosexual Men" *Science* 253:1034–37 (1991); and S. LeVay, *The Sexual Brain*, MIT Press, 1993, p. 168.

이 장을 마치면서 독자들은 다음을 읽고 싶어할지도 모르겠다: "Male

Reproductive Health and Environmental Oestrogens" editorial in *Lancet* 345:933-35 (1995); or R. sharpe, "Another DDT Connection" News and Views article in *Nature* 375:538-39 (1995); "Masculinity at Risk" Opinion article in *Nature* 375:522 (1995). 또한 다음을 보라. A. Abell, E. Ernst, and J. Bonde, "High Sperm Density Among Members of Organic Farmers' Association" *Lancet* 343:1498 (1994).

11 암을 넘어서

처음 문장은 5장에서 인용했던 H. Burlington과 V. Lindeman(1950)을 언급하고 있다.

〈이 연구는 성적 발달을……〉은 다음 문헌에 의존하였다. T. Dunlap, *DDT: Scientists, Citizens, and Public Policy*, Princeton University Press, 1981, p. 70; and C. Bosso, *Pesticides and Politics: The Life Cycle of a Public Issue*, University of Pittsburgh Press, 1987.

〈1960년대에 ……〉는 다음을 참조. R. Carson, *Silent Spring*, Houghton Mifflin, 1962.

(〈암은 우리의 문화에서……〉로 시작되는 문장에서 언급한 대로) 1972년의 DDT 사용 제한 결정에 대해서는 다음과 같은 흥미 있는 자료가 있다. U.S. Environmental Protection Agency I. F. and R. Docket 63, "Consolidated DDT Hearings: Opinion and Order of the Administrator" *Federal Register* 37(131):13369-76, July 7, 1972.

〈연방 법원은……〉은 다음을 참조. *Environmental Defense Fund v. U.S. Department of Health Education and Welfare*, 1970, U.S. Court of Appeals, District of Columbia Circuit.

〈예를 들어 EPA의 ……〉는 적은 용량의 노출은 견딜 수 있다고 주장하는 이들을 언급하고 있다. 예를 들면 P. Abelson, "Risk Assessments of Low Level Exposures" editorial in *Science* 265:1507(1994) 등이다.

〈내분비계를 연구하는……〉은 내분비계 피드백 고리의 복잡성에 대해 언급한다. 예를 들어, 어떤 낮은 노출 범위 내에서 개체는 상당한 반응을 보일 수 있지만 용량이 증가할수록 다른 반응이 일어나거나 초기 반응이 멈출 수도 있다.

〈EPA의 독물학자……〉는 10장에서 인용한 그녀의 1994년도 논문과 7장에서 인용한 Bertazzi 등의 세베소 연구들을 참조. 초기의 연구들은 어린이들에게서 선천성 결함을 찾아보았고 〈비록 수집한 자료들은 2,3,7,8-tetrachlorodibenzo-*p*-dioxin과 관련하여 어떤 선천성 결함의 증가도 보여주지 못했지만 노출된 임신의 증례가, 희소하고 특정한 기형의 증가를 보여주기에는 수가 충분하지 못했다〉라고 하였다. (P. Mastroiacovo, A. Spagnolo, E. Marni, L. Meazza, R. Bertollini, and G. Segni, "Birth Defects in the Seveso Area After TCDD Contamination" *Journal of the American Medical Association* 259(11):1668-72 (1988).

〈우리가 이런 위협을……〉은 인과관계에 대한 어려운 결정을 하는 데 증거의 비중에 대한 논란을 제기한다. 다음을 보라. G. Fox, "Scientific Principles in Applying the Weight of Evidence" in *Applying Weight of Evidence: Issues and Practice*, Canadian and U.S. International Joint Commission, June 1994; and G. Fox, "Practical Causal Inference for Ecoepidemiologists" *Journal of Toxicology and Environmental Health* 33:359-73(1991).

12 우리 자신을 보호하기

〈그러나 불행히도……〉는 6장에서 인용한 S. Hooper 등의 발견(1990)을 참조. 이 문장의 후반부에 대해서는 다음을 보라. D. Patterson, Jr., G. Todd, W. Turner, V. maggio, L. Alexander, and L. Needham, "Levels of Non-*ortho*-substituted (Coplanar), Mono and Di-*ortho*-substituted Polychlorinated Biphenyls, Dibenzo-*p*-dioxins, and Dibenzofurans in Human Serum and Adipose Tissue" *Environmental Health Perspectives Supplements* 102(1):195-204(1994); 그리고 10장에서 인용한 L. Birnbaum의 연구(1994) 참조.

다음은 더욱 더 많은 사람들이 환경 내의 합성 화학물질에 관해 알고 싶어함에 따라 등장한 광범위한 질문들을 다루기 위해 만들어진 조직들이다.

■ Rachel Carson Council, 8940 Jones Mill Road, Chevy Chase, MD 20815; tel. 301-652-1877; fax 301-951-7179. 살충제와 대체물에 대한 정보 제공.

■ National Coalition Against the Misuse of Pesticides (NCAMP), 701 E Street, SE, Washington, DC 20003; tel. 202-541-5450; fax 202-543-4791. 살충제 사용법에 대한 정보 제공.

■ American PIE(American Public Information on the Environment), 31 North Main Street, P.O. Box 460, Marlborough, CT 06447-0460; tel. 800-320-APIE[2743]. 가정, 직장, 야외에서의 안전한 생활방식에 대한 정보를 제공. 음용수의 안전으로부터 쓰레기 처리, 정원 가꾸기에 대한 조언도 제공한다.

■ Enviro-Health, 100 Capitola Drive, Suite 108, Durham, NC 27713; tel. 800-NIEHS-94[643-4794]; fax 919-361-9408. 이곳은 National Institute of Environmental Health Sciences(NIEHS), U.S. Department of Health and Human Services의 환경 보건 영향 정보 센터. 인간의 건강, 보건, 화학 노출, 면역학적 유독성, 수질과 대기오염, 연구, 교육, 정보 등의 주제를 다룬다.

■ Pesticide Action Network (North America), 116 New Montgomery Street, #810, San Francisco, CA 94105; tel. 415-541-9140; fax 415-541-9253; gopher site: gopher.econet.ape.org 살충제의 지구적 사용에 대한 정보를 제공한다.

〈음식을 현명하게 선택하라〉라는 부제가 붙은 장에 대해 더 자세한 정보를 알기 원하면 다음을 추천한다. H. Needleman and P. Landrigan, *Raising Healthy Children*, Farrar, Straus, and Giroux, 1994; and A. Garland, *The Way We Grow*, Berkley, 1993.

〈깨끗한 생선은……〉은 다음을 참조. D. Zeitlin, "State-Issued Fish Consumption Advisories: A National Perspective" for the National Oceanic and Atmospheric Administration, National Ocean Pollution Program Office, Washington, D.C., 1990.

〈가능한 한 동물성 지방을……〉은 동물조직 내에 잔류하는 화학물질에 대한 논의로 이끈다. 더 많은 시험 기관들이 식품에서의 〈저농도〉 화학물질을 감지해 내기 위한 장비들을 갖추고 있으며 그 결과로 새로운 보고들이 과학문헌에 주기적으로 나타나고 있다. 놀랍게도 수백만의 사람들이 가장 선호하는 음식 중 하나인 햄버거가 다이옥신을 전달하고 있는 것 같다.

〈연구자들은 이제야……〉로 시작하는 문장과 관련하여 더 많은 식품들을 다루고 있는 문헌은 다음과 같다. K. Uvnäs-Moberg, "The Gastrointestinal Tract in Growth and Reproduction" *Scientific American*, July 1989, pp. 78-83. 저자는 소화기관이 〈신체에서 가장 큰 내분비샘이며 태아의 성장과 임신에 수반되는 대사의 재적응에서 중요한 역할을 수행하고 있다〉고 한다. 이 논문과 다른 문헌에서 저자는 임신과 수유시에 증가하는 옥시토신 수준이 사회성과 유대감도 증가시킨다고 지적한다. 그녀는 또한 아기의 체중이 생후 6개월에 두 배가 된다고 지적한다. 6주 된 아기는 4.1킬로그램 가량 나가며 하루 600그램 정도의 우유를 먹는다. 60킬로그램 정도 나가는 어머니가 같은 비율로 먹는다면 하루 9킬로그램 정도를 마시는 셈이 된다. 우리는 이런 고에너지원이 지방 용해성 화학물질을 아기들에게 전달하는 매체가 된다는 사실을 지적하고 싶다.

〈절대 살충제가……〉로 시작하는 문장에 대해 자세한 정보를 원한다면 다음을 보라. C. Clement and T. Colborn, "Herbicides and Fungicides: A Perspective on Potential Human Exposure" in *Chemically Induced Alterations in Sexual and Functional Development: The Wildlife-Human Connection*, T. Colborn and C. Clement, eds., Princeton Scientific Publishing, 1992, pp. 347-64. 이미 언급한 문장은 미국의 지하수에서 가장 빈번하게 발견되는 살충제(Dacthal or DCPA)에 대해 알려진 것이 거의 없음을 보여준다. Dacthal은 슈피리어 호의 아일로얄에 있는 시스키위트 연못에서 잡힌 송어에서도 발견된다. 이는 이 살충제가 기화하여 기류를 타고 이동한다는 증거이다. 다음을 보라. D. Swackhamer and R. Hites, "Occurrence and Bioaccumulation of Organochlorine Compounds in Fishes from Siskiwit Lake, Isle Royale, Lake Superior" *Environmental Science and Technology* 22(5):543-48(1988).

〈스스로 직접 하든,……〉은 〈비활성 성분〉을 논한다. 다음의 비디오를 보라. Dr. Mary O'Brien 해설, "Inert Alert: Secret Poisons in Pesticides" The

Northwest Coalition for Alternatives to Pesticides, 1991; S. Genasci에게서 구할 수 있다. P.O. Box 1393, Eugene, OR 97440. 또한 다음을 보라. D. Krewski, J. Wargo, and R. Rizek, "Risks of Dietary Exposure to Pesticides in Infants and Children" in *Monitoring Dietary Intakes*, I. Macdonald, ed., Springer-Verlag, 1991, pp. 75-89. 이 저자들은 농약으로 사용되는 거의 300종의 화학 활성물질이 U. S. EPA의 규제에서는 식품에 잔류 가능하다는 점을 지적한다.

〈골프장은 매우 큰……〉은 다음 보고를 인용하였다. Attorney General of New York State, "Toxic Fairways: Risking Groundwater Contamination from Pesticides on Long Island Golf Courses" 1991.

대안 제작 공정에 관해서는 다음을 추천한다. P. Hawken, *The Ecology of Commerce*, Harper Business, 1993.

〈정원설계사, ……〉는 화학살충제의 사용을 줄이기 위한 정원의 재설계를 논한다. 일단 화학물질이 없는 정원을 만들었으면 당신의 정원이 〈놀기에 안전〉함을 과시하기 위해 〈미국 환경공공정보(American PIE)〉에 깃발을 보내달라고 요청하라. 주소와 전화번호는 이 장의 앞부분에 나와 있다.

13 어렴풋이 보이는 것들

〈현재 규제의 대상인……〉으로 시작하는 문장의 후반부는 다음을 보라. V. Bhatnagar, J. Patel, M. Variya, K. Venkaiah, M. Shah, and S. Kashyap, "Levels of Organochlorine Insecticides in Human Blood from Ahmedabad (Rural), India" *Bulletin of Environmental Contamination and Toxicology* 48:302-307(1992).

〈대학 입학을 위한……〉으로 시작하는 문장의 내용은 다음 보고서에서 기술되어 있다. Report of the Advisory Panel on the Scholastic Aptitude Test Score Decline for the College Entrance Examination Board, New York, 1977.

〈그러나 합성 화학물질들이……〉는 다음을 참조: B. Weiss, "The Scope and Promise of Behavioral Toxicology" in *Behavioral Measures of Neurotoxicity*:

Report of a Symposium, R. Russell, P. Flattau, and A. Pope, eds., National Research Council, National Academy Press, 1990, pp. 395-413.

〈다른 연구들은……〉은 앞장에서 인용한 다음 연구들을 논한다. research of Fred vom Saal and coworkers at the University of Missouri and the research of Dr. Warren Porter and coworkers, Zoology Department, University of Wisconsin, Madison. 이 연구에서 그들은 쥐와 생쥐들로 하여금 Dane County의 샘에서 일반적으로 발견할 수 있는 살충제와 영양소가 혼합되어 있는 물에 쉽게 접근할 수 있도록 하였다. 다음을 보라. W. Porter, S. Green, N. Debbink, and I. Carlson, "Groundwater Pesticides: Interactive Effects of Low Concentrations of Carbamates, Aldicarb and methomyl, and the Triazine Metribuzin on Thyroxine and Somatotropin Levels in White Rats" *Journal of Toxicology and Environmental Health* 40:15-34(1993).

14 맹목비행

미글리의 연구에 대한 역사적인 설명과 온존층의 다른 측면은 다음 문헌에 의존하였다. S. Cagin and P. Dray, *Between Earth and Sky: How CFCs Changed Our World and Endangered the Ozone Layer*, Pantheon, 1993. 또한 우리는 우리의 연구를 추가하였다.

〈듀퐁사는 CFC가 ……〉는 다음을 인용하였다. S. Rowland and M.Molina, "Stratospheric Sink for Chlorofluoromethanes: Chlorine Atom-Catalyzed Destruction of Ozone" *Nature*, June 28, 1974. 저자들은 최근에 노벨상을 수상하였다. 우리가 아는 바로 내분비 저해는 오존층의 감소와 관련된 건강 문제들 중에 포함되지 않는다.

〈우리가 직면한 이런 상황은……〉은 Brad Leinhart가 제안한 세미나에서 인용한 것이다. Chlorine Chemical Council, Chemical Manufacture's Association, Massachusetts Institute of Technology, January 26, 1994.

옮긴이 후기

이 책의 내용대로라면 북극곰의 쓸개에는 호르몬 저해 합성 화학물질이 최고 수준으로 농축되어 있을 것이다. 그렇다면 수억 원을 들여 그것을 드시는 분들은 정력이 세지기는 커녕 오히려 여성화가 될지도 모르겠다. 그들이 그토록 선호한다는 물개의 일부 조직도 마찬가지이다.

이런 생각은 이 책을 번역하는 과정에서 떠오른 슬픈 희비극이다. 부조리도 이런 부조리는 없다. 자연은 참 교묘하게도 인간에게 복수를 한다. 문제는 그런 분들만 당하면 좋겠는데 애매한 사람들까지 함께 당해야 한다는, 이런 문제의 전 지구적 성격에 있다.

최근 몇 년 동안에 많은 친구들이 결혼을 했다. 그 중에서 원만하게 임신과 출산이 이루어진 경우는 절반 정도밖에 되지 않았다. 나머지는 모두 유산 경험이 있든가 아니면 아기가 생기지 않고 있다. 이 책의 내용대로라면 우리 나라에서 화학물질들이 널리 쓰이게 된 것은 경제개발이 시작된 60년대 이후이니까 60년대 후반 이후에 태어난 우리 동년배들은 어머니 자궁 속에서 호르몬 저해의 영향을 받았을지도 모르겠다. 물론 불임과 유산에는 수많은 원인이 있고 대부분은 아직도 모르는 상태이다. 그러나 이 책은 그 문제의 해결에 상당한 실마리를 제공한다. 아마도 많은 의사들은 쉽게 인정하지 않을 것이다. 인간의 내분비계에 대한 이해는 그만큼 어렵고 어떤 사실에 대해 과학적 인과관계를 확립한다는 일이 특히 의학적인 문제에서는 쉽지 않기 때문이다. 가장 보편적으로 인정된 담배가 폐암을 유발한다는 사실조차도 공인을 받기까지 30년에 가까운 세월이 걸렸다. 역자 역시도 이 책이 담고 있는 내용이 매우 중요하며 더욱 관심을 갖고 연구를 해야 할 분야임은 인정하지만 전부 옳다고는 주장하기 어렵다. 그러나 인간의 생식 문제들이 늘고 있음은 분명하고 어쩌면, 나 역시 그 대상일지도 모른다는 생각은 머리를 떠나지 않는다. 아서 C. 클라크의 소설『지구 유년기가 끝날 때』에서처럼 인류의 종말은 무슨 핵전쟁이 일어나는 것이 아니라 아기가 더 이상 태어나지 않을 때이다. 아니면 우리와 전혀 다른 종류의 아기들이 태어나든가.

그러나 분명한 것은 이대로 간다면 위기는 머지 않았다는 사실이다. 이렇게 지구를 착취하고, 마음대로 유전자를 조작하며 소비가 끝도 없이 팽창하는 문명이 지속된다면, 한정된 화석 에너지를 마구 태워버리고 위험하기 짝이 없는 원자로를 지어댄다면 지구의 생태계가 버티어 준다는 것이 이상할 정도이다. 우리의 문명, 우리의 문화 자체가 맨 처음 언급한 그런 아저씨들을 닮았다. 무슨 짓으로든 돈을 벌어 소비와 향락에 쓰다가 그 때문에 병이 들면 아직도 뿌리깊게 남아 있는 애니미즘적, 공감주술적 성격으로 말미암아 괴상한 약물과 정력제를 찾는 데 또 돈을 들인다. 마찬가지로 자동차로 인해 공해가 심하다면 〈공해 없는 차〉를 만들려고 하지 자동차가 필요 없는, 혹은 덜 필요한 사회조직과 구조를 어떻게 만들 수 있느냐에는 관심이 없다.

결국 근본적인 문제의 해결을 위해서는 이 책의 후반부에서 말한 대로 전체 문명의 구조를 바꾸어야 한다. 에너지와 물자를 더 적게 소비하고 작은 에너지라도 가장 효율적으로 사용할 수 있는 방법을 모색해야 한다. 어쩌면 이것은 인간의 욕망, 인간성에 반하는 일인지도 모르겠다. 이것이 가능하다는 것은 유토피아적인 꿈일지도 모른다. 전체 인류의 80%쯤이 불임이 되거나 병에 걸렸을 때에나 소수의 남은 자들이 가슴을 치며 후회하고 돌아설 방향인지도 모른다. 현재로 보아 화학제품 없이 문명을 유지한다는 것은 불가능하다. 소나 돼지, 닭에 호르몬과 항생제 주사를 하지 않고, 농약이나 화학비료 없이 식량 생산을 유지하기도 불가능하다. 이제는 유전자까지 조작해서 새로운 생물을 만들려고도 한다. 이런 〈진보〉의 방향은 일방통행이라 돌이킬 수 없는 것 같다. 그래서 우리는 불안하다. 삼풍 백화점처럼 언제 무너질지 모르는 화려한 건물이 오늘날의 문명이다. 그것은 극소수에게나 그 혜택이 돌아간다는 점에서도 닮았다. 21세기가 3년 남은 지금, 우리는 막연한 불안과 기대로 몸을 떨고 있다. 육체적으로도 병이 들고 정신적으로도 병들어 후손에게 무엇 하나 멀쩡히 물려주지 못한다면 이제 이 문명의 미래는 어디에서 찾을 수 있을까?

대답은 각자가 해야 할 것이다. 이 책은 그런 점에서 중요하고 참신한 시각을 던져 준다. 우리 모두는 건강하게 오래 살고 싶다. 그러나 건강이 더 이상 개인적인 차원에서 유지되지는 않음을 이 책은 강력하게 전하고 있다. 〈공기 좋은 곳〉에 별장을 짓고 유기농 야채를 먹고 산다고 해도 이미 오염의 규모는 전 지구적이다. 하물며 북극에 가서 산다고 해도, 거기서 건강에 좋은 〈자연산〉 물고기만 먹는다 해도 이미 마찬가지다. 나 혼자만이 건강하게 잘 살 수는 없다. 우리의 행동 하나하나가 전세계의 인류와 아울러 우리의 후손들에게까지 영향을 줄 수 있는 것이다. 이런 사실을 다양한 과학적인 증거와 연구 결과를 통해 설득력 있게 제공하는 데에 이 책의 미덕이 있다.

이 책을 옮기면서 번역이란 결코 쉬운 일이 아님을 또 한번 절감했다. 가능한 한 원문 그대로에 충실하려 했지만 때로는 직역투의 어색함과 더불어 원문의 탐정소설 같은 생생한 분위기를 살리지 못하는 데서 능력의 한계를 뼈저리게 느낄 수밖에 없었다. 교정을 보는 동안 많은 부분을 뜯어 고쳤지만 역시 흡족하지 못한 부분이 많이 눈에 띈다. 이 책을 읽는 분들의 아낌없는 질정을 기대한다. 혹 오류가 있다면 그것은 전적으로 역자의 책임이다.

마지막으로 이 책을 권해주고 여러 모로 조언을 아끼지 않은 과학세대의 김동광 대표님, 편집실무를 맡아 수고해준 이충미 씨, 그리고 이 책의 출간을 위해 애써주신 모든 분들에게 고마움을 전한다.

1997년 2월

권복규

ㄱ

ㄹ

ㅁ

ㅇ

도둑 맞은 미래

1판 1쇄 펴냄 1997년 3월 28일
1판 32쇄 펴냄 2024년 3월 15일

지은이 테오 콜본, 다이앤 듀마노스키, 존 피터슨 마이어
옮긴이 권복규
펴낸이 박상준
펴낸곳 (주)사이언스북스

출판등록 1997. 3. 24. (제16-1444호)
(06027) 서울특별시 강남구 도산대로1길 62
대표전화 515-2000 / 팩시밀리 515-2007
편집부 517-4263 / 팩시밀리 514-2329

www.sciencebooks.co.kr

ISBN 978-89-8371-001-7 03400